杭州市城镇老旧小区综合改造提升实践与探索

主　编　王贵美　王晓春
主　审　陈旭伟　严　岗

中国城市出版社

图书在版编目（CIP）数据

杭州市城镇老旧小区综合改造提升实践与探索 / 王贵美，王晓春主编．—北京：中国城市出版社，2021.5
ISBN 978-7-5074-3375-3

Ⅰ．①杭… Ⅱ．①王… ②王… Ⅲ．①城镇—居住区—旧房改造—杭州 Ⅳ．①TU984.12

中国版本图书馆CIP数据核字（2021）第103821号

杭州市城镇老旧小区改造工作，以习近平新时代中国特色社会主义思想为指引，以建设“数智杭州·宜居天堂”金名片为目标，按照“充分调研、全面摸底，谋划思路、凝聚共识，试点先行、示范引路，政策保障、标准引领，党建护航、全域覆盖”的要求，在高质量、高标准地完成一批老旧小区改造示范案例的基础上，逐步形成了一套可复制、可推广的“杭州经验”。

本书全面论述了杭州市城镇老旧小区综合改造提升的实践与探索，全书共分五章。第一章绪论部分阐述了杭州市开展城镇老旧小区改造工作基本情况、总体思路、主要做法、阶段成效和下步计划；第二章详细阐述了杭州市老旧小区改造的技术导则和实施策略；第三章对杭州市老旧小区综合改造提升经典案例的可复制、可推广经验进行总结；第四章从不同视角，全方位、多维度地呈现老旧小区综合改造提升的“杭州做法”；第五章提出了对城镇老旧小区改造未来的展望；附件列举了国家、浙江省和杭州市县区相关老旧小区改造的相关政策和指导文件。本书的出版将为国内其他城市开展城镇老旧小区综合改造与提升提供可供参考的“杭州经验”。

责任编辑：朱晓瑜
责任校对：赵　菲

杭州市城镇老旧小区综合改造提升实践与探索
主　编　王贵美　王晓春
主　审　陈旭伟　严　岗
*
中国城市出版社出版、发行（北京海淀三里河路9号）
各地新华书店、建筑书店经销
北京建筑工业印刷厂制版
北京市密东印刷有限公司印刷
*
开本：787毫米×1092毫米　1/16　印张：19　字数：362千字
2021年6月第一版　2021年6月第一次印刷
定价：**69.00**元
ISBN 978－7－5074－3375－3
（904365）

本书编审委员会

主　编：王贵美　王晓春

主　审：陈旭伟　严　岗

副主编：

胡　汉　王伟星　陈美丽　吕亮亮　吴俊华
冯毅超　胡进秀

编　者（以姓氏笔画为序）：

王　健　王　鹏　王光辉　尹　铮　叶　军
付　嘉　任　轩　向　上　刘　挺　李　剑
杨静漪　吴大洪　宋小龙　沈春芽　张　飞
陈予哲　陈海明　卓绍俊　罗雪雯　金小强
郑　云　郑燕春　赵　懿　姚元伟　莫建春
夏冰洁　陶　佳　陶　椿　陶伟峰　黄　媚
章文杰　斯　磊　戴　雍

前 言

随着我国城市化进程的全面推进、城镇化率的不断提高，作为城市基层社会结构主体的社区正在发生着深刻的变化，一些影响城市健康发展的制约因素也日益突出。作为社区的基本单元，现有小区特别是早年兴建的老旧小区已不能满足人们日益增长的对幸福生活的期盼，进一步加强社区基层治理，将城市发展重心由建设为主向建管并重转变不仅是今后城市建设发展的主要方向，也是新常态下实现高质量发展的必经之路。党的十九届五中全会通过《中共中央关于制定国民经济和社会发展第十四个五年规划和二〇三五年远景目标的建议》，其中明确指出要“推进以人为核心的新型城镇化”，要“实施城市更新行动，推进城市生态修复、功能完善工程，统筹城市规划、建设、管理”，为未来城市发展工作指明了方向。而在将城市发展模式从传统粗放扩张型转变为内涵提质型，注重人本关怀，注重城市治理，让城市在有序更新中实现可持续发展的这一历史进程中，城镇老旧小区改造正是实施城市更新行动的核心内容之一，是重大民生工程和社会经济发展工程，直接影响着群众生活的获得感和幸福感。

2019年6月12日，李克强总理来杭州拱墅区和睦新村实地考察调研，明确提出了改造老旧小区，发展社区服务，建设宜居小区，完善居家养老等一系列具体要求。同年7月11日，住房和城乡建设部副部长黄艳一行来杭州市调研老旧小区改造工作，点赞杭州老旧小区改造提升环境和配套设施、居民互助、社会资源整合等模式，并鼓励杭州市进一步深化探索和实践，在适应民生需求中提供更多“杭州经验”。

杭州市为贯彻落实《国家三部委办公厅关于做好2019年老旧小区改造工作的通知》和李克强总理来杭考察指示精神，结合杭州老旧小区实际情况，于2019年在全国率先出台了《杭州市老旧小区综合改造提升工作实施方案》《杭州市老旧小区综合改造提升技术指导（试行）》《杭州市老旧小区综合改造提升工作指南》等一揽子政策规范，推动了全市老旧小区综合改造提升工作规范有序地推进，吹响了对体量庞大的老旧小区实施综合性、系统性改造的冲锋号。

杭州市城镇老旧小区改造工作，以习近平新时代中国特色社会主义思想为指引，以建设“数智杭州·宜居天堂”金名片为目标，按照“充分调研、全面摸底，谋划思路、凝聚共识，试点先行、示范引路，政策保障、标准引领，党建护航、全域覆盖”的要求，在高质量、高标准地完成一批老旧小区改造示范案例的基础上，逐步形成了一套可复制、可推广的“杭州经验”。杭州老旧小区改造工作取得的这些成效，不仅吸引了全国各地的同行前来考察学习，还通过“专题培训、论坛演讲、学术交流”等多种形式主动“送出去”。全国各大媒体也从不同视角宣传“杭州经验”，无形中也给杭州增添了压力和动力。

杭州市老旧小区综合改造提升工作贵在既有导则指南，又有因地制宜的举措，很大程度上提升了杭州居民的幸福感和杭州城市的美誉度。由于老旧小区改造工作涉及面广，参与主体多，即便面对同一个改造成果，仁者见仁、智者见智，也合情合理——但只有居民满意，才是做好这项工作的初心。毋庸置疑，对杭州已有的成果案例作进一步的总结提炼，有利于更好地推进这项工作；组织直接参与杭州市城镇老旧小区综合改造提升工作的同志参与编写，也能更真实、更客观、更全面地反映这项工作的难度之大、影响之广、意义之深。

全书共分五章。第一章绪论部分阐述了杭州市开展城镇老旧小区改造工作的基本情况、总体思路、主要做法、阶段成效和下步计划；第二章详细阐述了杭州市城镇老旧小区改造的技术导则和实施策略；第三章对杭州市城镇老旧小区综合改造提升经典案例的可复制、可推广经验进行总结；第四章从不同视角，全方位、多维度地呈现城镇老旧小区综合改造提升的“杭州做法”；第五章提出了对城镇老旧小区改造未来的展望；附件列举了国家、浙江省和杭州市县区相关城镇老旧小区改造的相关政策和指导文件。

在本书编写过程中，得到了杭州市城乡建设委员会、杭州结构与地基处理研究会、浙江省产品与工程标准化协会、浙江省中小建筑业协会等单位的指导和支持，也得到了浙大城市学院孙雁、陈春来老师和浙江省长三角标准技术研究院邓铭庭院长的帮助，在此深表谢意。同时也特别感谢杭州市社会各界对杭州市城镇老旧小区综合改造提升工作的关心和支持，并向他们致以崇高的敬意。在本书编辑出版过程中的2021年4月杭州市行政区划调整，本着尊重2020年底前杭州市各区县市城镇老旧小区综合改造提升的实际，各区县市的名称仍维持先前不变。

由于城镇老旧小区改造工作还在不断推进完善中，也限于编审人员的水平，时间匆忙，抛砖引玉，书中难免有疏漏甚至谬误，希望广大同仁提出宝贵意见，更好地推动这项工作向着更有利于民生发展的方向迈进。

目 录

第一章

绪　论

习近平总书记在十九大报告中指出："中国特色社会主义进入新时代，我国社会主要矛盾已经转化为人民日益增长的美好生活需要和不平衡不充分的发展之间的矛盾。"党的十九届五中全会明确提出要"推进以人为核心的新型城镇化，强化历史文化保护、塑造城市风貌，加强城镇老旧小区改造和社区建设，增强城市防洪排涝能力，建设海绵城市、韧性城市"。党中央、国务院高度重视城镇老旧小区改造工作，将其作为满足人民群众对美好生活需要的民生工程，作为有效扩大内需、做好"六稳"工作、落实"六保"任务的发展工程。

杭州市城镇老旧小区普遍建于20世纪70～90年代，其中2000年底前建成的城镇老旧小区约2000个，4300万m^2；2000年后建成的保障性安居工程小区约600个，6000万m^2。城镇老旧小区由于建成年代较早，建设标准和配套指标偏低，存在建筑性能老化、安全隐患较多、公共配套不足、社区文化缺失等短板，加之后期管理不到位，在2020年新冠肺炎疫情防控中更是暴露出不少软硬件不足的问题。

自2000年以来，杭州市针对人民群众反映的重点难点问题，先后开展了屋面整治、物业改善、背街小巷提升、美丽庭院创建等专项行动，对小区的供排水、供电、供气等专项的基础设施进行了提升，为这次全市城镇老旧小区的"综合改造提升"打下了坚实的基础。

2016年以举办G20峰会为契机，杭州市大力开展整修工作，转变以往"零敲碎打"的"专项行动"改造方式，提升政府的统筹谋划能力，突破职能边界，为市容整治与环境提升探索一条"综合提升"的"先试先行"道路。其中以拱墅区为典型代表，在《拱墅区老旧生活小区环境功能综合提升五年行动计划（2017—2021年）》的指导下，着力进行了保基础、补短板工作，并取得了显著成效，使得居民的生活幸福度得到提升，且得到了李克强总理的称赞。同一时期，西湖区启动了"美丽西湖行动"，其中以城镇老旧小区改造提升为重点的"美丽家园提升改善行动"是"美丽西湖"七大专项行动之一；上城、下城、江干、余杭、萧山等区开始进行城镇老旧小区"综合改造提升"的创新探索。

2019年，杭州市积极响应并落实党中央、国务院的决策部署，坚持贯彻"人民城市人民建、人民城市为人民"重要理念，全面推进"干好一一六，当好排头兵"，迅速做出以争创"全国样板"为目标的新一轮城镇老旧小区综合改造提升行动。先后出台由杭州市城乡建设委员会印发的《杭州市老旧小区综合改造提升技术导则（试行）》（杭建村改发〔2019〕246号）、由杭州市城乡建设委员会印发的《杭州市老旧小区综合改造提升四年行动计划（2019—2022年）》（杭建村改发〔2019〕271号）、由杭州市人民政府办公厅印发的《杭州市老旧小区综合改造提升工作实施方案》(杭政办函〔2019〕72号)三份政策文件，坚持以“问题导向、目标导向、需求导向”为出发点，以提升居民生活品质为落脚点，把城镇老旧小区综合改造提升作为城市有机更新的重要组成部分，秉持共建共享共治理念，结合未来社区建设和基层社会治理提升，注重功能完善、空间挖掘，努力打造更多“六有”的宜居小区，计划2019年至2022年改造950个小区、1.2万幢居民楼、43万套住房、3300万m^2改造面积，重点改造2000年以前建成的住宅小区，包含部分2000年以后建成的保障性安居工程小区[①]。

杭州市认真贯彻党中央、国务院和浙江省委、省政府有关工作部署，按照“范围全覆盖、水平全提升，努力争创全国样板和标杆”的工作目标，从六方面入手积极稳妥推进城镇老旧小区各项改造工作。

一是坚持居民主体。构建了“居民主体、政府引导、社会参与”的改造模式，坚持“旧改要改到群众心坎上”。实行两个“双三分之二”条件，确保居民参与权，即居民同意改造率符合物权法规定的“双三分之二”条件，且居民对改造方案的认可率达2/3，形成“自下而上”的项目生成机制，由居民决定“改不改”；明确83个基础改造项和48个改造提升项，视小区实际和居民意愿量身定制改造内容；搭建更多会商合议平台，设计师全程驻点，多层次广泛倾听民意；改造完成后，将居民满意度作为绩效评价的重要内容，确保改造工作真正顺应居民的期盼[①]。

二是坚持综合施改。成立全市城镇老旧小区综合改造提升领导小组，由分管副市长担任组长，50余个市级职能部门和区县市作为成员，建立“市级统筹、区级负责、街道实施”的推进机制，解决各方协同难问题。坚持以城镇老旧小区改造为统领，通过计划衔接、方案联审等方式统筹协调多个部门，将停车泊位、线路管网、加装电梯、养老托幼、安防消防、长效管理等内容通盘纳入提升计划，把多项改造内容一次性实施到位，努力实现“综合改一次”，有效破解组织方式简单化、改造内容碎片化问题。

三是坚持功能至上。重点突出社区公共服务水平的提升，满足小区居民对养老助餐、托幼教育、公共休闲、卫生防疫、无障碍设施等需求，注重延续小区的历史文化记忆，保持小区整体风貌和谐，做到既增加设施，又提升环境。

四是坚持区域统筹。树立“小区短板城市来补”的理念，结合未来社区九大场景，创新“片区统筹”的改造新模式，通过相邻小区及周边地区联动改造、社区公共空间协同开发等模式，打开楼栋围墙和小区围墙，实现周边服务设施、公

---

① 杭州市城乡建设管理服务中心．惠民生、促投资、扩内需，杭州大力推进老旧小区综合改造提升工作［EB/OL］.［2020-8-25］. http://www.hangzhou.gov.cn/art/2020/8/25/art_1229243378_55711706.html.

共空间、公共资源的共建共享，打造集衣、食、行、医、养、文为一体的城镇老旧小区“15分钟”居家服务圈[①]。

五是坚持资源整合。加强既有用地集约综合利用，加大对城镇老旧小区内及周边碎片化土地的整合，对小区内空地、荒地、绿地及违法建筑等存量土地进行设计优化，腾挪置换空间用于公共服务；鼓励行政事业单位、国有企业将城镇老旧小区内或附近的存量房屋提供给所在街道、社区用于养老托幼、医疗卫生等配套服务[①]。

六是坚持建管同步。结合改造工作同步建立健全基层党组织，发挥党组织在小区治理中的引领作用，形成“党建引领，业委会、物业、居民三方协同”的基层治理模式；引导居民协商确定改造后小区的管理模式、管理规约及业主议事规则，提升自治管理水平；探索物业区域性管理模式，引进专业物业管理公司，实现改造成效的长久保持。

杭州市城乡建设委员会作为全市城镇老旧小区改造工作的统筹单位，以“先出政策”“先出标准”“先出样板”的责任担当，通过引领标准、领跑改革，将城镇老旧小区改造作为展示社会主义制度优越性的“重要窗口”之一，在本轮城镇老旧小区改造工作中取得了一定成效，为全国城镇老旧小区改造工作做出“杭州经验”。

一是居民居住条件明显改善。据统计，截至2020年底，杭州全市已实施综合改造的城镇老旧小区新增停车位11442个，加装电梯608台（预留加梯位1427个），改造垃圾设施1099处、无障碍及适老性设施3591处，打造智慧安防小区361个，引入专业物管小区218个，有效改善了居民的生活品质。通过对部分小区进行调查，市民群众满意度超90%。

二是空间集约利用显著提升。通过挖潜、优化和统筹，有效提高了空间的复合利用效率。截至2020年年底，已完成改造的城镇老旧小区新增健身活动场地及设施约12.1万m^2，新增养老托幼、文化活动、社区服务等公共服务设施约9.2万m^2，盘活市、区两级行政企事业单位的存量用房86处，房屋面积约2.7万m^2。

三是基层治理能力有效提升。通过党建引领居民“共建共治共享”，激发了居民参与维护和管理“家园”的意识。如拱墅区“红茶议事会”、下城区“潮鸣邻里会”、江干区景芳二区“居民议事团”、西湖区“家园自管小组”，都已成为居民自治的实践典范。

四是助推经济增长更显作用。两年来杭州市开工实施改造了456个小区，直

---

① 杭州市城乡建设管理服务中心．惠民生、促投资、扩内需，杭州大力推进老旧小区综合改造提升工作［EB/OL］．［2020-8-25］．http://www.hangzhou.gov.cn/art/2020/8/25/art_1229243378_55711706.html.

接投入改造资金约52亿元，有力促进了建材、电梯等诸多行业的发展，有效带动了居民家装等消费，为做好“六稳”工作、落实“六保”任务发挥了重要作用。

五是城市美誉度进一步提高。2019年6月12日，李克强总理在杭州和睦新村考察，对和睦新村通过改造提升社区养老配套服务的做法给予了高度肯定。和睦新村、新工社区等2个改造项目入选住房和城乡建设部第一批改造试点案例，17个小区改造项目入选《住房和城乡建设部城镇老旧小区改造九项机制试点案例》（浙江专辑），12个项目入选浙江省住房和城乡建设厅改造样板工程；人民日报、新华网、半月谈、光明日报、中国建设报等媒体高度评价杭州城镇老旧小区改造成效。

时代在发展，社会在进步，坚定不移走高质量发展之路，坚定不移增进民生福祉，在党建引领下杭州城镇老旧小区综合改造提升之路一定能越走越宽广，为推进社会治理现代化，让政府公共服务更加精细化、精准化和智能化，实现杭州城市大脑建设迈上新台阶，提供“中国最具幸福感城市”的“杭州样本”。

第二章

城镇老旧小区改造的杭州实施策略和技术导则

第一节　城镇老旧小区改造的杭州实施策略

一、充分调研实情，全面摸清底数

杭州市在全面吹响城镇老旧小区综合改造提升的号角后，杭州市城乡建设委员会（简称“市建委”）作为牵头单位，组织召开多次各区、县（市）住房和城乡建设单位的座谈会，对各区城镇老旧小区改造的基础数据进行摸底，征集各区、县（市）对城镇老旧小区综合改造的意见。期间也多次由领导带队，赶赴区、县（市）城镇老旧小区现场，对房屋本体、地下管网、设施设备、安防系统、物业管理等方面实地走访，深入了解情况，广泛收集街道、社区相关负责人以及居民群众的意见。

经过广泛、深入调研，发现杭州市城镇老旧小区基本情况如下：2000年前建成的城镇老旧小区约2000个（2万幢，60万套，4300万m^2），2000年后建成的保障性安居小区约600个（1万幢，47万套，6000万m^2）。城镇老旧小区普遍存在如下问题：一是城镇老旧小区建成时间较久，原建设标准较低且缺乏长效管理，存在着诸如空间资源少、小、散等问题，已不能满足现代人的居住需求；二是城镇老旧小区因时代的局限性，配套设施设置不足，与当前城市发展和居民生活需求有一定差距；三是城镇老旧小区存在房屋渗水、设施失修、环境脏乱差等问题，已经逐渐成为各类矛盾和问题积聚的焦点。

二、完善顶层设计，强化全域统筹

由于城镇老旧小区存在的问题日益增多，伴随着城镇老旧小区综合改造提升工作的逐步进行，加之对生活品质要求的提高，居民对城镇老旧小区改造的意愿也随之加强，政府面临着改造工作“居民都想上，财力跟不上”和“谁应改？谁先改”的局面。为了改造工作的有序性，也为确保公平性，在对全市城镇老旧小区整体情况进行摸底的基础上，市建委组织相关职能部门和学者专家共同召开了研讨会，对以往屋面整治、精品小区整治、物业改善、背街小巷改善、庭院改善、屋顶平改坡等各类专项行动进行系统诊断。以往各类专项行动，在一定程度上固然解决了当时老百姓反映的重点难点问题，但是带来的是“头痛医头，脚痛医脚”，小区重复开挖、重复建设，严重地打搅了居民的正常生活。此外，以往“零敲碎打”式的改造往往注重“面子”上的精彩，却忽视了“里子”上的精细，小区居民获得感和幸福感并不强烈。因此，为满足城镇老旧小区居民对幸福生活和品质生活的需求，杭州市决定进行系统性的综合改造，从工程施工到长效管理，一揽子解决城镇老旧小区痼疾，让改造的成果更具持久性。

在定下“系统性综合改造”的思路后，接下来紧锣密鼓地开展了“凝聚共识”的动员工作。杭州市建委先后与市发展改革、财政、住保、园文、民政、公安、消防、城管等职能部门就改造范围、资金来源、改造时序、改造标准、审批流程、长效管理等问题进行逐一探讨，并积极与市城投、供电、水务、燃气、通信等市政公用企业进行协商，以期获得市政公用企业对城镇老旧小区改造的大力支持。

三、实行试点先行，示范样板引路

2019年下半年开始，杭州市在全市各区陆续开展城镇老旧小区综合改造提升的试点工作，全市开工65个项目，居民楼2788幢，住房7.9万套，涉及改造面积724万m^2。各区坚持两个“双三分之二”原则（即申报下一年城镇老旧小区改造项目需符合物权法规定的“双三分之二”条件），因地制宜，积极探索城镇老旧小区改造的创新模式，尤其在居民参与、资金筹措、长效管理、攻坚破难等方面，邀请专家、学者等出谋划策、攻坚克难，完成了一批城镇老旧小区综合改造的优秀案例。

2020年上半年，为总结、展示、推广城镇老旧小区综合改造的优秀经验与做法，杭州市建委启动2019年全市城镇老旧小区综合改造提升试点项目最佳案例评选，最终和睦街道和睦新村老旧小区综合改造提升工程、潮鸣街道“小天竺、知足弄社区综合整治工程”、米市巷街道叶青苑老旧生活小区环境功能综合提升改造工程等十个项目入选最佳案例。

试点项目的改造成效日渐显现也受到社会各界的关注，住房和城乡建设部副部长黄艳，时任浙江省省长袁家军（现任浙江省委书记），浙江省政协主席葛慧君，浙江省委常委、杭州市委书记周江勇，杭州市人民政府市长刘忻，浙江省住房和城乡建设厅厅长项永丹等领导分别带队对城镇老旧小区综合改造提升项目进行了调研和视察。

四、政策机制保障，标准意见引领

城镇老旧小区综合改造提升工作，杭州市通过边试点边总结，逐渐细化和完善区、县（市）相关政策机制与改造标准，形成全市一盘棋。一是健全政策体系。杭州市先后出台城镇老旧小区改造的实施方案、技术导则、工作指南、资金管理、绩效评价、项目开竣工管理、现场管理、管线迁改等一系列文件，健全推进工作机制体制。按照“成熟一个、改造一个”原则，完善城镇老旧小区改造项目生成机制。二是建立统筹机制。全市成立了老旧小区综合改造提升工作领导小组，由分管副市长担任组长，50余个市级职能部门和区县市作为成员，统筹推进；将停车泊位、线路管网、加装电梯、养老托幼、安防消防、长效管理等内容通盘纳入改造提升，努力实现“综合改一次”。三是统一工作标准。以《杭州市老旧小区综合改造提升技术导则（试行）》为引领，明确城镇老旧小区改造的内容与评判标准。制定了包括“计划申报、计划确定、项目实施、绩效评价、长效管理”等的工作程序，明确项目生成、审批、施工、验收等各阶段的工作标准。制定出台《杭州市老旧小区综合改造提升资金管理办法》，明确居民出资原则上不超过改造成本10%①；出台《杭州市老旧小区综合改造提升工作指南》，制定了一套从第一次征求居民意见到改造后长效管理的基本程序；同时，推广逐步积累的一些性价比高、实用性好、耐久性强的材料和工艺，以及引导涂料、面砖、管线等主要用材标准。这些政策、标准为各区工作的有序开展提供了专业的业务指导。

杭州的各区、县（市）也在改造试点中，努力探索出符合各区实际的政策和标准。如拱墅区制定了《拱墅区老旧小区综合改造提升工作实施方案（2019—2021年）》《拱墅区老旧小区综合改造提升操作手册》《拱墅区老旧小区综合改造后续长效管理指导意见》及《老旧小区管理规约（示范文本）》。这些探索不仅为城镇老旧小区综合改造提升的全面推广保驾护航，也为《国务院办公厅关于全面推进城镇老旧小区改造工作的指导意见》（国办发〔2020〕23号）贡献了“杭州经验”。

五、党建保驾护航，依靠居民主体

为争创全国城镇老旧小区改造样板的目标，杭州市城镇老旧小区综合改造始终坚持以党建凝心聚力，护航改造全域铺开。一方面，成立旧改临时党支部，依托项目部网格党支部并探索“支部建在旧改项目”上，充分发挥党建联建等多个党建载体优势，以党建助推项目建设。另一方面，鼓励和引导党支部牵头小区议事会、居民议事厅等平台，引导居民全过程参与城镇老旧小区改造。同时，依托多个党群共建载体整合社会资源，提高城镇老旧小区改造效率，提升社区服务品质。加强与辖区内企事业单位党组织联系，在党建引领和政府统筹协调下因地制宜挖掘社会资源，推动多元社会力量参与社区服务供给，解决居民养老、托幼等难题，实现城镇老旧小区公共服务水平整体提升。

---

① 杭州市建委．杭州五大特色综合改造提升老旧小区［EB/OL］．［2021-1-19］．https://zj.zjol.com.cn/qihanghao/101107459.html.

杭州市城镇老旧小区改造始终坚持以居民为核心，充分发挥居民主导作用，坚持“3个三原则”。

一是坚持“三分之二”原则。改造前尊重居民意愿，设置两个“双三分之二”条件，确保居民参与权，即居民同意改造率符合物权法规定的“双三分之二”条件，且居民对改造方案的认可率达2/3，真正做到“改不改”由居民说了算[①]。

二是坚持“三上三下”原则。在城镇老旧小区改造项目生成上探索设定“三上三下”的程序，即汇总居民需求，形成改造清单；居民勾选清单内容，安排实施项目；邀请楼道代表会商，编制设计方案公示。各街道结合实际创新载体，积极发挥党员及社区干部带头作用，发动居民全方位参与小区改造[①]。

三是坚持“三方协同”原则。坚持“居民自治”与“改造提升”双同步原则，在改造后的长效管理机制中，积极引导“党建引领，业委会、物业、居民三方协同”的基层治理模式，弥补城镇老旧小区物业管理缺位，引导居民、物业自觉参与小区日常事务管理，破解以往居委会、业委会、物业三方推诿扯皮的小区管理难题。积极发挥党建引领作用，并通过安排“微治理”专员等形式，建立了“三方协同”的治理体系。

六、严格规范程序，完善建设流程

明确规范程序，完善建设流程。杭州市实行统筹制定、分级落实城镇老旧小区改造项目的管理和监督机制，实现过程可监督、责任可追溯、绩效可量化、居民满意度可感知的一体化项目管理模式。探索创新资源盘活、规范运用的政策机制。通过政府搭建平台，街道、社区、居民多方协力，系统筹划、共同制定改造方案，实行“最多综合改一次”改造方式；杭州实行由住房和城乡建设部门牵头，组织自然资源、园林绿化等部门和管线产权单位等对城镇老旧小区改造具体方案进行联合审查，简化优化项目审批。

一是在审批程序上，杭州推行“最多跑一次”，创新“不见面”审批、“云招标”等方式，简化流程、提高效率。实行多部门联审联批，提升审批和建设绩效，以发展改革部门受理的项目计划书作为立项依据，采取住房和城乡建设、规划、城管、公安等多部门联审的形式来提高审批效率。招标阶段采用EPC工程总承包模式招标简化流程，有效地缩短了项目前期周期。

二是在改造时序上，杭州市以城镇老旧小区改造为统领，把多项改造内容通

---

① 杭州市建委．杭州五大特色综合改造提升老旧小区［EB/OL］．［2021-1-19］．https://zj.zjol.com.cn/qihanghao/101107459.html.

盘纳入提升计划，统筹各参建单位合理安排建设时序，确保在较短时间内集中进场、集中施工作业，把对居民的生活和安全影响降到最低。同时，在施工的时间上，要充分考虑季节和气候因素，避免因为季节和气候而影响工程的质量和施工安全。

三是在协调程序上，杭州建立规划、土地、财政、审计和重大问题破难攻坚联席会议制度，在项目前期和施工阶段遇到问题后及时提交联席会议会商研究，做到“及时响应、及时调整、及时反馈”，使项目推进效率大大提升，也提高了居民对改造工作的支持度和认可度。

四是在保障程序上，杭州各区县市的住房和城乡建设部门成立了城镇老旧小区综合改造工作专班，明确相关部门职责分工。建立了党委统一领导、党政齐抓共管、部门各负其责、全社会协同配合的领导体制和工作机制，按照省市推动、县级负责、街道实施、社区协调的要求，强化责任，协同推进。同时建立由居民代表、建设单位、设计单位、施工单位、监理单位、社区、物业等多方参加的监督小区协调小组，形成多方联动。

七、突出共同缔造，实行多元模式

杭州市城镇老旧小区综合改造提升工作，始终突出“共同缔造”理念，充分保障居民的知情权、参与权、选择权、监督权，做到问情于民、问需于民、问计于民、问绩于民，激发居民群众热情，共同参与城镇老旧小区改造，实现决策共谋、发展共建、建设共管、效果共评、成果共享。积极搭建政府与居民、居民与居民的沟通平台，开展小区党组织引领的多种形式基层协商，了解居民需求，促进居民达成共识。以小区居民意愿为主，通过方案设计、工程监督、造价咨询等方式，结合小区实际特点，共同制定科学的改造方案。

杭州市城镇老旧小区综合改造提升以“市－区－街－社”四级体制为主轴，坚持“统分有度”，市级政策、标准、流程等相对统一的基础上，区、街、社三级攻坚克难、因症施策，探索改造新特色。同时杭州市城镇老旧小区改造融入未来社区场景，构建完整居住社区。杭州市已有10余个城镇老旧小区改造项目融入了未来社区场景。通过片区式改造、插花式征收等方式，融合“九大场景”建设，健全城镇老旧小区配套服务。如，上城区新工社区通过片区统筹，构建教育、就医、养老、购物等公共服务体系；下城区小天竺、知足弄社区，江干区红梅社区，余杭区梅堰小区，在城镇老旧小区改造中构建未来邻里、建筑、交通、能源、物业和治理等场景。

拱墅区德胜新村打造满足老年人集“健养、乐养、膳养、休养、医养”于一体的社区乐龄养老生态圈，满足居民生活的便民商业服务圈，满足居民教育学习的文化教育学习圈，满足老年人及残障人士的无障碍生活圈，满足居民就近休闲健身娱乐的社区公共休闲圈，建设“安全智慧、绿色生态、友邻关爱、教育学习、管理有效”的完整居住社区。

八、拓宽资金渠道，强化多方参与

城镇老旧小区改造各级建设单位最关心的“资金从哪里来”以及“资金如何平衡”等问题，杭州市建委会同市财政，与各区、县（市）进行了多次沟通与协商，最终确定了市财政分级补贴区、县（市）的思路，争取“3个一点”，社会资本参与，共同破解筹资难题。

一是向上争取一点。2020年4月开始，杭州市抢抓国家政策窗口期，积极争取中央补助资金、中央预算内投资、专项债、抗疫特别国债等资金支持政策，截至2020年底，已累计获批上级各类政策资金34.4亿元。

二是市级补助一点。杭州市落实财政保障机制，分区制定市级财政补助标准。对2000年前建成的城镇老旧小区实施改造提升的，按照不超过400元/m^2的改造标准，由市级财政给予补助。其中对5个老城区补助50%，对4个新区补助20%，其他区、县（市）补助10%。

三是居民出资一点。杭州市探索通过建立专项维修资金、公共收益、个人捐资等多渠道，引导居民出资参与改造。制定出台了《杭州市老旧小区综合改造提升资金管理办法》，明确居民出资原则上不超过改造成本的10%，在部分改造项目中已取得一定的成效。如，下城区打铁关经济合作社股份公司出资10万元，发动居民共同出资（每户500元），共筹集改造资金13.75万元。

杭州市城镇老旧小区改造针对小区自身特点的不同模式，引入社会资本参与改造。对带资参与建设的，通过明确投资建设者的产权，实现投资、建设、所有、受益及运营责任统一，逐步形成投资盈利模式。如，上城区新工社区引入玉皇山南停车有限公司，投入1400万元，在社区原有空地上建设可容纳120多辆汽车停放的临时立体停车楼，通过运营回收成本。对小区原有存量房屋引入社会服务的，通过给予房租减免等优惠政策①，鼓励参与配套服务设施建设和后续运营。如拱墅区和睦新村引入浙江慈继医院管理有限公司，在和睦新村投建浙江省

① 杭州老旧小区综合改造提升这五大特色，助力形成全国可复制可推广经验！［EB/OL］.［2021-1-12］. http://cxjw.hangzhou.gov.cn/art/2021/1/12/art_1692516_58914556.html.

首家民营社区型康复医疗中心，项目总投资近600万元，其中500万元为设施改建费用，100万元为运营费用，社区给予房租减免。

九、健全长效机制，实现建管同步

城镇老旧小区综合改造提升后的长效管理，是居民“幸福感、获得感”的重要体现。为实现“一次改造，长久保持”的目标，杭州市实行建管同步，同时在各区、街道建立了改造后长效管理机制。江干区实行物业管理打包连片、区域性管理的模式，降低物业管理成本。拱墅区以党建引领推动改造与管理并行，通过推动成立业委会或自管小组，与物业管理一起，维护改造成果，促进小区治理持续规范，实现从“靠社区管”到“自治共管”。同时杭州市推进城镇老旧小区业主大会、业主委员会建设，通过社区党组织引领，引导社区党员业主参选业委会，加强与业委会的沟通联系，构建党组织领导下，社区、业委会和物业公司参与的社区治理“三方”协调机制，并实现物业、企业、党组织全覆盖，增强居民参与社区管理的主人翁意识，创新物业管理打包连片和区域性管理模式，营造“我们的家园共同守护”的良好氛围。

建立城镇老旧小区部门联合执法机制，制定公安、消防、城管、安监、卫计、生态环境等职能部门参与社区治理的任务清单，搭建社会治理多部门“齐抓共管”数字平台；按照“同步改造提升，同步服务提升”原则，明确改造完成即引入专业物业服务，并将能否落实长效物业服务作为综合改造的主要目标和考核成效之一。

杭州市还以建设数字化城市为核心，提升城镇老旧小区智能化管理水平，充分运用互联网、物联网等信息技术，提升小区运行管理的智能化水平。运用智慧化应用模式，通过大数据、AI人工智能等信息化技术手段，搭建基层治理平台、城市眼•云共治、智慧安防等智能化应用体系，提升小区的社会治理效率，为打造“数智杭州·宜居天堂”的“金色名片”增彩添色。

第二节　城镇老旧小区改造的杭州技术导则

一、城镇老旧小区综合改造提升的对象

城镇老旧小区是指城市或县城（城关镇）建成年代较早、失养失修失管、市政配套设施不完善、社区服务设施不健全、居民改造意愿强烈的住宅小区（含单

栋住宅楼）。结合各地实际，合理界定本地区改造对象的范围，重点改造2000年底前建成的城镇老旧小区。

城镇建成小区的原房屋建设标准较低、服务配套功能不全、房屋年久失修、设施完备程度不足，影响居民基本生活且群众改造意愿强烈，以改造带动提升，整体谋划，全面推进，分步实施。

二、城镇老旧小区综合改造提升的内容

城镇老旧小区改造内容可分为基础类、完善类、提升类3类。

1. 基础类

为满足居民安全需要和基本生活需求的内容，主要是市政配套基础设施改造提升以及小区内建筑物屋面、外墙、楼梯等公共部位维修等。其中，改造提升市政配套基础设施包括改造提升小区内部及与小区联系的供水、排水、供电、弱电、道路、供气、供热、消防、安防、生活垃圾分类、移动通信等基础设施，以及光纤入户、架空线规整（入地）等①。

2. 完善类

为满足居民生活便利需要和改善型生活需求的内容，主要是环境及配套设施改造建设、小区内建筑节能改造、有条件的楼栋加装电梯等。其中，改造建设环境及配套设施包括拆除违法建设，整治小区及周边绿化、照明等环境，改造或建设小区及周边适老设施、无障碍设施、停车库（场）、电动自行车及汽车充电设施、智能快件箱、智能信包箱、文化休闲设施、体育健身设施、物业用房等配套设施①。

3. 提升类

为丰富社区服务供给、提升居民生活品质、立足小区及周边实际条件积极推进的内容，主要是公共服务设施配套建设及其智慧化改造，包括改造或建设小区及周边的社区综合服务设施、卫生服务站等公共卫生设施、幼儿园等教育设施、周界防护等智能感知设施，以及养老、托育、助餐、家政保洁、便民市场、便利店、邮政快递末端综合服务站等社区专项服务设施①。

三、城镇老旧小区综合改造提升的目标

实现“六个有”的目标。即有完善的基础设施、有整洁的居住环境、有配套

---

① 国务院办公厅关于全面推进城镇老旧小区改造工作的指导意见[EB/OL].[2020-7-20]. http://www.gov.cn/zhengce/content/2020-7-20/content_5528320.html.

的社区服务、有特色的家园文化、有长效的管理机制、有和谐的邻里关系。

达到“三感、三度、四提升”的效果。居民对生活的“获得感、安全感、幸福感”得到了提升，居民对小区家园建设的“参与度”得到了提升，居民对改造工作的“认可度”得到了提升，居民邻里之间的“亲切度”得到了提升。

四、城镇老旧小区综合改造提升的基本原则

1. 坚持以人为本，把握改造重点

从人民群众最关心、最直接、最现实的利益问题出发，征求居民意见并合理确定改造内容，重点改造完善小区配套和市政基础设施，提升社区养老、托育、医疗等公共服务水平，推动建设安全健康、设施完善、管理有序的完整居住社区。

2. 坚持因地制宜，做到精准施策

科学确定改造目标，既尽力而为又量力而行，不搞“一刀切”、不层层下指标；合理制定改造方案，体现小区特点，杜绝政绩工程、形象工程。

3. 坚持居民自愿，调动各方参与

广泛开展“美好环境与幸福生活共同缔造”活动，激发居民参与改造的主动性、积极性，充分调动小区关联单位和社会力量支持、参与改造，实现决策共谋、发展共建、建设共管、效果共评、成果共享。

4. 坚持保护优先，注重历史传承

兼顾完善功能和传承历史，落实历史建筑保护修缮要求，保护历史文化街区，在改善居住条件、提高环境品质的同时，植入文化基因，彰显城市情怀，传承城镇老旧小区时代变迁的记忆。

5. 坚持建管并重，加强长效管理

以加强基层党建为引领，将社区治理能力建设融入改造过程，促进小区治理模式创新，推动社会治理和服务重心向基层下移，完善小区长效管理机制。

第三章

城镇老旧小区改造杭州实践案例

第一节　杭州市上城区南星街道电厂二宿舍改造工程实践案例

一、项目基本情况

电厂二宿舍位于上城区南星街道虎玉路29号，北靠八卦田遗址公园和玉皇山基金小镇，南临八卦新村，东接杭州国际旅游品市场，地理位置位于景区内。小区系原闸口发电厂的职工宿舍小区，占地面积18.75亩，总建筑面积9253m^2。小区内共有184户530人，以老年人为主。共有8幢住宅，其中4幢为1953年建造，属于历史保护建筑，需要进行保护。

改造工程纳入2019年城镇老旧小区改造计划，并于2019年9月开工，12月底完工。项目完工后被列入2019年度杭州市城镇老旧小区综合改造提升的十大最佳案例（图3-1）。

图3-1　电厂二宿舍改造后效果

二、项目实施主要做法

1. 改造内容方面

（1）延续历史文脉，还原建筑风貌

在进行老旧小区改造过程中，针对电厂二宿舍仿苏式风格的4幢历史保护建筑，社区以追寻历史记忆、保护历史建筑为基本原则，主要进行墙面清理、屋顶整修、门窗修缮、强弱电线“上改下”和楼道内部线路清理调整。经过梳理，改造后的历史保护建筑以大面积的灰色墙体为主色调，点缀砖红色的窗框木格等，明暗色彩对比显眼，墙面整洁清爽，历史怀旧感与生活气息和谐融洽。

（2）关注百姓生活，提升居民安全感

改造过程中，针对与群众生活密切相关的消防、安防设施进行了提升。一是补全消防设施短板。小区年代久远，部分设施老化有火灾隐患，社区针对小区消防设施不足、消防通道不畅的情况，在此次改造过程中按标准设置消防车道、消防栓，保证消防道路通畅、消防水源充足；对小区内的部分大树树枝进行修剪，保证消防车通行净空高度；在楼道等公共部位和场所增设40余处智能烟感报警器，配置消防器材，保证应急灭火器材配备齐全；增加电瓶车智能充电桩，确保充电安全。二是增设社区智能安防系统补全安防短板。结合“智慧安防”小区建设，安装车辆人员出入识别系统，对进出小区的车辆和人员进行动态识别和管理；另在小区范围内增设40余个摄像头，接入公安平台和智慧南星平台，全方位提升小区安防等级；引入第三方准物业，配备专职保安，形成长效管理。

（3）满足居民需求，优化公共空间

结合居民需求，对小区内的公共空间进行了“1+3+4”的整体规划，除停车位、集中晾晒场地以外，打造一处中心公园、三处口袋公园、四处邻里空间，配备晾衣架、长条凳、体育健身设施等，让居民有更多的休闲活动空间、互动交流空间，增进和谐邻里关系。另外，完善小区照明系统，补齐路灯、景观灯，打造一个明亮干净、绿意盎然的小区环境。后续街道还将根据小区居民的需求与华电浙江分公司杭州闸口发电有限公司下属电厂留守处积极沟通，利用该企业原有产权房屋进行适当改造，逐步增加文化娱乐、居家养老等服务设施提升公共服务水平。

（4）聚焦难点问题，完善内部路网

小区之前没有划定车位，乱停车现象非常严重，不仅破坏整体环境，而且有消防安全隐患。在这次改造提升中，对小区的主干道路进行全面清理，对部分路面进行维修、拓宽，设计一条单循环行车路线，并利用本次改造充分挖掘小区零星边角用地增设近50个车位，满足了小区居民的停车需求。另外，充分贯彻杭州市“最多综合改一次”精神，在道路改造中同步实施了雨污分流工程，避免重复施工埋管。改造完成后，整个小区内部道路，外环是车辆单向行驶空间，内环是人流慢行空间，基本实现人车分流，重点保障小区内老人、儿童出行安全。

2. 群众工作方面

充分尊重小区居民的意见，前期广泛听取居民诉求，中期由居民参与改造，小区中间改什么、小区道路如何梳理、小区公共空间如何管理，全部由居民决定。社区组织形成了一支平均年龄80岁的“微更新智囊团”，由老党员、居民骨干等组成，并邀请他们担任项目“红管家”，对工程进行全过程监督。在整个小区改造中，共召开居民恳谈和意见征求会7次，小型协调会40余次，以确保落实居民意见。

3. 资金筹措方面

居民参与出资维修小区痛点问题。历史保护建筑年代久远，屋顶漏水现象严重，改造项目在不破坏历史保护建筑屋顶面统一色调的前提下进行。考虑小区建筑面积小，市区补贴资金有限，“微更新智囊团”帮助街道社区与顶楼住户进行多次协商沟通，最终数户居民出资参与了修补屋顶漏水。破旧雨棚换新、空气开关增加，皆有居民参与的身影。城镇老旧小区改造，群众是主体，推动居民出资参与改造项目，有效提高居民主人翁意识，更加爱护改造后来之不易的小区环境。

4. 推进机制方面

在整个项目打造过程中，始终坚持发挥党建引领的作用，注重通过社区党委领导、群众参与每周进度督查，社区党员干部时刻督导。为切实保障项目质量，街道建立了约谈制度，由街道纪工委牵头定期与项目施工、监理、跟踪审计单位进行集体约谈，并分别签订了《工程建设项目廉政责任书》，确保项目的廉洁推进。

5. 后续管理方面

经过改造，小区居民迎来一个环境优美、设施齐全、安全舒适的新小区。电厂二宿舍所在的玉皇山社区的上城区社区居民满意度从2018年的51名上升到了2019年的21名。街道聘请第三方专业物业公司对小区实行准物业管理，加强保安巡逻等。同时，利用节假日、传统节日等时间节点，进一步开展小区文娱活动，增进居民邻里情，从而推进整个小区的长效管理、整体提升。

三、项目可复制推广经验

1. 要唤起居民群众的主体意识

要让居民群众明白，城镇老旧小区改造是自己的事，把城镇老旧小区改造从“要我改”变为“我要改”。闸口电厂二宿舍在改造之初，社区工作人员串门走户，广泛发动居民群众，凝聚最大共识。整个改造过程，采取了一系列举措来增强和体现居民群众的主体意识，例如：“改造方案请你来协商”“改造过程请你来监督”“改造效果请你来评价”“改造成果请你来巩固”等。只有唤起居民群众的主体意识，城镇老旧小区改造才能起到事半功倍的效果。

2. 要精准投入改造资金解决居民痛点

城镇老旧小区改造投入经费标准有限，必须把有限的资金用在刀刃上，要把每一分钱都花出效益。街道、社区结合闸口电厂二宿舍的实际情况和居民群众的意见，把资金主要用在了“头”和“脚”，即屋顶翻修和各类管网的建设，解决了居民群众下雨天屋顶漏水和下水道堵塞等“老大难”问题，保留小区建筑原有的历史风貌，放弃了外立面统一粉刷等一些“可做可不做”的事项。量力而行，解决主要矛盾的做法得到了居民群众的充分肯定。

3. 要体现工程施工的为民意识

在闸口电厂二宿舍改造工程施工前，街道就提出了要尽可能减少施工给居民群众生活出行带来的不便影响。为解决改造期间停车困难问题，街道与周边驻地部队多次沟通协商，获得驻地部队大力支持，拨出一块空地给闸口电厂二宿舍的居民免费停车。另外，对建设单位的工程施工时间有严格要求，在居民午休时间禁止开展有噪声的施工。这些举措不仅消除了工程施工给居民生活带来的不便影响，也为各单位展开手脚、加快项目推进提供了便利。

4. 要注重小区历史的传承意识

每一个城镇老旧小区都有自己的历史，也都有自己的故事。闸口电厂始建于1932年，当时与上海杨树浦电厂、常州戚墅堰电厂同为江南三大发电厂，并列称雄。闸口电厂还曾被印在第一套人民币上。电厂二宿舍曾住过第一代“发电人”，有四幢仿苏式设计风格的单体建筑，曾经住过捷克专家，现已被列入杭州第六批历史建筑保护名单。闸口电厂的辉煌历史，已成为居民群众的共同记忆。在改造过程中，对四幢仿苏式建筑，确保修旧如旧，尽可能保持原貌，还增加了一面老物件墙，陈列20世纪的一些生活用品，比如电厂工作证、厂徽、搪瓷锅碗、粮票布票等，只要能收集到，就全部上墙，做到更好地传承历史，记住乡愁，留住乡情。

第二节　杭州市上城区紫阳街道新工社区改造工程实践案例

一、项目基本情况

紫阳街道新工社区老旧小区“微更新”综合整治建设工程项目（以下简称新工“微更新”）位于浙江省杭州市上城区。项目范围东至秋涛路，南临凤山路高架，西靠浙赣铁路，北至肉联厂专线。共有新工新村、南瓦坊、二凉亭、秋涛路149～150号、秋江雅苑五个住宅小区，改造建筑面积达20.21万m^2，此次改造涉及住宅楼46幢、151个单元（楼道），其中大部分建筑建于20世纪80年代，共惠及居民2725户、7806人。社区人口居住密度大，居民活动空间小，设施老化，环境脏乱，配套短缺，管理滞后，居民要求整治的呼声强烈。

项目纳入2019年城镇老旧小区改造计划，自2019年2月起，启动新工“微更新”筹备工作；10月，新工“微更新”项目正式实施。项目在规划时，即结合改造工作，因地制宜补齐原有居住社区建设短板，构建“一环五区”功能格局——即新建一条环形交通主干道，整合建设时尚文创区、居住提升区、便民服务区、滨河休闲区和社区会客厅五大功能分区。截至2020年10月底，改造工程已基本完工，同时后期服务组织如物业管理、养老服务、幼托中心等均已试运行。通过“焕新”与“换芯”同步实施，使居民既能感受到市井生活之便利，又能感受到诗画江南之美丽，形成“畅通、时尚、人文、便利、生态、宜居”的社区新环境，实现城镇老旧小区“逆生长”，让美好愿景在城镇老旧小区得以长久呈现(图3-2)。

图3-2　新工社区改造后效果

二、项目实施主要做法

1. 改造内容方面

新工“微更新”项目改造内容大致可分为三类。

一是基础硬件设施改造，旨在满足居民最基本生活需求。包括新建沿新工新村、秋江雅苑的社区主干道，畅通消防环线608m，将原来五个小区串联合并为一个整体小区。屋顶补漏修缮共计40521m^2，建筑外立面提升61200m^2，住宅楼道等半公共空间提升15570m^2。结合雨污分流工程改造地下管网设施共计3900m，铺设弱电“一张网”共计4800m，增加弱电机房30m^2。改造提升五星级公厕一所，建筑面积91m^2，辐射周边半径500m，升级道路照明系统共计51处。消防安防累计投入约74万元，完成高清监控级人脸抓拍系统、道闸、电控门等系统升级。

二是配套设施完善改造，旨在提升小区整体环境。新增社区“会客厅”1500余平方米；通过拆违排危，盘活近5000m^{2}的居民公共活动空间；打造儿童成长中心230m^2，同时可容纳0～3岁日托儿童约40人。启用小区原有立体停车楼机动车停车位112个；引入社会资本1400余万元，新建新工新村临时停车楼，增加停车位90余个。争取杭州市民政局支持，将闲置多年的太平巷15号1400余平方米的闲置楼房打造成街道级养老服务中心；与市场监管局联合，将南瓦坊3幢6单元闲置8年、近280m^{2}的场地改造建设为社区卫生服务站。加装电梯工程已全部完工；生活垃圾投放点由24处减少至12处，新增大件垃圾集置点一处。

三是软件服务改造提升，旨在提升社区公共服务水平。引入物业公司进行一体化物业管理，实现新旧小区资源互补；依托“城市大脑”平台，探索打造社区“聪明管家”智慧服务中枢，整合智慧物业、智慧停车、智慧安防、智慧养老等智能信息系统。鼓励养老托幼等专业参与公共服务运营；设立时尚文创步行街聚合社区文创产业孵化基地。在社区大门增设便民综合服务区，还原“老城南”的集市街巷；重新规划休闲小广场、沿河健身步道、篮球场等活动场所。在保留修缮萧公桥遗址的基础上，打造肖（孝）公主题文化公园。

2. 群众工作方面

（1）立足网格基础，聚焦民声民意

“微更新”是民生工程，更是民心工程。以网格党支部为单位，发动街道机关、社区全员力量下沉网格，实行“一网兜底”，承包入户走访、意见征集、问题反馈、政策咨询等所有服务事项。自新工“微更新”启动以来，先后组织开展了两轮网格大走访：改造设计前期，走访小组挨家挨户上门发放告知书2425份，征集意见建议700余条；2020年8月开展“新工微改回头看”，针对改造实施情况查漏补缺。走访小组围绕工程建设、方案调整、物业管理、社区服务四个大类10个方面的问题，全部下沉网格入户问卷调查，走访住户和商家2281户，走访率94%，满意和基本满意达到91.65%。针对走访中收集的问题，落实首问责任制，按照“谁接待、谁反馈”原则，由各走访组挂号包干到底，跟进问题解决进度，做好群众反馈工作，做到重点户专班对接，形成问题“收集—处理—反馈—评价”的闭环管理。

（2）建强战斗堡垒，攻克民生顽疾

“堡垒强则战斗力强”。为了啃下“硬骨头”，工作专班进驻施工一线，组建临时党支部，高挂作战图、倒排计划表。每天分析、每周碰头、每月讨论，形成争先进位、比学赶超的氛围。前期针对老旧小区停车难、配套缺失、活动空间少等生活痛点问题，规划设计了“一环五区”方案，新增公共停车位400多个，配套社区养老服务中心1400m^2，盘活居民活动空间6000余平方米。针对群众反映强烈的加梯问题，加梯组成立“先锋加强排”，分批次召集居民座谈会，带领居民到已安装的小区、到电梯生产商实地考察电梯质量、品牌、性能，确保加梯工作顺利推进。结合雨污分流改造，完成地下管网一揽子清理升级，破解了困扰居民多年的下水管堵塞问题。按照“一户一方案、一楼一特色”，推进楼幢间、楼道内等细节部位的改造提升，加装楼道转角椅、晾晒架、充电装置等细节设施，回应群众需求。

（3）突出先锋示范，联结文化民情

先锋引领才能凝心聚力。在施工过程中，积极发动骨干党员、居民代表当好“宣微”“护微”“助微”的“三微先锋”，为“微更新”建言献策。如肖公桥修复工程中，党员胡新华主动提供肖公桥遗址影像、图片、文字资料，为桥体复原提供了宝贵的历史资料，他和肖公桥的故事也刊登在《学习强国》。工程启动以来，居民自发组建了施工监督队、安全巡逻队、“送清凉”小队等志愿者队伍5支，涌现出的先进事迹、典型人物获《浙江日报》《杭州日报》、浙江卫视、央广网等媒体报道30余次，在居民群众中起到较好的示范效应。为加强家园文化宣传，进一步强化党员群众对社区的认同感，利用社区会客厅、科普教育基地、体育中心等平台，策划开展“我和新工的故事展”等群众文化活动，常态举办社区服务活动。通过居民公约践约行动倡议等居民学习教育活动，逐步形成特质鲜明、印记独特、广泛认同的家园文化和社区精神。

（4）发动群策群治，共建共治共享

针对居民群众的建议和诉求，社区党委主导搭建“邻里议事坊”平台，先后召开“面对面交流会”“居民议事会”等民主协商会议50余次，并对收集到的居民意见建议进行归类梳理，对意见集中的事项进行立项协商。比如，通过征集、投票等方式，重新制定“新工社区居民公约”，为社区新增的环路投票取名“新工大道”，大大激发居民建设新家园、投身“微更新”的热情。通过筹备成立社区业主自管会，将热心居民骨干选出来，社区自治氛围带出来，并逐步向业委会过渡；大力推广“业联体”模式，搭建社区、物业、业委会三方沟通平台，激发居民自治活力。

3. 资金筹措方面

（1）引入社会资本

在上级有关部门的指导下，紫阳街道通过竞争性磋商，采取BOT模式，对符合准入条件的社会企业进行比选，最终确定由专业停车管理公司投入1400余万元，在社区原有空地上建设可容纳90多辆汽车停放的临时立体停车楼。该停车楼包月服务仅对小区居民开放，通过临停收费等方式逐步回收投资，达到收支平衡。

（2）盘活闲置资源

新工“微更新”得到了杭州市民政局、财政部门的大力支持出资排危，将闲置多年的1400m^{2}危房打造成街道级养老服务中心。与市场监管局沟通，将闲置8年、共计275m^{2}的办公用房改造建设为社区卫生服务站。此举既节省了硬件建设投入压力，又解决了老旧小区可建设利用空间不足的矛盾。

（3）鼓励专业运营

打造养老服务中心。通过招投标引入“中国社会组织AAAAA等级”的专业管理团队负责中心运营。中心配有包括我国台湾地区长期照管方面的专家在内的专业工作人员12名，共设25张长期托管床位，在此基础上可服务日托老人30名。主要为老人提供助餐、助浴等生活服务，同时开展护老者照护技能等培训。新工社区居民可优先申请入住，如有服务余力也可以接受杭州市区范围的老年人。中心立足个性化养老需求，为破解密集型老旧小区为老服务难题提供新路径。中心已逐步开放试运行，预期收益将来源于托管床位、老年食堂、居家养老等各项服务，2021年可创收约150万元，并将伴随服务能力提升逐年递增。

设立儿童成长中心。应居民强烈需求，在社区“会客厅”内划拨出面积约230m^{2}的场地专门用于0～3岁婴幼儿托幼服务。中心配备专业教职工6人，可服务全日托婴幼儿约40名。在做好日托照料的基础上为孩子们提供可供选择的多项课程，让孩子通过浸入式、体验式、游戏化和生活化的教育方式全方位均衡发展。中心已正式运行，招收幼童5名，预期收益主要来源于婴童日托管理，2021年可收入约100万元，并将伴随服务能力提升逐年递增直至满招。

引入特色中医馆。引导社会企业将经营性用房约600m^{2}租赁用于特色中医馆打造，服务微更新改造全范围及周边社区居民，预计年接待居民数量可达500人次。专业医护团队共计12人长期驻扎，空余时间积极参加社区慰老活动。社区居民可通过提前预约享受免费诊脉、血压测量等医疗服务。开馆近一个月，中医馆与街道联合为社区居民提供各类健康咨询服务10余场，共计300余人次参与，得到居民的高度认可。据统计平均每天约有20人次就诊，预期收益将来源于诊断治疗、推拿艾灸等方面，2021年可到达250余万元。

建设文创步行街。通过“围墙拆除—环境改造—业态升级”一系列措施使原先的社区死角改头换面，以某著名品牌化妆学校为依托，引入与文创相关的店铺，布置特色标识标牌及景观小品。此举不仅为在校年轻人提供了商业配套服务，更成为小范围内的“网红打卡点”，形成了文创产业的孵化温床。

（4）引导居民出资

鼓励居民参与改造，共计加装电梯15台，居民每台出资40万元，共计出资

600万元。

4. 推进机制方面

（1）多级政府联动机制

“微更新”是关乎人民群众切身利益的工程，也是政府工作的重中之重。杭州市委市政府高度重视，根据“微更新”工作实际需要，形成“市级统筹—区级负责—街道实施”的多级政府联动机制。同时，坚持居民自愿、自下而上的原则来确定改造及内容时序，使新工“微更新”切中民生痛点，满足居民需求。遇到棘手问题时多级政府保持实时联系，下意上传、上行下达顺畅，加快行政推动效率。如新工新村临时停车楼建设工程，在市、区两级政府及规划等相关部门的大力支持下推进迅速。

（2）多元协同参与机制

新工“微更新”多元协同机制外部环境整体有利：政策支持倾斜、资金保障到位、社会红利明确，技术水平匹配。在此大环境下，以政府行政推动力为核心，居民解决民生难题、企业获得经济社会效益、社区降低管理负担为抓手的多元参与机制雏形形成。在政府有力保障下，通过如全民走访等方式扫除了主体参与难度，搭建起公平畅通的交流平台，激励了各方参与积极性，获得了阶段性成果，并为协同的良性循环开了好头。

5. 后期管理方面

（1）提前介入，做好开源节流

城镇老旧小区改造，“三分靠改，七分靠管”。在“微更新”方案设计及项目实施阶段，已将后期管理需求提前纳入考量，引进专业的物业公司优化小区物业服务水平。通过与物业管理单位的沟通配合，对改造内容进一步完善调整。如划分物业配套用房、调整绿化分布等，降低后期管理成本；通过增加停车位等方式增加社区收入，2020年社区物业管理基本达成收支平衡。

（2）确立中心，搭建协同平台

以社区党委为中心，物业、业主、自管会三方协同运作，为各方交流提供平等、畅通的平台；实现协同各方的相互平衡与利益趋同，尽可能化解矛盾达成相互理解。如组建起一支涉及法律、经济、建筑等领域专家的200余人的自管会队伍，为“业联体2.0”实体化运作提供精准化指导；打造邻里值班室，“聪明管家”上线“微治理”服务社区民生。

（3）多方联动，问题有效流转

凝聚物业、业委会、辖区单位、社会组织及其他企事业单位力量，扩大社区治理“朋友圈”。以“红色业联体”的建设为破解基层治理难题，建设“七个一”

体系（即一个健全领导机制，一个联动管理机制，一个规范的小区业主自管会，一个多样化组织覆盖体系，一个多方协作议事机制，一个多元化小区服务模式，一个工作保障体系），建立“周巡查、月分析、季处置”三环联动机制，为小区提供“八保”服务（即保宣传、保清洁、保绿化、保安全、保和谐、保秩序、保维修、保活动）。深化以社区民情恳谈会、社区事务协调会、社区工作听证会和社区成效评议会等“四会”为重点的协商共治机制，实现小区治理难题流得动、转得起、办得好，小区治理成效明显。

三、项目可复制推广经验

1. 政府统筹协同，做好前期规划

城镇老旧小区综合改造推进过程中，基层政府作为辖区内城镇老旧小区改造的建设主体，负责协同的启动、统筹、设计以及决策，承担保证管理机构制度完整和社会凝聚力的责任，扮演着引导、组织、协调的角色。政府要坚持以“微更新”为手段精准发力，引导专业设计人员完成整体规划，在补齐城镇老旧小区硬件短板的基础上，编制个性化改造方案，兼顾文化与特色，改造提升质量。

2. 坚持以人为本，立足民生福祉

城镇老旧小区改造推进离不开广大群众的共谋、共建、共管、共评、共享。从改善基础设施到破除民生痛点、创设便民服务圈到补齐养老幼托配套，通过回应住区居民实际需求提升人民获得感与幸福感，让群众看到一点一滴、实实在在的变化，满足人民对美好生活的向往与追求。

3. 补齐社区短板，推动改造升级

在改造过程中根据社区实际情况，通过盘活存量用地、改建原有闲置危房、市级单位提供闲置用房等方式，充分激活社区内原有资源，并通过引入社会资本等形式引入服务，最终达到补齐社区功能短板的目的。此次改造从单纯注重住房本体的改造向居住功能的提升、居住品质的优化转变，坚持“前期设计—中期改造—后期管理”的闭合良性循环圈层，实施“有温度、可持续、高品质”的城镇老旧小区改造。

4. 开辟多元渠道，缓解投入压力

制定合适的准入机制，筛选引入社会资本参与改造共建，缓解资金压力。通过层级联动挖掘潜力空间、盘活闲置资源，释放公共空间存量，降低改造成本。鼓励社会组织、对口企业提供优质的公共服务和后期运维，保障改造成果的长效性与可持续性。新增公共经营性收入提升小区自体收入，引导居民参与后期管制，减轻长期管理负担，开源节流形成城镇老旧小区改造小区自体收支良性平衡。在促进消费方面，通过补齐停车、医养、幼托、便民、休闲等服务设施，消除扩大居民消费的障碍，开拓银发消费、幼儿消费等新消费模式，持续有效地为国民经济创造新动能。

第三节　杭州市下城区武林街道麒麟街小区改造工程实践案例

一、项目基本情况

麒麟街小区位于下城区武林街道，本次改造共涉及麒麟街周边的中北、凤麟社区的18幢住宅、52个单元、653户居民，建筑面积约3.88万m^2，投资额1500万元。

项目列入2020年城镇老旧小区改造计划，于3月20日开工，9月底已竣工（图3-3）。

图3-3　麒麟街小区改造后效果

二、项目实施主要做法

1. 改造内容方面

坚持“10＋X”改造模式，将老旧小区改造与水、电、气迁改，智慧安防、加装电梯、雨污分流等项目结合起来。

一是与架空管线“上改下”相结合。架空管线“上改下”是麒麟街项目的重要组成部分，是本次改造的难点也是亮点。改造之前该区域架空电线纵横交错，犹如蜘蛛网一般。改造之后，所有架空管线都将埋设到地下，整体环境将更加整洁有序，居住空间也将被打开。

二是与智慧安防小区相结合。借这次城镇老旧小区改造机会，进一步完善小区智慧安防基础设施建设，根据“新建、利旧、提升”三种不同改造模式，在小区主要出入口安装门禁系统和监控设备，单元楼道增加电控门、智能门禁、灭火设备等设施，让小区更安全、更放心、更整洁。

三是与既有住宅加装电梯相结合。街道旧改专班专门设立了加装电梯咨询点，专门受理居民加装电梯的工作需求，鼓励居民利用这次城镇老旧小区改造的机会同步实施加装电梯工作，减少加装电梯的成本。与此同时，这次改造的区域内只要具备加装电梯条件的，均预留了加装电梯的点位，方便后续加装电梯工作的推进。

四是与公共设施升级相结合。这次老旧小区改造中利用原有的自行车库等区域，增设停车泊位和口袋公园。如将原麒麟街1号与2号之间的自行车库改造成休闲小花园供居民休憩；将镜瑞弄8号前的自行车库改造成双层库，一层增加3个停车泊位，二层用于停放自行车。

2. 群众工作方面

城镇老旧小区改造工作与居民群众息息相关，始终坚持以人民为中心的理念，既注重民意，也力求满意，通过“一名党员一幢楼”工作机制，收集民意、汇聚民智、凝聚民心，为居民量身定制，让居民“看单点菜”，提升群众参与率、满意度。秉持“共商共建”的理念，街道、社区干部“俯下身段”、深入楼道一线，挨家挨户征求老百姓对老旧小区综合改造提升的意见建议，严格落实“双三分之二”改造原则，即改造同意率达2/3、方案认可率达2/3，确保民意调查在前[①]。

城镇老旧小区综合改造工作点多面广，涵盖多项改造内容，每个节点的改造都要经过充分研究论证才能确保效果。大到公共空间如何挖潜、建筑立面采用什么风格、电力变压器落到哪里，小到雨棚采用什么材质、面漆用什么颜色、改造时居民汽车停哪里，都经过了反复推敲并取得老百姓的认可。如“四件套”的选材，街道多次走访听取老百姓的意见，召集相关科室、社区及设计单位对改造方案进行研究论证，确保方案最优。部分景观节点设计方案在推进过程中遭到了居民的反对。有的居民觉得改造以后环境好了，外来人员会到院子里休憩游玩，讲

① 武林街道党工委．点燃红色引擎 共创美好生活——武林街道推进老旧小区综合改造提升居民幸福感［EB/OL］.［2020-9-30］. https://www.sohu.com/a/421988089_785440.

话声、吵闹声扰民；有的居民观念陈旧，不愿接受较大改变的施工方案等。为此，街道多次现场实地踏勘并听取居民意见，组织设计单位、施工单位反复研究商讨，做到设计方案更接地气，城镇老旧小区改造工作更得民心。

3. 居民出资方面

此次改造加装电梯1部，居民出资34万元。

4. 推进机制方面

（1）多措并举破解停车保障难

为解决施工期间居民的停车问题，街道各科所与社区加强联动，采取多项举措缓解居民停车难题。合理安排施工计划和区域，逐步有序推进施工，最大限度减少施工占用小区车位的数量；加大与交警、城管等部门的协调力度，说明施工情况，为受影响的居民申请临时停车泊位，取得居民理解；社区提前为车主办理停车包月退费手续，并帮助居民联系停车场地。

（2）统筹兼顾破解施工协调难

麒麟街项目涉及立面整治、电力、弱电、水务、市政、景观等多个施工内容。一方面，在摸清雨污水、天然气、水务等原有管线埋设的基础上，街道旧改办多次走现场、看位置、定方案，统筹安排强电、弱电和水务的管沟管位；另一方面，由街道旧改办牵头，协调强电、弱电、水务和景观等施工班组，科学合理地安排施工工序，避免二次开挖，同时保证施工进度。

（3）拆改结合破解违建拆除难

居民不配合拆除保笼，不愿移空调机位是面临的最大难题。街道旧改办通过社区工作者、“武林大妈”、楼道支部书记上门做思想工作拆除一部分；通过综合执法队上门发放违章限期整改通知单，对居民正面宣传引导，解决了一部分；最后通过拆改结合的方式，把小区原有的凸保笼全部改成了平保笼①。

（4）俯下身段破解配合支持难

麒麟街美丽家园综合改造提升施工期间，沿孩儿巷和麒麟街的近30家店的经营受到不同程度的影响。街道统筹安排社区和施工单位，及时与店家沟通，施工计划报备告知在前，改造效果展示在前。针对部分店家不愿更换店招的实际情况，街道分管领导亲自上门做店家思想工作，消除店家顾虑。同时要求施工单位加快进度，保证质量，将店家受影响程度降到最低程度，取得了沿街业主的理解。

5. 后期管理方面

针对这次改造的无物管小区，积极引入了小区管家准物业企业。由专业服务

---

① 武林街道党工委 . 点燃红色引擎 共创美好生活——武林街道推进老旧小区综合改造提升居民幸福感［EB/OL］.［2020-9-30］. https://www.sohu.com/a/421988089_785440.

企业为老旧小区提供保洁、保绿、保序等准物业综合服务，建管衔接，软硬兼顾，切实改造提升老旧小区的管理服务水平。

通过整体改造，拆除简易停车棚317m^2，新增机动车停车位4个，非机动车车位275m^2，绿化面积增加约85m^2，绿地率提高0.5%。

一是设施更完善。外立面的综合整治，使得小区的颜值大幅提升；停车泊位的扩容进一步缓解小区的停车难问题；小区管家的引入提升了小区的综合管理水平。

二是居住更舒适。架空管线"上改下"打开了社区的公共空间；景观节点的打造美化了小区的整体环境；屋顶补漏和楼道修补让老百姓既有面子又有里子。

三是生活更安心。智慧安防小区建设让老百姓居住更加安全。

三、项目可复制推广经验

1. 挖掘社区文化底蕴

麒麟街小区本来历史上有些底蕴，但经过多次的旧城改造，已基本消失，居民的归属感不强。为此，社区在改造中致力于挖掘历史文化碎片，以"麒麟观古·老城生活"为文化主题，采用与美丽街巷武林古韵、非遗特色相协调的南宋建筑风格，在突出功能性的同时兼顾美观性，如：在凤起路口和麒麟街两侧引入了麒麟石像等元素符号，在麒麟街沿线围墙设置了爱国主义色彩的典范人物，还添置了一些古色古香的老物件墙，改造以后道路周边环境美化，突显了祥和的文化底蕴。小区自行车棚较多，这些自行车棚承载着城市发展的历史记忆，社区在对自行车棚进行翻新的基础上，采用自行车照片墙的形式打造"车棚记忆"景观节点，增进居民对社区文化的认同感、归属感，打造展示小区公园和文化长廊的历史人文魅力。

2. 成片改造区域推进

武林街道辖区大多为无物业的老旧小区，原来的改造经常是零敲牛皮糖，分块实施，效率不高，整体效果不明显。本次改造街道确定了"集中区域、成片改造"的工作机制，坚持"一小区一方案"，按照"一轴两翼"+"东西两端"总体战略布局（"一轴"指麒麟街及延伸的广福路，"两翼"指其以西的凤麟社区区块和以东的中北社区区块），分年度、分区域有序推进老旧小区综合改造提升工作。以麒麟街小区沿线的18幢房屋为主线，"由线及面"向麒麟街东西两侧逐步拓展延伸，最终覆盖凤麟、中北、竹竿巷社区的89幢老旧房屋。届时，将形成以麒麟街、广福路为主轴线，辐射两侧中北、凤麟两个社区89幢房屋的"一轴两翼"，让"旧"小区呈现"新"面貌，让"老"居民过上"新"生活，打造有归属感、舒适感和未来感的“美丽家园”。

3. 挖掘资源补齐公共配套设施短板

武林街道地处市中心，由于历史原因，居民区的公共配套设施远不能满足社区居民的精神文化和生活需求，群众要求改善的呼声很高。在这次改造中，街道花力气补短板，大力挖掘区域内的公建配套，通过市级部门无偿提供闲置用房，补齐社区配套服务设施建设场地不足的问题，杭州市建委将所属的镜瑞弄7号800m^{2}闲置用房提供给社区使用。街道与杭州市建委签订了房屋使用的长效管理协议，无偿使用时间初定为20年，之后该空间将用于居家养老、残疾人之家等社区公共用途，从而大大改善老旧小区文体等设施不足的短板，提升中北社区居民群众的生活品质和幸福感，让百姓真正享有老旧小区改造后的获得感。

第四节　杭州市下城区潮鸣街道小天竺、知足弄改造工程实践案例

一、项目基本情况

项目位于杭州市下城区潮鸣街道小天竺、知足弄社区。本次老旧小区改造总建筑面积22.08万m^2，总投资9374万元，涉及建筑71栋，共计4008户。

其中小天竺、知足弄社区综合整治工程（一期）纳入2019年城镇老旧小区改造计划，2019年9月开工，2020年1月竣工；小天竺、知足弄二期老旧小区综合改造提升工程和潮鸣苑（潮鸣寺巷以南）老旧小区综合改造提升工程，纳入2020年城镇老旧小区改造计划，2020年6月开工，12月完工（图3-4）。

图3-4　小天竺、知足弄社区改造后效果

二、项目实施主要做法

1. 改造内容方面

项目以“保持旧的肌理、赋予新的功能、展现老的味道”为基本改造原则，以打造“康养文化型”为出发点、落脚点，进一步拓展服务功能，优化美化小区环境，做好“加减乘除”四篇文章，开展成片“加”装电梯，“减”少建筑立面保笼，提升居民满意度，发挥最大“乘”数效应，全面推进生活垃圾分类“除”陋习，最终呈现云管家“智能管理”、硬件“改造更新”、彰显“文化韵味”、提升“品质生活”等特色亮点。

一是认清健康养老的未来趋势，构建五大生活场景——积极打造便民利民“共享圈”。结合潮邻益家、刀茅巷菜场、潮邻议事厅，建设慢跑绿道，铺设多个短距离塑胶跑道，打开居民公共文娱活动空间。

二是利用综合改造的系统优势，补齐十项居住短板——有效提升幸福指数“生活圈”。通过对“10＋X”（“10”指管线入地、立面整治、屋顶补漏、楼道修补、电梯加装、车棚改造、绿化彩化、环境美化、停车扩容、雨污分流；“X”指两条美丽小巷、四个口袋公园、五个生活场景）等方面进行集中改造提升，有效增强了居民群众获得感和幸福感。

三是注重传统文化的真实再现，突出历史文脉保护——努力营造潮鸣底蕴精品“文化圈”。结合潮鸣文化特点打造了归德小院、天竺公园、潮鸣寺印记公园、适老休闲公园4个口袋公园、口琴博物馆文化长廊等多个特色文化节点，充分挖掘了潮鸣历史文化底蕴。

2. 群众工作方面

线下“潮邻议事厅”、线上“潮鸣邻里会”，前期通过线上线下互动，坚持做好“四问四权”，利用两大议事平台开展入户调查、座谈商讨、问卷调查等民主协商工作，充分征询改造区域居民群众意见，广泛统一思想，凝聚共识，增强居民支持城镇老旧小区改造、参与城镇老旧小区改造的自觉性和主动性。改造过程中，发动思想觉悟高、群众基础好的退休党员居民及在职在地党员、居民骨干成立“潮爸潮妈志愿者服务队”配合施工，监督工程质量，调解居民矛盾等。乘着城镇老旧小区改造东风，潮鸣街道摇身一变，成了“潮邻里幸福街区”，其中，小天竺、知足弄社区改造项目获2019年度全省老旧住宅区改造样板工程，也成了下城区致力提升人居幸福度的一张“金名片”。

3. 资金筹措方面

通过发行专项债券，积极争取中央、省、市补助筹措资金。另外，街道与杭州拂晓教育科技有限公司合作，打造潮邻伢儿0～3岁托育服务中心，总投资约50万元，采用委托建设及运营管理方式，对项目进行全面运营和管理，所有硬件装修、设施设备采购及因项目需要扩建的场所均由合作单位自行承担。改造中共加装电梯11台，总投资约605万元，其中居民出资约385万元。

4. 推进机制方面

成立潮鸣街道老旧小区综合改造提升工程临时党支部，以党建为统领，全面凝聚住房和城乡建设、街道、社区、施工方、设计方、监理方等多方合力，设立城镇老旧小区改造指挥部，阶段性召开党建联席会议、现场推进会，一办八组挂图作战，各司其职开展工作，形成“齐抓共管、协同推进”的良好格局，确保项目有序推进。在推进中也充分发挥了党建联盟合力和居民自治优势，及时帮助居民群众解决“关键小事”。

5. 后期管理方面

打破公共服务由社区负责或部分外包的传统模式，对改造完毕的小区引入“小区管家”，由其为小区提供保洁、保绿、保序等专业的综合性服务，同时结合小区AI云管家智能管理和人脸识别系统，实现停车、消防、电梯运行、小区门禁、道路积水等大事小事都“有人管，并管得好”。另外，社区第一时间发动楼道居民召开居民自治会，签订《居民公约》，认领日常管理，加强居民自治管理。

三、项目可复制推广经验

1. 强调样板先行，改造因地制宜

每个城镇老旧小区的基础、条件、情况都不一样，改什么、怎么改、改到什么程度，必须因地制宜。本项目以“保持旧的肌理、赋予新的功能、展现老的味道”为基本改造原则，在《杭州市老旧小区综合改造提升技术导则（试行）》的基础上，确定“回龙庙前四弄”作为老旧住宅小区综合改造提升项目的样板楼，精心打造。通过改造，成功解决了原建筑墙体立面破损、管线乱拉乱管、楼道公共照明缺失等问题，实现了公共空间和私人空间的双提升，达到了建设的预期，并为后期统一铺开发挥了样板效应。

2. 坚持党建引领，缔造美好家园

街道把“党建引领共同缔造美好家园”理念贯穿始终，通过培育一批党员骨干、打造多个议事平台、联结多元共治主体，为推进基层治理体系和治理能力现代化作出有益探索。街道组建了党员先锋突击队、潮爸潮妈服务队、红云联盟攻坚队，党员先锋突击队由项目上的骨干党员组成，“一名党员一幢楼”，及时帮助居民群众、周边企事业单位联系解决“关键小事”，将模范带头作用充分发挥在项目前沿一线；潮爸潮妈服务队则由热心党员居民带头发起，影响并带领身边居民群众共同参与城镇老旧小区改造志愿服务工作；红云联盟攻坚队则由城镇老旧小区改造相关职能部门、管线单位、沿线党建共建单位共同组成，为了助力城镇老旧小区改造二期顺利完工，与区住房和城乡建设局共同开展“旧改开放日”专题活动，对加梯、绿化、物业等项目进行现场咨询解答，城南供电、水务、电信、移动等单位，则克服天气炎热、工期紧、工作量大等困难，全力加快“上改下”推进进度。

3. 引入“小区管家”，加强居民自治

“改好不易，管好更不易”，打破公共服务由社区负责或部分外包的传统模式，对改造完毕的小区引入“小区管家”服务，统筹服务资源，统一服务标准，公开招聘服务企业，由第三方为小区提供保洁、保绿、保序等专业的综合性服务，同时结合小区AI云管家智能管理和人脸识别系统，实现停车、火情、电梯运行、小区门禁、道路积水等大事小事都“有人管，并管得好”。引入“小区管家”后，此项目交付后的小区居民满意度均提升至90%以上。另外，在后期改造提升成果维护上充分发挥了党建联盟合力和居民自治优势，如杭州供电公司城南供电营业部免费为城镇老旧小区改造的小区住户提供日常电表箱的隐患排查，社区则牵头第一时间发动楼道居民召开居民自治会，签订《居民公约》，认领日常管理，加强居民自治管理。

第五节　杭州市下城区文晖街道流水北苑小区改造工程实践案例

一、项目基本情况

下城区文晖街道流水北苑小区建于20世纪90年代中后期，地处下城中央商务区，东至绍兴路，南至朝晖路，西至绍兴支路，北至同心弄，总建筑面积约4.48万m^2，共涉及房屋9幢、41个单元、居民618户。

流水北苑老旧小区综合改造提升项目列入2019年城镇老旧小区改造计划，与居民进行了充分深入的沟通和意见征询，4月底前全面完成“四问四权”，期间不断优化方案设计，5月底正式确定了以“10＋5”模式为主要内容的综合改造提升设计方案，9月正式开工，历时120天完成改造。流水北苑美丽家园改造提升工程获评2019年杭州城镇老旧小区综合改造提升工作最佳案例、杭州市首批“美好家园”住宅小区（图3-5）。

图3-5　流水北苑小区改造后效果

二、项目实施主要做法

1. 改造内容方面

用“10+5”模式做好美丽家园改造。“10个必选改造项目”包括屋顶有整修、立面有提升、外挂有改善、管线有整治、楼道有整理、门厅有更新、灯光有调整、绿化有彩化、文化有提炼、活动有空间，“5个自选增加项目”包括推进智能安防、推进交通优化、推进智能分类、推进加装电梯、推进自治管理。同时，做好周边背街小巷“两路”改造，整治沿街店招，调整业态，提升沿街店铺观感，沿路人行道重新铺装、配套行道树并对其彩化调整。

2. 群众工作方面

街道、社区和社区楼道支部书记、楼道组长进行了多轮沟通和意见征求，收集群众关注的热点和难点。“问情于民”：提前公示施工范围、改造方案以及呈现效果，让居民群众获得知情权；“问需于民”：了解居民的切实需求和改造想法，公开选择权。其中，指挥部民情意见本、工作人员记录表已收集并记录居民意见建议46条，每个问题都做到事事有反馈、件件有落实；“问计于民”：将雨棚、保笼、晾衣架、空调罩等通过实样展示，征求居民修改意见和建议，落实参与权；“问绩于民”：邀请具备专业特长的居民代表参与工程质量监督，施工安全监管，落实监督权，使广大居民对老旧小区改造更加热情高涨、关心支持。

3. 资金筹措方面

街道多方面引入社会资源，发动辖区共建单位，小区内民营企业共同参与。街道协调城北供电局加强共建，对流水北苑41个单元配电箱设备梳理，配合楼道更新，提高整体美观度、整洁度。鼓励小区内民营企业伯德酒店资金支持3万元，参与外立面改造，配合小区整体界面风格统一协调。小区改造加装电梯3台，总投资156万元，其中居民出资约96万元。

4. 推进机制方面

街道成立老旧小区综合改造提升工作领导小组，党工委书记任总指挥，办事处主任任常务副总指挥，统筹街道党政办、政治、经济、民政、城管、宣传、文化、执法、社区等各相关条线人员和力量，抽调人员建立专班指挥部，组建办公室、群众工作组、工程实施组、加梯工作组、宣传策划组、安全保障组，对整体改造提升进行任务项目化分解，各条线认领工作任务，专人负责，专班协调合力推进流水北苑美丽家园打造。指挥部坚持每日例会工作制度，收集当天工程项目推进过程中遇到的各类问题，集中研究解决方案，所有问题均通过会议予以协调处置，共计协调涉及墙面构件、绿化提升、屋顶修漏等3大项、17小项问题。

5. 后期管理方面

按照“改造一个，管好一个”的目标，落实建管并举，将“小区管家”纳入“10＋5”改造项目必改内容，在统筹服务资源的同时，配合硬件更新。同时，培养居民“收费换服务”的意识，完善老旧小区物业增值服务，按照0.15元/m^2的标准收取物业费，满足居民对高品质生活的迫切需求。

三、项目可复制推广经验

1. 尊重民情民意，推进最多综合改一次

改造全程注重群众需求，在推进中坚持“一名党员一幢楼”机制，突出问题导向落实“四问四权”，改不改、改什么、改后效果是否满意由居民说了算。改造推进方面优化设计方案形成“10＋5”改造内容，将城镇老旧小区改造与美丽街巷建设、加装电梯、雨污分流、智慧安防、绿化彩化等项目集中推进，合理工序“最多挖一次”，以最快的速度、最小的影响最终实现居民最大的理解和满意。

2. 拓展公共空间，内外兼修

通过改造积极拓展优化公共服务设施及空间，满足小区居民生活需要。将原中心公园变身为“处处是景、季季有花、月月有活动”的网红打卡点；挖掘3处地下室空间成为小区党群驿站、居民议事厅及电动车智能充电空间等；优化小区周边店铺业态，新设微型消防站、婴幼儿托育机构等服务居民群众，让老小区既好看又好住。

3. 创新智慧赋能，建管并举

引入准物业“小区管家”提供专业的绿化、保洁、保安等服务，实现城镇老旧小区“有人管、专业管、长效管”。小区增设了8个高空抛物监控、4个人脸抓拍监控、24个智慧烟感器、36个智能充电桩，构建先进型智慧安防小区，疫情防控期间，小区率先实行了全国首个健康码“三合一”智能门禁系统，实时接入文晖街道“智汇”数字驾驶舱，实现了从人防、技防到智防的全面升级。

4. 提炼文化亮点，营造归属

流水北苑项目除了关注影响居民生活实际的硬件改造提升、公共配套设施的调整更新，同时深挖文化亮点打造。挖掘工业文化，以百年艮山门货运站为文化根基，与中国美院、杭州铁路货运中心挖掘铁路工业文化，以火车头3D立体墙绘设计，唤醒老一辈居民对艮山门铁路枢纽及工业厂区生活和峥嵘岁月的深刻回忆。融入历史人文，借用陆放翁“溜水听瀑”典故，打造和展示小区公园与文化长廊的历史人文魅力，激荡出共鸣声和归属感。

第六节　杭州市下城区天水街道环北新村改造工程实践案例

一、项目基本情况

天水街道环北新村坐落于杭州CBD中心，东起中山北路，西至武林路，南靠体育场路，北邻环城北路。项目用地面积为31000m^2，共33幢住宅建筑，建筑为20世纪70～80年代多层砖混结构。小区居民住户1524户，人口5126人。

项目列入2019年城镇老旧小区改造提升计划，此次综合改造提升涉及25幢居民楼、815户、总建筑面积约49100m^2，改造内容主要包括房屋建筑修缮、市政管网改造、社区配套功能完善、安防提升等项目，项目总投资约2422万元（图3-6）。

图3-6　环北新村改造后效果

二、项目实施主要做法

1. 改造内容方面

针对社区基础功能老化、活力低下、居住环境质量不佳、人口结构失衡的现状表现，改造注重空间功能置换、外立面改造、交通组织优化、绿化景观提升等方面，从完善基础设施、优化居住环境、提升服务功能、打造社区特色、强化长效管理五大方面入手，挖掘社区可利用公共空间资源，优化居民自发聚集地环境，打造归宿感、舒适感和未来感的新型城市功能单位，提升社区幸福指数。

2. 群众工作方面

旧改专班成立群众工作组，在原社区图书室设立群众接待点，专人定点定时受理群众反映的问题建议，做好解释说明。定期召开小型居民议事会和专题沟通会，主动就居民关心的热点难点问题倾听居民意见，发动居民参与城镇老旧小区改造方案的制定，按照群众实际需求，优化了社区微餐厅、共享客厅、玫瑰公园等节点方案。广泛发动社区居民党员、在职党员、居民骨干来担负监督职责，监督员可以通过网上参与、现场参与相结合的方式共同参与监督，提高工程质量。

3. 资金筹措方面

将中央补助、市级和区级补助资金投入各类配套设施、公共服务设施，改造连片加装电梯8台，总投资464万元，其中居民出资约304万元。

4. 推进机制方面

城镇老旧小区改造开始后，建立例会沟通制度、问题清单交办制度、《群众沟通制度》和《文明施工约法三章》等制度，加强旧改专班、施工、设计、监理方和居民群众间联动，规范施工，化解矛盾，保障工程有序推进。组织社区专班人员、设计和施工方人员，向居民讲解城镇老旧小区改造工程相关情况，辅导居民参与监督，提出意见建议。改造中，践行绿色社区、海绵城市理念，大力推进无障碍设施和消防设施改造，积极选用经济实用、绿色环保的材料、工艺和产品。充分挖掘社区空间潜力，盘活闲置房屋和空间，妥善处理违章建筑，在绿化面积不减的情况下，新增25个路面停车位。

5. 后期管理方面

通过引入“小区管家”，有效提高小区的管理水平和服务质量，妥善解决小区普遍存在的资源分散、设施老化、服务滞后等管理问题。同时引导居民协商确定管理规约，共同维护改造成果。

三、项目可复制推广经验

1. 领导重视，组织强化

在区委区政府正确领导下，街道党工委高度重视环北新村老旧小区改造工作，街道党工委书记和办事处主任担任双组长，班子成员作为社区联系领导，负责牵头小区改造任务，并抽调职能科室人员充实旧改专班队伍，切实加强组织领导，充实工作力量。

2. 群众导向，以人为本

旧改专班坚持高起点谋划、高质量推进、高标准落实，专门成立了群众接待组，广泛听取居民对改造提升项目的意见和建议，协调解决居民的困难和需求，还定期走访入户、摸排调研、汲取民智、收纳民意。组建百姓议事团、居民监督队、平安巡防队等，不仅为工程改造架起了联系沟通的桥梁，更切实提升了居民对城镇老旧小区改造工作的参与度，将社区旧改工作变成老百姓自家的“大装修”。

3. 传承历史，彰显人文

借旧改工作契机，深入挖掘东风汽车和长途运输的历史文化，把文化惠民作为提升城镇老旧小区品质的一项重要组成部分。在城镇老旧小区改造过程中积极收集相关影像资料，制作墙景和文化长廊，展现时光变迁，唤起往昔记忆，不断增强居民群众的获得感和幸福感。

4. 联盟互助，多方协力

充分发挥武林商圈党建联盟作用，利用杭州大厦停车场夜间空位资源，开展错时停车，为小区改造期间提供车位近400个；在党建联盟单位浙江省文化厅相关领导的支持下，改变原招待所辅助用房的结构和用途，提供给社区作为邻里中心使用（包括老年食堂、儿童活动区、文化活动室等），有力拓展了社区公共服务空间；充分发挥社区居民党员、在职党员和居民骨干的带头模范作用，累计拆除5处违章建筑、262户凸保笼等影响市容市貌的构筑物；聘请“小区管家”对小区开展保洁保序、楼道清扫、绿化管养，并提供日常维修服务等，增强服务便利性。

第七节　杭州市江干区闸弄口街道红梅社区改造工程实践案例

一、项目基本情况

闸弄口街道红梅社区老旧小区综合改造提升项目东邻三里亭路，西至尧典桥路，南接顾家畈路，北接池塘庙路，占地面积15.8万m^2，小区总建筑面积14.7万m^2，共有房屋71幢，其中居民住宅楼68幢130个单元，共有住户2608户，常住人口4900余人。大部分为20世纪90年代从城站火车站回迁安置居民。作为建成于20世纪90年代的城镇老旧小区，社区面临着“管网破损多、墙面漏水多、私拉乱接多、地面坑洼多”以及“居民停车难、洁化序化难、空间拓展难”等“四多三难”问题。

2019年，闸弄口街道把旧改提升作为增进群众福祉、加快街域更新的关键一招，将红梅社区全域纳入2020年城镇老旧小区改造计划，并于2020年3月底开工实施。该项目以“美好环境、幸福生活、共融家园”为愿景，着力完善基础设施、优化居住环境、提升服务功能、打造文化特色、强化数字赋能，实现面貌更新和治理提升双驱并进。以红梅小街特色文化街区为主轴，构建“一街靓丽，两带延展、四区融合、七彩乐活、全网互联”的生活服务圈，链接四个宜居组团，改造十个口袋公园，挖掘滨河景观带及设计文创街区内涵，以社区微脑提升智慧化治理水平，重构中央公园和社区邻里服务综合体，营造承载社区文化、便民服务、老年康养、商业中心的邻里交往空间，全力构筑更具生态、更具文化、更具活力、更具智慧的红梅未来社区（图3-7）。

图3-7 红梅社区改造后效果

二、项目实施主要做法

1. 做精做优旧改提升内容

坚持需求导向、问题导向，充分开展调查摸排，全面梳理居民反应强烈的痛点和社区管理中的堵点。

一是突出保基本、促提升。主要解决直接影响居民生活的屋顶侧墙漏水、管网破损、雨污分流等问题，一揽子解决雨污不堵、房屋不漏、楼道不乱、道路不平、小区不安全的“五不”基本需求。另外，利用景观提升、围墙美化、大门修整、楼道点缀等方式将红梅文化符号融入设计主基调，提升文化氛围，打造文化名片。

二是突出拓空间、强配套。围绕提升小区配套服务设施不足问题，深入挖掘空间潜能，着力打造老百姓5分钟生活圈。将三里亭苑三区20幢，原3层约2100m²的办公用房拆除后重建，拓展到5层约4300m²，打造集社区服务、老年康养、商业便民服务、文化活动于一体的社区邻里服务综合体。同时，通过幢间道路拓宽、挖掘地下空间建设停车场等方式，增加停车位200余个，解决老小区停车难问题。

三是突出数字赋能、智慧治理。在方案设计中加装人脸识别、体感测温设备，设置智能充电桩、智能门禁，融入智慧安防、智慧消防，加强老年人智慧化场景营造和特殊人群管理服务设施建设①。

2. 做真做细民意引导工作

一是明确“改什么”。开展宣传发动，通过坊内宣讲、展板介绍、参观学习，积极营造旧改工作氛围，提升群众知晓率，激发居民参与改造的主动性、积极性。结合红梅社区实际，因地制宜制定菜单式城镇老旧小区改造任务清单，积极借力邻里坊坊员、居民代表、楼道组长等力量，在《小区改造居民意见征求书》后附上包含消安防设施、水路电器、居住环境、服务提升、特色打造等5个方面近30项内容的菜单式改造项目清单，上门入户开展工作宣传和民意调查，由每一位居民自己勾选改造意向，实现走访全覆盖、意见征求全覆盖。

二是公示“怎么改”。根据居民选择的改造项目结果统计，量身定制设计方案在小区内公告公示，并启动第二轮设计方案民意调查。举办面向社区两委班子、全体党员、居民代表、物业监督小组的意见建议征询会9次，听取不同层面的改造意见建议，在小区邻里之家展示设计方案并设立老旧小区建议征集专窗，全面吸纳旧改意见建议和个性化问题，使改造内容最大限度涵盖民众需求。最终实现该项目第一轮改造同意率达96%，第二轮方案同意率达97.3%。

3. 做深做广资金筹措渠道

探索政府、居民、社会力量、专项债等资金筹措共担机制。通过政府采购、新增设施有偿使用、落实资产权益等方式，吸引社会力量投资参与项目的设计、改造、运营。通过社区牵头、物业配合、物业监督小组的共同努力，部分居民同意启用物业维修基金，参与城镇老旧小区改造项目；辖区单位优佳教育、天恒建

① 记者：余敏，通迅员：裘思，向上，编辑：管鹏伟．首创“9+1”集成模式，江干打造老旧小区综合改造提升“升级版”［EB/OL］．［2020-11-25］．http://www.hzjgnews.com.cn/content/2020-11/25/content_9145999.html.

设已认养旧改项目中苗木20余棵，总价值2万余元。在加装电梯过程中，居民积极参与，共计出资30万元。

4. 做实做专项目推进机制

（1）成立临时党支部

在街道党工委的指导下，成立红梅社区老旧小区改造工程项目临时党支部，以党建引领推进项目建设，吸纳设计施工单位、全过程咨询单位、智慧社区建设单位、街道专班各工作组负责人及社区班子、居民党员骨干、邻里坊坊员等为成员，引导多方参与，形成“党建＋项目”共建共管共治共享的浓厚氛围。

（2）聘用专业管理团队

通过公开招标，聘请全过程咨询单位，开展专业化监管，贯穿旧改项目全程，解决街道专业化力量不足问题。并在街道旧改专班中专门设置工程组，负责施工现场协调监督。

（3）组建义务监督团

以临时党支部牵头，形成“日巡查、周碰头、月总结”工作机制，每日以网格为单位，由居民党员、邻里街坊员组建的义务监督团开展施工进度、质量和安全的日常巡查；每周定期召开工地现场碰头会，协调落实平时难以解决的问题，并针对性地开展重点区域自查；每月组织生活会专题总结施工情况并通报整改情况。

5. 做好做强项目建管衔接

（1）聘请专业物业

根据小区规模、管理现状和居民的承受能力等因素，通过征求居民意愿，为改造后的老旧小区量身制定“大物管”物业管理方式。计划聘请专业物业公司对原无物业或实行准物业的老旧小区进行管理。同时，结合城镇老旧小区改造工作同步建立健全由社区党组织领导，业主委员会、物业服务企业等参与的联席会议机制，引导居民协商确定改造后小区的管理模式、管理规约及业主议事规则[①]，共同维护改造成果。尝试探索老旧小区住宅专项维修资金归集、使用、续筹机制，促进小区改造后维护更新进入良性轨道。

（2）倡导居民自治

联合社区党组织、居委会、物业监督小组、物业服务企业、邻里坊积极打造“联合体社区治理模式”，以“邻里坊”居民自治体系为基础，形成楼道、网格（坊）、社区三级公约，在潜移默化中提升社区居民整体文化素养，真正实现“自治、德治、法治、智治”的“四治融合”城镇老旧小区建管衔接新路径。

---

① 国务院办公厅关于全面推进城镇老旧小区改造工作的指导意见［EB/OL］.［2020-7-20］. http://www.gov.cn/zhengce/content/2020-07/20/content_5528320.html.

三、项目可复制推广经验

1. 优化顶层设计、实现统筹推进是做好城镇老旧小区改造的基础

建立适于城镇老旧小区改造工作的体系，不仅是将各负责部门及工作范围简单汇集，还应先统筹再分解，明确各方主体责任，并责任到人，做到无死角、无重叠的协同配合。红梅社区项目依托建立项目临时党支部，依托街道旧改工作专班，深化政府统筹、条块协作，健全“街道、社区、建设单位、监理单位、业务主管单位、居民群众、物业公司”七位一体的联合协调制度，制定工作规则、责任清单和议事规程，形成工作合力，共同破解难题，统筹推进城镇老旧小区改造工作。

2. 强化社会协同、推动居民自治是做强城镇老旧小区改造的保障

要把城镇老旧小区改造工作作为加强社会治理的重要环节，通过搭建居民议事平台，成立小区自管组织，引导居民积极参与意见征询、方案制定、施工管理、后续管养全过程，强化地域空间的认同感，构建真正意义上的社会生活共同体。红梅社区项目将城镇老旧小区改造提升与加强基层党组织建设、居民自治机制建设、社区服务体系建设有机结合，完善党建引领城市基层治理机制，充分发挥社区党组织的领导作用，广泛发动热心党员、居民骨干、邻里街坊员全过程参与城镇老旧小区改造工作，统筹协调社区居民委员会、业主委员会、产权单位、物业服务企业等共同推进改造，初步形成政府、社会、居民良性互动体系。

3. 坚持需求导向，挖掘空间潜力是做优城镇老旧小区改造的关键

小区与居民日常生活联系最为密切、对居民满意度水平影响最大、居民反映问题与诉求更为强烈的就是公共空间，为解决城镇老旧小区配套小而散、挖掘潜力不足这一共性问题，红梅社区项目在设计初期就谋划配套功能集约化，积极争取市级企事业单位资源，通过党建共建、租金抵扣等方式，将三里亭苑三区20幢内部分原权属市城建开发公司的房屋一并拆除重建，新建社区未来邻里中心，增加配套用房2200m^2，为社区未来传承历史文脉、提升空间品质、完善基础设施、提升公共服务等方面提供空间。

第八节　杭州市拱墅区和睦街道和睦新村综合改造提升工程实践案例

一、项目基本情况

杭州市拱墅区和睦街道和睦新村，南至登云路，北至建萍水东路，东至华

丰拆迁地块，西至莫干山路，共有居民楼54幢，占地面积0.32km²，总建筑面积197437m²。小区建于20世纪80年代初，小区内共有住户3566户，户籍人口5702人。总人口中，退休人员2150人，其中60周岁以上户籍人口2072人，老龄化程度高。全小区17个党支部共有在册党员451人，其中退休党员296人，是老国企退休工人集聚地和典型的老旧小区。改造之前原和睦新村立面破旧，风格不统一，道路铺装因长期使用而破损，部分强电及全域弱电未实行埋地措施，存在“蜘蛛网”现象。原有水污管网部分堵塞流通不畅，整体环境较乱、差且不易管理，配套功能缺失，老百姓对改造的愿望相当强烈。

和睦新村老旧生活小区环境功能综合提升一期工程于2018年6月开工，2019年8月正式竣工。2019年6月12日，中共中央政治局常委、国务院总理李克强来到和睦新村，走进居民家中关切询问老人照护、幼儿入托等情况，实地考察和睦新村老旧小区综合改造工程。和睦二期老旧小区综合改造提升工程于2019年12月开工，2020年11月完工，改造资金共8000万元。改造内容包括屋面修缮、建筑外立面渗漏修补、建筑悬挂物处理、单元楼道整修等24项必改项，单元防盗门及门禁、节能改造、公共服务设施、公共文化设施等12项提升项，此外还有强电、弱电、自来水、管道煤气四大类管线同时进场施工。

2021年，和睦街道开展老旧小区综合改造提升三期工程，对和睦新村全域54幢住宅楼、全域服务设施及沿街商铺外立面进行改造，进一步提升和睦新村居民生活品质，实现城镇老旧小区既要“好看”，又要“好住”的终极目标（图3-8）。

图3-8 和睦新村改造后效果

二、项目实施主要做法

1. 改造内容方面

和睦新村老旧小区改造以基础到位、功能完备、里外一致、特色鲜明、群众满意为标准。

（1）基础类

水：供水、排水（雨水、污水）。借着和睦新村老旧小区改造的“东风”，杭州水务集团有限公司无偿对和睦新村全域自来水管进行了更新，改造供水管网共计2.98km，让和睦新村居民享受到来自千岛湖的纯净水源。此外，和睦新村还完成了全域雨污水管改造，改造排水管网共计20.3km，实现了雨水、污水的分流。

电：强电、弱电（通信）、照明。高低密布的空中杂线，常年困扰着和睦新村居民，带来视觉污染的同时也存在着较强的安全隐患，和睦新村老旧小区改造工程将原本密密麻麻的线路统统移至地下。据悉，强电上改下工程各级总投入约1600万元，拆除杆上变压器7台，拔除水泥杆124根，新开挖地下管线2900余米，敷设高压电缆2800余米，低压电缆11000余米，新设箱变8台，开关站2座，彻底消除了火险隐患。在地下管道公司、路灯管理所及各大运营商的共同努力下，和睦新村还完成了通信管线上改下工程以及路灯改造工程，拆除旧线约133.6km，光缆布放41.9km，改造路灯145个，完成了“三网合一”，实现了照明系统全域翻新。

气：燃气。和睦新村内部原有燃气管线使用年限较长，材料稳定性较差，作为与居民生活息息相关的用气工程，街道与杭州天然气有限公司高度重视，对全域燃气管道进行了翻新，保障居民安全用气。

路：道路（人行道、车行道）。年久失修的小区内部道路上布满了高高低低的井盖，破旧的路面上通常是大坑套小坑。为解决居民出行难问题，街道对全域道路进行了拓宽、修整、重铺，局部交通要道实现了“人车分流”，改造道路长度共计28.899km。

洁：环卫设施（垃圾房）。为助力和睦新村垃圾分类工作，在老旧小区改造过程中改造垃圾投放点及分类设施13个，实现了标准垃圾房全域改造，生活垃圾实施定时定点分类投放。

序：停车设施（停车泊位）。老旧小区年代久，布局规划上相对滞后，原有的车位数量早已满足不了和睦新村居民日益增长的停车需求，为突破老旧小区停车难的瓶颈，街道合理利用空间规划建设停车位，实现汽车停车泊位能拓尽拓，共增加停车泊位106个；非机动车停车泊位在化粪池上见缝插针安装，增加了500多个。

安：消防、安防。针对老旧小区薄弱的消防环节，和睦新村改造中设置了3个微型消防站、846件消防器材，规范消防通道共计933m，遍布小区各个角落。此外，为增强老旧小区的安全防范能力，对小区进行了全域监控，增设了人脸识别系统，完成了智慧安防小区的改造，让居民住得安心。

（2）完善类

绿：绿化、景观。老旧小区的绿化和景观改造作为扮靓小区的“美妆”，是小区居民非常关心的民生问题。街道对绿化进行了提升，全域共新增口袋公园17处，绿化改造提升面积达1.99万m^2，确保老旧小区绿化能多元增绿，在有限的生活空间营造最大的绿色空间，实现“开门见花，推窗见绿”。

梯：加装电梯。老旧小区加梯工作有着地下管线复杂、居民出资难的先天劣势，街道成立了青年突击队，在专业培训后入户为居民答疑解惑，通过汇聚社区力量、青年力量、群众力量突破加梯难题。2020年和睦新村已完成2台电梯加装、正在实施3台，有一部分业主意向明确，正在积极沟通中。

顶：屋顶修缮。40多年的风吹日晒让和睦新村住宅楼的屋顶脆弱不堪，为了解决这个问题，此次城镇老旧小区改造工程对全域屋顶木望板进行了更换。通过防水卷材粘贴、沥青瓦铺盖实现顶层不漏，共修缮屋顶3.9849万m^2。

底：底层改造。化粪池的清掏改造夯实了老旧小区市政的薄弱基础，实现了底层不堵。而牛奶箱、信报箱的整理，充电设施、快递设施的增设等照顾到了居民生活的方方面面，从细节提升了居民生活品质。

内：楼道改造。将老旧脱落的墙面进行修补及涂料刷新，对楼道公共区域照明系统进行了改造，对楼道内密布的蜘蛛网进行梳理，确保所有管线入槽。考虑到老年人聚集，在楼道内增设了“爱心”座椅，对楼梯扶手进行了整修，为居民上下楼提供了便利。

外：粉刷外墙。为了更好地提升小区整体形象，改善居民生活环境，即将启动的和睦三期将对和睦新村全域54幢居民楼、全域服务设施建筑及沿街商铺破损外墙进行外立面改造，包括外墙修复粉刷，一楼底层合法围墙重新粉刷，重装保笼、雨棚、晾衣架、空调格栅等。

门：出入口、围墙。和睦新村对出入口进行了重新设计，江南特色的坡屋顶与饱含和睦养老特色的“颐乐和睦”完美融合，彰显和睦特色，小区原本陈旧的围墙既不安全也不美观，新建的虚实结合的人字坡设计配上水墨画颇具韵味。

（3）提升类

医：医疗。街道与浙江慈继医院管理有限公司合作，回收出租配套用房，以医养结合为切入点，由慈继投资建成全省首家社区型康复医疗中心，该中心面积达900m^2，分现代康复、传统康复、日间照料三大功能区块。配备专业的医疗队伍，着重为辖区失能失智老人、养老自理及半自理老人等服务对象提供生活照料、基本医疗、老化预防、康复护理、心理慰藉等全方位服务。

养：养老。建成“阳光老人家·颐乐和睦”养老服务综合街区，深耕为老服务，持续擦亮“居家养老”金名片，和睦街道根据拱墅区的“阳光老人家”服务体系建设实施意见，对原有的全省首批五星级养老中心进行再提升，构筑“居家－社区－机构”为闭环的街区式居家养老综合体，打造服务全方位、人群全覆盖、生命周期全关怀的医养家健康生活圈。

护：康复、护理。康复医疗中心设立了运动康复室、物理因子治疗室、传统康复治疗室等5大专业康复训练场所，以及一个拥有10张床位的日间照料室，以此来满足辖区不同年龄段不同康复需求的群体，实现不出小区可看病，并提供家庭病床上门服务，完善无障碍设施、适老化设施。

托：婴幼儿托育。为补齐和睦新村0～3岁的教育短板，街道通过前期调研，探索引入市场机制，与专业的第三方机构华媒维翰托育有限公司（由杭报集团控股）合作，想方设法腾挪资源，回收出租物业、挖掘小区边角地等闲置空间，为托育中心保证足够的建设场地。如通过与区住房和城乡建设局协商，将该局名下国有房产用于和睦托育中心一期建设；多次召开协调会，逐一清退国有房屋出租商户，腾出1500m^2的国有房产用于托育中心二期建设。该项目已被中国计生协列入“中国计生协婴幼儿照护服务示范创建项目拱墅实施点”，规划建设托幼班、培训课堂、亲子空间、小剧场等。

娱：娱乐。通过老旧小区改造工程拓展公共活动空间，委托浙江公羊会运营和睦新村乐养中心。开设各类适应辖区居民精神文化需求的活动及课程，阅览室、书法室、活动室一应俱全，舞蹈、音乐、棋类各种娱乐活动设施应有尽有。此外，还通过城镇老旧小区改造新增健身活动场地650m^2，为居民提供了室内健身、室外健身双重选择。

教：教育、培训。除了实现托幼、小到中的全覆盖，为了提升退休人员社会化管理水平，进一步做好“品质退管”服务，和睦街道还在和睦新村内设立了老年大学，用实际行动让老年人体会到生活在和睦新村的“老有所为、老有所学、老有所乐”。类型丰富的讲座沙龙应有尽有，实现了各年龄层居民的自我教育。

文：文化内涵、文体设施、文明实践。和睦新村老旧小区改造工程以“家庭和顺、邻里和睦、环境和美、民风和畅、百姓和合、社会和谐”为基调，深度挖掘江南水乡文化与工业文化内涵，建设文化体育健身设施，开展新时代文明实践活动。

2. 群众工作方面

（1）成立居民监督小组

城镇老旧小区的改造是民生工程，不同居民可能存在不同诉求，和睦新村通过三上三下、宣传引导、统一思想、边改边听、实时监督环环相扣，全面深入地了解小区居民关心的热点问题，做到原因剖析彻底、解决方案论证充分，直面居民“想不通、不理解”各项问题。和睦新村老旧小区综合改造提升推进过程中，为增强居民群众的主人翁责任意识和主体意识，还成立了居民监督小组，督促工程进度、质量、安全和文明施工，劝导居民支持理解改造带来的暂时不便，增强了居民的主体意识、参与意识、责任意识。

（2）搭建沟通议事平台

街道建立了每日沟通议事机制为施工推进以及居民沟通提供便捷及时的渠道：街道、社区、居民代表、总包单位、施工班组、监理单位在项目部会议室召开每日晨会，各班组分别就各自工种的工程进度及前一日所遇到的问题进行集中汇报，确保遇到问题即发现即整改，避免问题放大化。同时，每日晨会上社区和居民代表可以便利地将居民的意见反映给街道及总包单位，及时得到反馈结果，提高沟通效率，真正做到了老旧小区怎么改，和睦居民说了算。

3. 资金筹措方面

和睦新村老旧小区改造工程主要由政府出资进行改造，除此之外和睦街道还积极撬动各方支持，引进民间资本，为和睦居民的养老、托幼、出行等各方面做出了贡献。

浙江慈继医院管理有限公司在和睦新村投建康养中心、健养中心总投资近600万元，是全省首家民营康复医疗中心。在这里，老人不仅有“健康管家”，还能享受专业的康复护理服务，全面推进辖区“居家＋社区＋机构”养老化进程。

浙江公羊会救援队入驻和睦新村乐养中心，理发店、小卖部、阅览室等一应俱全，为和睦居民的生活添姿加彩。

华媒维翰幼托机构携带师资力量入园，计划为和睦新村旧改工程投入350万元，300万元用于和睦新村20-1婴幼儿托管中心建设，50万元用于和睦公园内婴幼儿照护项目建设。

和睦新村老旧小区综合改造提升工程已吸引社会资本超千万，除去养老及幼托方面的社会资本投入，浙江华越设计股份有限公司作为和睦新村老旧小区改造提升工程的EPC总承包单位，本着为和睦居民做贡献的责任感与奉献意识，在和睦新村免费建设30个自行车停车棚，帮助解决老旧小区停车难问题[①]。此外，国网杭州公司、市地下管道公司、市自来水公司、市燃气公司，都给予和睦新村旧改工作优惠和支持，共优惠资金约2000万元。

---

① 浙江城乡建设［EB/OL］.［2020-5-30］. https://tz.focus.cn/zixun/ef11d0502d80f8d5.html.

三、项目可复制推广经验

在城镇老旧小区改造过程中，和睦街道立足老旧小区实际，注重完善基础设施，不追求高档豪华，不追求表面的光鲜亮丽，打造可推广、可复制的城镇老旧小区改造示范样板。具体做法如下：

1. 空间拓展＋城市更新——盘活和睦新村“碎片”空间

原和睦新村存在着小区空间老旧局促，公共设施匮乏落后等问题，时刻困扰着社区居民的生活。和睦新村老旧小区改造工程便将昔日道路破损、绿化杂乱、管网堵塞、立面陈旧、配套设施不全的“老破小”改造提升为居住舒适、生活便利、整洁有序、环境优美、邻里和谐的美丽家园。

一是以提高居民生活品质为初心目标，做实民心工程。改造过程中，坚持“群众需要什么就完善什么”的改造原则，紧扣“花小钱办大事，把老百姓呼声最强烈、困难最明显的事项优先改造到位”的理念，通过居民代表大会、议事协商会等形式，充分征求居民群众的意见建议，明确必改项目和提升项目，特别是根据居民的诉求，在旧改中体现小区“老底子”的文化，留住了家园记忆。在城镇老旧小区改造过程中没有大拆大建，而是因地制宜，尽可能保留建筑物原貌，只进行功能性改造，避免对居民生活造成过多影响，同时又切实提升了品质。

二是牢牢把握提升城镇老旧小区居住品质，做精工程质量。街道以李克强总理考察时提出的打造“旧改全国样板”的要求为目标，确保做到公共区域“安全保障好、绿化环境好、停车秩序好、养老服务好、特色文化好”等“五好”，住宅建筑“屋顶不漏、底层不堵、楼道不暗、管线不乱、上楼不难”等“五不”，改造注重传承江南水乡文化和工业文明记忆，努力打造具有杭州味道、未来气质的城镇老旧小区典范。

三是积极腾挪碎片空间，做亮小微空间。曾经的和睦新村建筑老旧、空间狭小，无法满足居民对于基础设施及活动空间的需求。和睦街道通过老旧小区改造深挖小区可利用的外部和内部空间，改造提升为总面积达1万多平方米的口袋公园和阳光食堂、阳光餐厅、微型养老院等，增设室外和室内公共活动空间，形成老年人从家到养老服务设施最多只需步行5分钟的服务圈，将年久失修、蚊蝇滋生、坑洼积水的碎片空间，通过方案设计改造成一个个可休可憩的公共空间，曾经破旧的车棚在社区党委的克难攻坚下转身成了最受老人欢迎的乐养中心，曾经堆放建筑垃圾常年封闭的卫生死角经志愿者的巧手设计成了口袋公园，一池漂亮的锦鲤更是成为小区居民的心头爱。

2. 老旧小区＋社会资本——探索和睦新村可持续发展之路

和睦街道以提高居民生活品质为初心目标，牢牢把握提升城镇老旧小区居住品质，增强居民群众的获得感、幸福感和安全感的主线任务，积极引进社会资本参与城镇老旧小区改造，解决养老托幼疑难，补齐城镇老旧小区公共服务短板。

一是深化交流对接，助推城镇老旧小区改造工程与社会资本深度融合。和睦社区内设启航中学、和睦小学、和睦幼儿园等基础教育配套，解决了4～16岁孩子的教育问题。和睦街道以和睦新村老旧小区改造提升工程为契机，挖掘空间资源，筛选引入高品质、高效率、高标准的社会力量，与第三方运营机构华媒维翰幼儿园合作，打造“社区普惠＋市场运作”模式：婴幼儿照护项目一期位于小区和睦公园内，可用面积250m^2，全部为一楼，通风、采光条件良好，室外活动及绿化面积充足，有利于婴幼儿身心健康；二期结合和睦新村老旧小区改造工程，计划建成约1200m^{2}的综合性服务场馆，阵地内将包括3个班额的托幼所、培训课堂、亲子空间、小剧场、阳光屋顶花园等，为开展托幼服务、亲子服务提供了良好的条件，将高端运营理念与社区普惠项目结合，全力打造“家门口的好幼托”，点亮“杭州美好幼教版图”①。

二是多方探索挖掘，牵手社会资本助力城镇老旧小区改造攻坚克难。在老龄化进程加速的背景下，对老旧小区进行“适老化改造”，正逐渐成为当前城市更新、促进消费的重要方向。和睦街道积极探索开放、融合、互助的街区式养老，以“颐乐和睦”四字打头的“四街三园”移步换景、且游且憩，以“阳光老人家”居家养老服务为体系的“一平台二厅堂三中心四队伍”可休可健、宜乐宜养。这些光鲜亮丽的成果背后是公羊会、慈继医疗、平安智慧城等多家企业和社会组织的共同努力，以实现线上结合线下、信息化为基础，以专业医护团队和居家服务团队为支撑进入社区的智慧健康养老服务体系①。

3. 党建引领＋民主协商——构建和睦新村“共同缔造”建管生态

鼓励居民增强主人翁意识，走出小家，融入大家，积极参与家园建设，推动居民自治，倡导小区微治理，不断深化社会文明意识、公益精神的培育，使文明理念真正转化为小区居民共同的行为方式，从“靠社区管”逐渐向“自治共管”转变。在启发居民自治方面，街道精心打造以“和”为理念的“议事港”——“和睦议事港”，建立“123”机制：“1”即发挥社区主导作用，“2”即居民和社会组织参与建设，“3”即听证会、协调会和评议会“三会”，实现“共谋、共建、共管、共评、共享”新格局。

---

① 浙江城乡建设［EB/OL］.［2020-5-30］. https://tz.focus.cn/zixun/ef11d0502d80f8d5.html.

一是围绕“决策共谋”，提升人民群众“参与感”。城镇老旧小区改造提升前，以民生需求为导向，广集居民意见，通过“三上三下”充分酝酿好改造设计方案。首先由社区通过入户走访、慰问、问卷调查等方式“主动问事”，收集好民意；再由街道拟定初步方案，通过座谈形式反馈给居民，居民提出修改意见，街道再进行调整；最后通过社区召开居民代表大会，将最终方案反馈给居民，由居民进行表决。

二是围绕“发展共建”，提升人民群众“认同感”。在城镇老旧小区改造中，建立多元化融资机制，破解资金困局。由政府保障基础设施的财政投入，同时积极培育社会组织，街道提出合作方案，以互利共赢的形式，吸引社会组织共同参与城镇老旧小区的改造提升建设。通过“和睦议事港”，邀请居民代表、党员和社区老年人，参与讨论小区建设，激发居民的家园共建意识，如在设计社区阳光餐厅的怀旧墙时，居民们纷纷捐献出自家的老物件，装饰上墙。

三是围绕“建设共管”，提升人民群众“归属感”。在城镇老旧小区施工过程中，遵循政府引领、社区主导、居民自治的建设共管思路，政府牵头协调各方力量，打通城镇老旧小区改造项目的各个环节，社区引导居民代表、楼道长建立居民监督委员会，对施工过程实施动态监管和跟踪反馈，及时召开协调会，协调解决施工中出现的问题①，共同管理好家园。

四是围绕“效果共评”，提升人民群众“获得感”。建立三个评估机制，贯穿城镇老旧小区工程建设全过程：建立动态评估机制，施工期间不间断收集民意，及时吸纳，实现施工过程“零投诉”；建立社会评估机制，邀请两代表及一委员、企事业单位、相关职能部门等对施工验收前进行评估；建立对标评估机制，邀请居民代表、党员代表召开现场评议会，对照改造标准查漏补缺，确保工程到位①。

第九节　杭州市拱墅区大关街道德胜新村改造工程实践案例

一、项目基本情况

德胜新村东临上塘河、南沿德胜路、西邻上塘路、北靠胜利河，总用地面积16.34万m^2，总建筑面积22.46万m^2，共105栋建筑，其中居民住宅85栋，公共配套用房20栋。小区住户3558户，人口9945人，其中肢残51人，视障25人，老年人

① 台州市政协办．激活“破陋”空间，高标准打造旧改惠民工程［EB/OL］．［2021-2-8］．http://www.zjtz.gov.cn/art/2021/2/8/art_1229485470_59034462.html.

2055人，老年人占比20.6%，入住居民中老年人比例较高，残障比率较高。小区建成于1988年，基础设施陈旧，消防安全隐患较大，绿化损坏严重，无障碍建设、安防建设、社区文化建设缺失，居民对改造的愿望十分强烈。

改造内容包括：建筑外立面修补、消防、安防设施改造、道路整治、雨污分流及排水设施提升、管线“上改下”、无障碍建设、绿化提升、休闲与健身设施及场所、加装电梯、小区特色文化挖掘等，力争打造成全国城镇老旧小区综合改造的样板，全国城镇老旧小区改造无障碍建设的样板（图3-9）。

图3-9 德胜新村改造后效果

二、项目实施主要做法

1. 改造内容方面

德胜新村老旧小区改造以满足群众对美好生活需求为导向，改造基础设施，完善配套服务，提升社区环境，整合片区存量资源，传承社区文化记忆，立足“万物育德人以德胜”的服务宗旨和德孝文化，建设满足老年人“膳养”和“医养”的社区养老街区，构建15分钟品质养老、精品社区商业服务圈，打造“绿色生态、安全智慧、友邻关爱、教育学习、收支平衡”的完整居住社区。德胜新村老旧小区综合改造提升项目，主要有基础类、完善类、提升类三大类改造。

（1）基础类改造

本次基础类改造主要涉及建筑外立面修补、消防设施改造、安防设施改造、道路整治、垃圾分类及环卫设施、楼道修整、屋面修缮、雨污分流及排水设施提升、小区供水改造、管线“上改下”、强弱电整治、无障碍建设等改造内容。拓宽小区道路，打通小区生命通道，新建小区消防微型站，消除消防隐患。改造提升排水设施，全面实行小区雨污分流；整个小区供水管网全面改造提升，实行一户一表和远程抄表；小区架空管线全面“上改下”，实行“三网合一的驻地网模式”，光纤入户；小区建设无障碍通行专用道路环线，改造无障碍和适老设施，运用信息化科技，小区建设信息化盲道，整个小区做到“出行通畅、节点可达、配套便捷、环线可通”。

（2）完善类改造

本次完善类改造主要涉及违章拆除及私搭乱建、绿化提升、室内外照明系统、适老设施、适幼设施、停车有序化及挖潜、新能源车位推广、非机动车充电改造、休闲与健身设施及场所、加装电梯、设备设施用房、小区特色文化挖掘、党建风采、围墙提升、智能信包箱等内容。小区通过居民出资、政府补贴、企业捐赠等形式加装电梯2台，方便了居民出行。

（3）提升类改造

本次提升类主要涉及养老服务及场所建设、托幼设施、社区服务、非遗文化传承、德胜八景主题口袋公园建设等内容。按照“一园五区八景”的整体布局，充分挖潜德胜新村文化底蕴，依托非遗文化传承，构建文化休闲、娱乐休闲、运动休闲的品质社区。

德胜新村以基础类、完善类、提升类三类改造为依托，构建完整居住社区，并衍生出多个智慧信息化平台，具体内容包括：

1）构建完整居住社区

德胜新村率先落实完整居住社区建设。

建设绿色生态社区：建筑节能改造、景观空间及绿化提升、零直排工程、环卫设施、海绵城市、新增新能源充电桩、用于专业垃圾回收的环保小屋。

建设友邻关爱社区：无障碍建设、孝心车位及长效管理、残疾人助力车管理及停放、残障关爱及健身场所、邻里公共空间。

建设安全智慧社区：社区治理一化三平台建设、应急救灾防控体系、智慧安防并网公安系统、房屋安全鉴定、消防提升、智慧用电安全监管。

建设教育学习社区：兼具社区图书馆功能的大关学堂、德胜托幼中心、文化家园、第三方运营的百姓戏园、非遗传承人主题公园。

建设收支平衡社区：盘活国资存量，引入社会力量设置老年助餐食堂、便民服务点、药店等。利用小区自身资源创收，对小区停车位和广告位实施收费管理。

2）构建智慧安防综合平台

德胜新村依托互联网技术，按照“五级设防”的模式，建设“智安小区”。

建设周界防范系统。德胜新村老旧小区改造中安装周界高清摄像头41个，并与智慧安防系统管理平台实时链接。

建设出入管理系统。此次改造在出入口安装人脸识别相机26个、人行闸机6套、车行自动监控跟踪系统4套，为建立智慧安防社区，强化小区“智安”管理提供了基础保障。

建设园区监控系统。此次改造在公共空间处安装了广角高清红外视频监控摄像机238处，完善整个小区内部公共空间的监控系统建设。

建设重点监控系统。此次改造在主要交通路口、小区人口密集的德胜公园等重点区域安装了广角高清红外视频监控摄像机12处，部分区域采用360°全景云台控制系统。

建设单元门禁系统。此次改造安装了单元门禁204套，并与小区智慧管理平台无缝对接，确保居民住得放心，家门进得安心。

3）构建智慧消防综合平台

德胜新村在老旧小区改造中，充分利用信息化手段，构建了一套智慧消防综合管理平台。

完善消防报警系统。此次改造对社区电瓶车集中充电库、社区公共服务中心等重点公共区域安装了31个独立式光电感烟、感温、可燃气体三种火灾探测报警器，设置了525个消防喷淋装置，对小区独居老人或残疾居民家庭安装了消防报警装置，共13户，建立了一套全域消防报警系统，确保24小时监测与预警。

打造消防生命通道。此次改造中建设了消防生命通道专用道路2392m，改造和完善室外消火栓12处，改造了社区消防监控室，建立了24小时消防安全监测系统。保障了“人民生命的宽度”，提高了“关爱人民的温度”，增加了“政府对群众的厚度”。

建设应急救灾系统。此次改造安装了小区入口体温红外检测设备5处，建设社区隔离室2处、小区应急疏散广场1处以及基于新冠肺炎疫情防控的体温红外检测系统和自然灾害应急救援体系，保障了应急救灾数据采集与信息城市平台及卫健防控管理系统实时对接。

4）构建社区适老关爱体系

完整居住社区建设离不开适老建设和残障关爱，德胜新村老旧小区改造中建设了无障碍信息化系统和适老关爱体系，构建了15分钟无障碍生活圈。

建设无障碍畅通道路。此次改造中建设和改造了盲道485m、无障碍坡道22处、残障助力车位12个，平整了小区通行道路3980m，确保了社区无障碍道路的畅通。

建设无障碍通行环线。建设无障碍通行环线对于提高老年人和残障人士的生活幸福感尤为重要。此次改造中改造了无障碍环线2637m，有效地保障了小区无障碍通行的环线闭合要求。

建设无障碍休憩节点。此次改造中建设了全龄休憩活动场所2处，改造德胜公园7800m^2，建造了以“德胜八景”为主题的休息凉亭8处和口袋小公园3处，并设置了残障健身设施1套、残障关爱活动场所3处。

建设无障碍配套服务。此次改造中对小区公共配套服务场所进行无障碍适老性改造，建设无障碍公共卫生间3处、无障碍坡道22处、低位服务台2处，并建立了适于老年人和残障人士使用的信息服务设施。

建设信息无障碍系统。此次改造中设置了无障碍地图引导牌1处、无障碍综合信息服务亭3处，室内室外视障辅助提示器共计45处，构建了德胜新村无障碍信息化系统。

5）构建社区智慧养老平台

德胜新村在此次老旧小区改造中，构建了基于“健养、乐养、赡养、休养、医养”于一体的社区智慧养老系统，保障了居民老有所养、老有所乐的品质生活。

建设阳光管家系统。此次改造中依托“阳光大管家”综合管理服务信息网络平台的建设，建立了集老年人动态管理数据库、能力评估等级档案、养老服务需求等一体的“老人关爱电子地图”。

建设社区照料系统。此次改造中建设了社区老年人日间照料中心558m^2，满足了社区内生活不能完全自理、日常生活需要一定照料的半失能老年人的个人照顾、保健康复、休闲娱乐等日间托养服务需求，建立了半失能老年人的社区居家养老服务新模式。

建设乐龄养老系统。此次改造中建设了社区乐龄养老中心830m^2，建立老年人信息数据库为基础的乐龄家智慧养老服务系统，为社区工作人员及时了解社区老人的需求并为其提供高品质服务建立了保障。

建设社区文化家园。此次改造中利用原有非机动车停车库，整合闲置资源，建设社区文化家园2210m^2，利用智慧化管理手段，将小区改造中建设的大关学堂、百姓戏园、非遗传承人主题公园、劳动模范展示点等场所无缝串联，打造以社区文化家园为载体的教育学习型社区。

6）构建智慧停车管理系统

老旧小区内停车难的矛盾日益突出，而建设智慧停车管理系统是解决停车难的最有效抓手，本次改造建立了智慧化停车管理系统，从技术上解决停车难问题。

建设智慧化道闸系统。此次改造中新增停车位约147个，并建立无人管理智能停车系统，自动识别出入车辆，决定是否抬杆放行。共有980个车位，其中无障碍车位8个，道闸系统3套。

建设新型能源停车位。节能减排、利用新能源、建设绿色社区是城镇老旧小区改造中的基本任务，此次改造中设置新能源车位30个，利用社区智慧停车系统加以统一管理。

建设孝心停车位保障。亲情是老人最需要得到的，社区为给回家看望父母的子女提供便利，推出了8个孝心车位，结合智慧停车系统设置了相应的免费优惠服务时间。

建设电瓶车充电场所。此次改造中设置室外非机动车棚12处、充电车位532个、室内非机动车库8处、充电车位660个，并利用在线监控、实时报警等智慧化措施与社区综合治理平台及区公安救援中心建立实时联动。

2. 群众工作方面

街道成立旧改专班，成立了社区书记和主任牵头的社区工作小组，全过程以“居民”为中心，方案设计阶段做到“四问四权、三上三下”，充分听取民意，居民同意率达98%。项目施工阶段成立了由热心居民参加的“居民质量监督小组”，对工程质量进行全程监督，始终坚持居民的事居民自己做主；同时在项目实施过程中，严格安全文明施工管理，社区工作小组和EPC总承包单位坚持每日例会制度，不断调整和优化现场施工组织，最大限度地减少对居民日常生活的干扰。

3. 资金筹措方面

社区还引进社区民营资本——杭州宏爱助老为老养老服务有限公司，投入600万元，共同打造社区养老生态圈。杭州市水务集团有限公司也投入750万元，用于小区内的老旧生锈管道更新，提高居民生活品质，喝上放心纯净水。

考虑到德胜新村残障及老龄化比率较高，除主体部门尽全力实施打造外，更是创新引入社会资本共谋、共建、共享。组织社会力量参与城镇老旧小区改造，有力落实资金合理共担机制，减轻政府负担。

4. 推进机制方面

街道、社区、业委会三方联动，百分百民意推进项目顺利实施。德胜新村旧改项目启动之初，为了让城镇老旧小区改造顺利实施，让居民住户都能满意，街道、社区联合业委会在小区内3次征求民意，党员代表和热心居民积极为街坊邻居们做好城镇老旧小区改造的政策宣读解释，最终3次征求民意都100%通过。搭建居民参与建设过程的平台，成立业委会监督小组。起到组织居民协调、倾听居民意见、采纳居民合理化建议、改造范围内的方案调整、组织居民参与监督等作用。建立居民参与建设的微信群、意见收集箱、建材展示台、进度计划公示表等，实现多方式参与。

5. 后期管理方面

在后期长效管理上，坚持“建管同步”，小区现有的专业物业管理公司制订更加细化的管理方案，同步做好后期的长效管理工作。居民齐心协力共建美好家园，让大家改得放心、住得舒心。

三、项目可复制推广经验

1. 党建引领机制

2020年6月，在拱墅区住房和城乡建设局党委的强力指导下，街道联合社区、地下管网公司、项目总包单位、物业公司、居民等各方合力成立“旧改红盟荟”，把“支部建在旧改项目上”；做好三道“民心”加法题，发挥六字乘法效应，贴心打造一支“360美好家园施工队”，助推党建引领凝聚人心、凝聚众智、凝聚合力。

2. 长效管理运营机制

小区长效管理应包括改造成效保持和维护。在党建引领下的小区管理主要由专业物业、社区统筹、小区微治理、居民自管四种形式组成。根据小区的特有属性选择最合适的管理模式才能持续向好发展，满足居民的日常生活需求。有条件的小区应首选专业物业管理。已有专业物业的小区应进行服务提档升级，尽全力争取住宅小区物业服务补助资金。模式没有好坏，关键看量体裁衣。

3. 居民参与设计的工作机制

居民的事情，居民自己做主。充分尊重使用主体的意见是客观真理。在城镇老旧小区改造中应推行行之有效的机制才能真真实实地提高居民的参与度。

“三上三下”：一上汇总居民需求，一下形成改造清单；二上居民勾选内容，二下安排实施项目；三上邀请协商代表，三下编制设计方案。在社区组织下，以展板展示、上门沟通、宣讲、协商会、布置宣传接待点等方式开展“三上三下”沟通工作。

“四问四权”：问情于民，“改不改”让百姓定；问需于民，“改什么”让百姓选；问计于民，“怎么改”让百姓提；问绩于民，“改得好不好”让百姓定。与居民沟通应是多维度的，要有统一的居民意见调查表、反馈表，并以菜单形式给予居民选择，越是居民关心的问题越应该有全面的部署。

4. 资金共担、居民自筹

城镇老旧小区改造，最终受益的是居民，改善了居民居住环境，提高了居民生活品质，按照“谁受益，谁出资”的原则，正确引导居民、产权单位积极主动参与小区改造提升，多方筹集资金。本次改造中既有住宅加装电梯1台，市区财政补贴20万元，剩余30万元资金全部由居民自行承担。

5. 发挥专业资源优势，设计师进社区

德胜新村老旧小区改造中，充分发挥专业资源优势，专业设计师进入社区，和居民一起从问题排查、问题解决、方案设计、现场施工、效果呈现等全过程参与改造，进一步提升了居民的获得感。

6. 充分改造利用闲置资源增设配套服务设施

德胜社区与杭州市水务集团占地300m^{2}的泵房使用成功签约，使用期限三年，并达成水务集团、区旧改办、街道党建共建长期战略合作协议，制定三方单位长期服务大关居民的相关方案计划。至此，一直困扰社区多年的配套用房问题迎刃而解，社区计划将泵房所在地通过旧改改造成“百姓学堂”和“社区大管家”，给属地居民提供一个可静可动、内外相通的休闲娱乐场所。区市场监管局将位于德胜新村20幢的40多平方米的房产给社区用于党群服务中心，助力社区给辖区居民提供一个更好的便民服务。

第十节 杭州市拱墅区大关街道东二苑、东三苑工程实践案例

一、项目基本情况

拱墅区大关街道东一社区的东二苑、东三苑是相邻且没有隔断相互融合的两个小区，小区位于大关苑东路以东，苑中路以西，香积寺路以北，苑内建筑多建成于20世纪90年代初，共25栋住宅建筑，5栋配套建筑，其中住宅共计67个单元，1250户，居住人口3300左右。小区用地面积为34323m^2，总建筑面积69034m^2，其中东二苑建筑面积33951m^2，东三苑建筑面积35083m^2。

由于小区建成较早，年久失修，基础设施陈旧，市政管网不畅，屋面渗漏现象严重，避雷设施损坏，墙面渗漏及粉刷层脱落严重，楼道昏暗，杂物堆积，消防安全隐患较大，消防应急通道堵塞，小区停车困难，随意停车导致小区消防通道不畅，室外消火栓无水，没有设置微型消防站，小区绿化损坏严重，部分高大乔木长年没有修剪，既存在安全隐患又影响居民晾晒及采光。小区配套服务缺失，没有老人养老及儿童的托育实施，小区无障碍建设缺失，社区安防设施缺失，小区缺少文化设施，没有专业物业管理，不能满足居民对美好的需求，居民对改造的愿望及要求十分强烈（图3-10）。

图3-10　大关东一社区东二苑、东三苑小区改造后效果

二、项目实施主要做法

1. 小区改造工作的实施流程

公众参与是城镇老旧小区更新改造的基础，有组织、分时序地使居民有序地参与到改造工作当中，根据使用者的需求提供丰富多样、可选择的设计方案，最终由居民投票来确定最优方案，充分遵循与贯彻“以人为本”的设计原则与理念，充分解决其改造工作当中遇到的部分矛盾与问题。

东二、东三苑社区老旧小区改造当中居民积极参与，以社区工作小组为主导，全过程以居民为中心，以“共同缔造”理念为牵引，从方案设计阶段的“四问四权、三上三下”到施工阶段的“居民质量监督小组、现场临时党支部”等，开展民意调查工作，并取得98%的居民支持老旧小区改造的同意率。

根据入户调查表反馈的信息，结合项目的实际情况再深入分析现状，在尽量满足居民合理需求的基础上，完善了大关街道东一社区（东二苑、东三苑）小区综合改造提升的初步设计方案。并对方案进行了公示，公示期间再一次收集居民的意见和建议，认真吸纳可行性意见和建议，对初步设计方案进行多次完善和优化，并让居民完全知晓设计方案，让居民参与到小区改造提升工作中，提高居民对综合改造提升工作的参与度。完成对设计方案的“三上三下”完善，优化后形成设计方案初稿。召开居民代表、街道组长、楼栋长、街道、社区、物业、设计院等多方进行方案汇报。

2. 项目改造内容

本次改造主要涉及基础类、完善类、提升类三大类改造，内容包括：屋面修缮、建筑外立面修缮、楼道修缮提升、整治私搭乱建、综合管线整治提升、给水排水设施改造提升、强弱电设施改造提升、环卫设施整治提升、停车设施改造提升、绿化景观改造提升、智慧安防改造提升、消防设施改造提升、社区服务设施提升等及其他附属工程。本次改造增设多处服务设施如百姓戏园、阳光老人家、文化家园、公共晾晒平台等，极大地丰富了居民的生活。

在改造过程中，根据具体情况，遵循因地制宜原则，制定适宜的改造方式，根据资源的可利用程度重新进行选择与再分配。对于值得保留的部分，重新加以合理利用；对于不合理的部分进行更新与替换；在延续以往场所记忆的同时，创新现代生活，使得旧住区的过去、现在与将来有合理的联系与映射，对小区记忆进行延续、邻里关系进行重构。在小区的入口形象改造提升中，通过增加一面中式格栅来融合建筑上外走廊的单调性，竖向的线条增加了建筑的挺拔感，中间圆形的花格栅取自于中国传统建筑的花窗，和百姓戏园建筑相互呼应，既做到了整体统一又做到了富有明暗变化。进行社区文化提升，小区内设有景观屏风、8路公交站、党群服务中心、幸福生活馆、文化家园、新时代文明实践站和百姓戏园（被行业命名为“大运河越剧传承之地”）等特色社区文化站点，让居民能够回味昔日生活的点滴印象，留住乡愁。

城镇老旧小区综合改造提升需要就日常需求及对环境的主观感受，对公共资源合理配置设施功能。大关东二、东三苑改造当中，小区建筑外墙现状存在较多安全隐患，拆除居民私搭乱建，在征得小区居民同意的情况下，拆除建筑防盗窗，消除小区建筑外墙悬挂物。

单元楼道墙面存在空鼓、涂料脱落。对楼道墙顶面修缮，一楼墙面使用防霉材料进行粉刷。

消防设施缺失。对楼道墙顶面涂料、楼梯及扶手损坏处进行更换维修，增加楼道铝合金窗，完善消防设施，同时在楼道增加无障碍休息椅。

停车位不足是一直困扰居民的难题。小区原停车位167个，车位严重不足，导致小区车辆乱停乱放现象严重，在保证“生命通道”的宽度前提下，进行道路拓宽、车位挖潜，共计拓宽及挖潜面积1491.7m^2，侧石移改3282m。规划后固定车位206个，新增新能源汽车专用车位5个和残疾人专用车位6个，总体增加50个车位。

原先小区缺少晾晒空间，居民要求解决晾晒问题的意愿非常强烈。改造中利用小区内阳光老人家和非机动车库荒废的屋顶空间改造为居民集中晾晒场地，晾晒区域地面采用防滑高分子塑料格栅，充分解决了老旧小区晾晒难的问题。通过对入口坡道的改造，让居民可以便捷地到达屋顶，真正做到了“变废为宝”。

社区养老设施改造。通过阳光老人家外立面改造，统一外观效果，同时对内部空间进行了重新规划，增加了接待区、儿童幼托区、康养按摩区、休息区、影视区、多功能休息区（助餐、书法、手工）、讲座会议区、文娱活动区、洗手间等。

对原有公共活动空间进行提升。在原有景观亭区域规划出一个专门服务老年人的集中活动场地，取名为“老来乐”。拆除原有违章建筑、腾退空间，打造了一个孩子们的儿童天堂，彻底解决社区孩子没有玩耍嬉戏空间的遗憾，做到老少同乐，同时提升社区居民的生活品质，增加了居民的幸福感。

改造以打造垃圾分类精品小区为标准，将原有分散式垃圾桶收集点8处现改为4处垃圾分类投放点、1处垃圾收容器清洗点、1处特殊垃圾临时堆放点、1处垃圾集中收置点和1处智能垃圾分类回收点，并实施“三定”垃圾分类制度。

改造对67个单元楼道内强弱电线进行归整序化。增加楼道内声控感应吸顶灯559套、无障碍休息椅359个、灭火器646套、应急照明552个及疏散指示灯522个。同时对楼道乱堆乱放违章物品进行拆除清理，保证楼道消防畅通，同时完善楼道内消防设施。

改造完善小区安防系统。增加高清摄像头164个和人脸抓拍摄像机2台，同时完善小区单元防盗门及门禁系统67个，增加电子围栏318m、周界摄像头20个、车辆和人行道闸各2只。并且在主要出入口增设疫情防控人体温感摄像头，大大消除小区安全隐患，同时实现安防数据与公安系统实时传输①。

三、项目可复制推广经验

城镇老旧小区综合改造要从人民群众最关心、最直接、最现实的利益问题出发，以人民为中心，以提升城镇老旧小区居民居住条件，推动构建“纵向到底、横向到边、共建共治共享”的社区治理体系，让人民群众生活更方便、更舒心、更美好。按照基础类、完善类、提升类三类进行改造内容设定，重点完善小区适老设施设备配套及小区和市政基础设施改造，提升社区养老、托育、医疗等公共服务水平②。从而实现提升居住社区建设质量、服务水平和管理能力，增强人民群众获得感、幸福感、安全感。

在实际改造中，针对项目建设过程中所遇到的问题和难题，大关街道采取了以下解决策略：

---

① 浙江城乡建设. 浙江老旧小区改造案例［EB/OL］.［2020-5-30］. https://www.sohu.com/a/398615224_768162.

② 国务院办公厅关于全面推进城镇老旧小区改造工作的指导意见［EB/OL］.［2020-7-20］. http://www.gov.cn/zhengce/content/2020-07/20/content_5528320.htm.

1. 实行全域规划，整合片区资源

从城市更新和未来社区发展的维度对城镇老旧小区进行全域统筹规划，本项目东二苑、东三苑改造，打破小区之间的界限，重新定义片区规模，使之与片区资源相匹配，合理拓展改造实施单元，推进相邻小区及周边地区联动改造和资源共享。通过对片区资源的整合，能达到公共资源共享最大化，使之重新满足人们对美好生活的需求。

2. 完善配套设施，补齐功能短板

项目建设了如百姓戏园、阳光老人家、文化家园、公共晾晒平台等在内的配套设施，完善了社区配套设施，补齐了社区功能短板，让居民生活在一个完整居住社区中，提升居民“三感”。

3. 强化多方参与，倡导共同缔造

在本项目改造过程中，区住房和城乡建设局提供空置房用于百姓戏园的建设，旧改办负责项目建设，充分发动居民、社区物业、产权单位（水务集团、自来水、燃气、电力等单位）、社会资源及第三方企业力量，调动一切积极性形成统一联盟促进项目建设，实现多方参与和“共谋、共建、共管、共评、共享”共同缔造。

4. 资金共担筹措，解决资金短缺

政府负责基础设施改造资金，出资进行市政道路、雨污管网、景观绿化、建筑本体、安防消防等改造；居民合理共担，根据“谁受益、谁出资”原则，居民自筹+政府补贴，对四小件（雨棚、晾衣架、空调格栅、保笼）改造，对老来乐景亭建设；产权单位出资，管线单位或国有专营企业自行出资改造相关的单项工程，如对供水、供电、供暖、供气、通信等专业经营设施设备的改造提升。

5. 完善推进机制，提高居民参与

在本项目中成立街道旧改专班，以社区工作小组为主导，全过程以“居民”为中心，充分发挥党员、居民代表作用，放手发动群众，创新组建“老旧小区改造民间监理员”队伍，打造“大关街道基层民主协商铃”互联网议事平台，从项目方案设计阶段“三上三下、四问四权”到施工阶段监督监理，全程参与各项目阶段，推出老旧小区改造“共建共治”新模式。

6. 加强人本关怀，建设适老设施

项目建设过程中，坚持一切以居民为中心，从小区适老设施建设、人文关怀以及生活休闲化角度考虑，社会第三方参与戏曲指导，完成百姓戏园、阳光老人家及文化家园等在内的文化休闲社区、康养社区和智慧安全社区，以人文为中心，将人文关怀植入整个小区建设当中，弘扬尊老爱老的美德。

7. 实行专业指导，提高改造成效

充分发挥专业指导力量，采取“三师汇合”的方式，从项目工程全过程，从项目方案生成、前期调研、中途项目施工、项目落地和后期成效，听取收集居民的意见、保证工程质量，把难处变成现实，从而提高项目建设成效。

8. 完善应急体系，建设韧性城市

项目建设以卫生防疫系统为载体，建立整套的应急体系建设，包括但不限于灾害性天气、突发性事件及不可遇见性的风险，建立一整套的应急体系，提升社区对应急救灾能力和抗城市风险能力，实现韧性城市建设。

9. 加强长效管理，推进城市更新

“三分建七分管”，项目采取建管共步的模式。以党建引领为主体，建立专业物业、社区居民自管为主体的三位一体的管理模式，充分发挥三方的力量，加强项目建设的后期长效管理，持续推进城市更新，保证项目管理在管理效益上实现管理的长效之长。同时，在项目改造过程中，充分挖掘改造后期管理的收支平衡，让第三方物业企业在项目管理中能够真正有利可取，最后让城镇老旧小区改造能够落到实处，推进城市更新。

四、项目改造成效

1. 民生改善方面

项目补齐了现有社区的各项功能短板，完善了社区进行“安全智慧社区、友邻关爱社区、绿色生态社区、教育学习社区及管理有效社区”的创建，为实现完整居住社区创建打造坚实基础，为我国现有城镇老旧小区综合改造提供完美的示范案例。

对老年文化设施、公共服务设施、养老托幼设施等适老设施设备进行完善，提升了对老年、残障人士的文化休闲和人文关怀。持续不断的绿色生态环境建设，打造舒适、宜人、生态的生活环境，提高社区居民幸福感。

城镇老旧小区整治是民生工程，更是民心工程。通过整治，消除老旧住宅安全隐患，改善居民生活环境，降低了居民的各项风险系数，提高了社区的抗风险能力，增强了居民的自信心、安全感和获得感。

2. 地方经济方面

项目各类设施设备和原材料的需求，带动了区域市场供销关系，项目的实施为社会提供众多的就业岗位，降低社会就业压力，增加经济收入来源，提高当地经济增长率和社会稳定性。

社会力量通过收费服务的模式参与改造，补充社区区域市场经济服务缺口，填补区域供需需求，拉动区域消费，加速区域GDP的增长。

城镇老旧小区的综合改造提升了社区品质，提升了住宅价值，提高了所在小区的房屋价值。

第十一节　杭州市拱墅区米市巷街道叶青苑小区改造工程实践案例

一、项目基本情况

米市巷街道红石板社区叶青苑小区坐落于美丽的京杭大运河畔，是典型的“老破小”小区，于1999年交付入住，建筑总面积1.5579万m^2，共有房屋4幢，居民211户，老龄化已达28.5%。

项目列入2019年城镇老旧小区改造计划，改造过程中充分发挥党员、居民代表作用，放手发动群众，创新组建“老旧小区改造民间监理员”队伍并全程参与，推出城镇老旧小区改造“共建共治”新模式，于2019年底完成基础设施改造、小区环境优化、服务功能提升3大类改造内容，入选2019年度杭州城镇老旧小区改造工作典型案例，杭州市委书记周江勇、市长刘忻、市人大常委会主任于跃敏等领导实地调研并给予充分肯定（图3-11）。

图3-11　叶青苑小区改造后效果

二、项目实施主要做法

1. 改造内容方面

本次改造从居民需求出发，以提升小区综合环境为宗旨，根据小区的独特地理优势属性，以“雅居运河之畔”为主题融入小区改造提升。展示不施浓艳粉黛、情怀高远的气韵，打造特色的和谐、安全、颐养的生活小区。叶青苑老旧小区综合改造提升项目，主要是分为三大类：基础类改造、完善类改造、提升类改造。

（1）基础设施类改造

本次基础设施改造涉及外墙渗漏维修及翻新、屋面漏水改造、地下室改造、小区内部道路整治提升、建筑雨污水改造、建筑智能化改造、消防设施改造等。推进垃圾分类，优化垃圾站点，将原有分散式垃圾桶收集点和垃圾投放点整改为具备消毒、清洗、污水处理等功能于一体的智能垃圾投放集置点，并设置大件垃圾临时堆放点，实施“三定”垃圾分类制度，严格按照垃圾分类最新标准实施。整治单元楼道，使其整洁明亮有序。本次改造对单元楼道内强弱电线进行整理序化，对楼梯扶手油漆进行翻新，踏步进行修缮，楼梯平台处增加节能窗，完善提升楼道内声控感应吸顶灯、无障碍休息椅、灭火器、应急照明、疏散指示灯等。同时对楼道违章乱丢乱放进行拆除清理，增加消防设施，保持消防通道畅通。融入科技力量，打造智能小区。本次改造完善小区安防系统，补充入口门禁设施，增加车行及人行道闸，增加人脸抓拍摄像头，增加监控设备，全方位无死角覆盖，监控数据与公安系统实时传输。同时更换小区原破损单元门，安装人脸识别系统，方便居民进出，增加小区安全性，做硬了居民基础设施完善的“里子”工程。

（2）完善小区环境类改造

主要涉及违章拆除及私搭乱建、绿化提升、室内外照明系统、适老设施、适幼设施、停车序化及挖潜、新能源车位推广、非机动车充电改造、休闲与健身设施及场所、预留加梯基础位置、设备设施用房、小区特色文化挖掘、党建风采、围墙提升、智能信包箱等。

绿化整治，提升景观效果。对影响居室日照的大型乔木进行修剪，提升植物配置，做到“开门见绿，四季有花”。同时打通小区两条步行内环流线，串联起中庭休闲区、全龄活动区、景观游步道等，结合运河文化主题围墙、植被景观等进行优化改造，借运河之壮景入小区，使“面子”得到极大提升。

整合空间，设置活动区域。小区原活动场地缺少硬质铺装，绿化杂乱，活动不便且缺少儿童活动场地。本次改造对场地内绿化进行整理，铺设塑胶场地，合理排布健身器材，增加儿童游乐设施，解决社区孩子没有玩耍空间的遗憾，提升居民幸福感。

（3）提升服务功能类改造

丰富社区服务供给，提升居民生活品质，立足小区及周边实际条件积极推进配套服务用房建设。充分盘活小区自有国资存量，杭州市建委将两套约140m^{2}的存量用房移交社区用于居家养老用房和老年助餐等颐养设施建设。

2. 群众工作方面

叶青苑小区房龄普遍20年以上，由于周边房产开发建设、年久失修等综合原因引起房屋品质的下降已经严重影响了居民的日常起居生活，居民信访不断。城镇老旧小区改造推进过程中，街道抓住居民痛点、治理堵点，以提升群众满意为宗旨，通过城镇老旧小区改造，原有信访“钉子户”转变为拥护改造带头人，群众满意度、获得感直线上升。

（1）完善推进机制，鼓励居民参与

以基层党建为引领，以小区为单位，以改善小区人居环境的实事为切入点，发挥党员模范先锋作用，由党员带头在项目实施前针对“改不改”“改什么”“怎么改”逐一入户征求，在设计方案公示过程中，通过入户调查、方案比选、座谈议事、问卷调查、意见征集会等形式，广泛征集居民意见，每周召开例会整理居民意见并讨论解决方案，确保小区改造充分尊重民意。

（2）实行专业指导，提高改造成效

充分发挥专业指导力量，采取“三师汇合”的方式，设计师全程驻点小区，并且成立民间监理员队伍，由专业监理进行相关业务指导，深入地了解施工规范、学习如何检查工程质量，让居民对改造不仅是“听”“看”，更是“懂”“透”，并且在日常生活中就能够对自己小区改造的工程质量进行监督，随时发现问题，随时上报社区和监理，根据居民意见及时完善方案，保证工程质量，把难处变成现实，从而提高项目建设成效。例如小区更换的单元门和雨棚由施工方提供若干款，由民间监理员进行质量把关后看样订货，再在小区内进行展示，供居民投票选择。

（3）收集居民意见，倡导共同改造

充分发挥业委会作用，调动居民主观能动性，发掘小区内的专家业主、热心居民，推进全程以居民为中心实施改造。在改造实施过程中，设计师全程驻点小区，根据居民意见及时完善方案。如小区整体改造基本思路，由居民参与决定并最终确立为景观设计与大运河相融合，打造生活流线与文化流线“两条线”。

（4）打造网络平台，线下解决问题

小区改造中结合“米市巷街道基层民主协商铃”议事平台，打造“互联网+共建共治共享”模式。在改造过程中，居民有任何问题都可以在手机小程序中直接反映，社区终端会立刻响铃，当值工会根据具体问题联系相关人员及时为居民解决，并记录解决方案和协商结果，居民可以对服务进行评价。做到线上问题线下解决，真正实现“一点我就灵”。

（5）居民参与沟通，保障工程顺利

居民的工作居民做，居民之间的沟通更畅通。例如改造过程中，需要做雨污分流，有46户居民阳台做了凸保笼，无法做雨水管立管工程，需要对保笼进行拆除，但是居民有抵触情绪，社区、施工方多次上门沟通无果，于是热心居民自发地利用晚上挨家挨户上门，站在同为小区居民的角度从保笼的安全隐患到小区的整齐美观，从五水共治的重要性到小区改造的长远性，通过耐心地沟通和劝说，得到了46户居民的认可，拆除了保笼，为后续工作推进奠定了基础。

3. 资金筹措方面

不同改造内容明确出资机制，结合项目具体特点和改造内容，合理确定改造资金共担机制。要有效提高老旧小区资金使用率，除了政府渠道财政性资金及有关部门各类专项资金外还应有其他有效的资金筹措方案。本次改造通过明确相关设施设备产权关系，引导管线单位或国有专营企业对供水、供电、供气、通信等专业经营设施设备进行改造提升。

政府主导参与，完善基础设施。政府负责基础设施改造资金，出资进行市政道路、雨污管网、景观绿化、建筑本体、安防消防等改造。

建立资金共担，解决资金短缺。居民合理共担，根据“谁受益、谁出资”原则，居民自筹加政府补贴，对四小件（雨棚、晾衣架、空调格栅、保笼）、小区加装电梯由居民出资加政府补贴共担完成。

强化多方参与，倡导共同缔造。产权单位出资，管线单位或国有专营企业自行出资改造相关的单项工程，如对供水、供电、供暖、供气、通信等专业经营设施设备的改造提升。小区内自来水管全部是铸铁管，更换水管费用较高，但也是居民所需、所急、所盼的事情，在杭州市水务集团大力支持下，免费更换了小区内所有表前管。电力部门大力支持改造，免费更换了小区变压器并进行迁移。

4. 推进机制方面

成立专业小组，完善城镇老旧小区改造机制。建立社区街道专班和现场工作小组，形成逐级上报机制，定时定点上报，突出反映改造过程中的特色亮点和困难问题；充分发挥新闻媒体作用，有重点、有计划、分步骤地对改造项目开展宣传，赢得市民群众的理解、支持和配合，共同营造良好的氛围。建立并完善老旧小区改造提升联席会议制、街道领导班子成员联系服务制和每周例会机制、“双随机”检查机制。每日完工后社区负责人、居民代表、设计负责人、施工负责人、项目监理针对当天遇到的施工难点、居民投诉点等问题及时反映，及时解决。

5. 后期管理方面

实行居民共治，保障长效管理。叶青苑小区根据自身小区规模较小、居民自理能力强等特点采用社区统筹管理模式，可充分发挥社区的主导地位，形成资源共用、成果共享。通过全国首创的社区居委会、物业、小区业委会三方协同治理机制，由区、街道、社区三级“三方办”实体化运作。通过社区党组织引领，引导社区党员业主参选业委会，加强与业委会的沟通联系。

在操作层面上，一是建立实施小区居民公约、小区议事协商制度。深入推进“小区事、大家议”模式。例如，改造结束后一位小区居民在新铺设的路面上燃烧祭祀纸张，将一大片石板烧成了黑色，小区其他居民纷纷指责该行为，并上报给业委会，经过居民代表和业委会讨论后，对该居民进行罚款，用于对受损道路进行修复。二是实行建管同步，物业管理。叶青苑老旧生活小区环境功能综合改造提升后，具备了物业公司入驻管理的条件，同时居民也有强烈的愿望。为了加强后期的长效管理，社区聘请了物业管理公司入驻管理，从设备的日常维护、绿化的日常养护、小区的安全保障、居民的便民需求、小区的停车管理等方面进行专业化管理，既能够有效巩固改造的成果，又能够进一步提升居民的获得感、幸福感和安全感。

三、项目可复制推广经验

1. 成立民间监理队伍，协调监督工程进展

叶青苑小区改造工程最大的亮点工作之一便是民间监理员队伍建设。在小区改造之初，小区党员、热心居民、业委会积极参与民意调查、入户走访、矛盾协调等，但是在改造过程中，居民对工程类项目不太了解，又十分关心自己生活空间的改造，怕施工过程有不细致的地方、监理检查有顾不到的地方。街道在了解这些情况之后，决定在小区内建立一支民间监理员队伍，招募优秀党员、热心居民，并邀请专业监理员根据小区改造内容，有针对性地对民间监理员进行培训，让他们能够从看、量、摸、敲四方面直观地对施工质量进行监督检查。当然，民间监理员也不光是“找茬”，对于合格、满意的工程也会对施工人员进行点赞表扬。时间长了，与施工人员建立了良好的关系，施工人员也更加认真地对待每道

工序，同时小区居民十分认可民间监理员，有问题都会找他们，之前反对的居民纷纷转变了想法，小区的问题实现解决在内部，整个改造过程形成了和谐、共建、协商、自理的良好氛围。吸取叶青苑改造民间监理员队伍建设的经验，在后续米市巷街道旧改工作中推广，也邀请了叶青苑优秀的民间监理员进行经验交流。

2. 发挥EPC优势，统筹协调各方需求

叶青苑老旧小区综合改造提升工程采用EPC总承包模式，由设计单位牵头，充分发挥设计优势，按照“及时相应、及时调整、及时回访”和“细心调查、用心谋划、精心设计、暖心服务”的“三及时四用心”要求，从方案设计、材料采购、施工管理、质量控制、后期维护等全过程参与项目，解决居民的实际需求，统筹协调各方的关系，有效保证了设计效果的落地。

3. 工程质量精细化，保障施工规范化

叶青苑老旧小区改造过程中，施工质量管理采用精细化管理模式，施工现场按照“提前交底、提前放样、提前告知”和“规范施工工艺、规范员工言行、规范材料品牌、规范安全文明”的“三提前四规范”要求，严格施工质量，严控安全文明施工，减少对居民的生活影响，工程质量得到了保证，赢得了居民的高度支持和认可，更提升了居民对城镇老旧小区改造工作的参与度和认可度。

第十二节　杭州市西湖区蒋村花园如意苑改造工程实践案例

一、项目基本情况

蒋村花园如意苑，东起紫金港路，西至合建港河；南起文二西路，北至文一西路，共有52幢居民楼，在册人数共14364人，其中4820人为常住人口，9544人为流动人员。从2006年小区正式投入使用至今已过去十多年，随着建筑的不断老化，小区的各项软硬件缺点也逐渐暴露出来：不仅公共基础设施建设逐年老化，而且小区内存在道路破损、绿化缺失、设施陈旧、管网堵塞、照明系统瘫痪、地下车库地面坑洼等问题，群众要求改造的呼声不断。

2019年，街道将如意苑列入西湖区老旧小区综合改造提升计划，通过召开座谈会、居民代表大会、楼道长会议等“四问四权”民生工作机制，广泛吸收社会各方意见，集思广益，群策群力，群众同意实施改造率高达95%，使得民生工程更贴民需，让老旧小区改造工作切实惠民（图3-12）。

图3-12 如意苑改造后效果

二、项目实施主要做法

根据前期多次调研，街道牵头区城投，投入2500万元，秉持“安全、简洁、有序、实用、美观”十字改造原则对如意苑进行改造提升，历时半年，对道路、绿化、中心景观、出入口、景观灯、监控系统等进行改造提升。

1. 管网改造方面

重点对排水等基础配套设计进行改造，做好如意苑景观水系的配水工程，包括水系溢流管、补水管280m；对现状检查井井盖进行更换，对管道进行修复等；对现状的雨水口进行调整，保证路面无积水；新增雨水口260盏，增设一座配水泵房及相关的附属设施。同时按照“污水零直排生活小区”建设标准，进行雨污管网改造，实现雨污分流，完善小区功能。

2. 道路改造方面

重点改造小区道路、整治停车位，全面畅通小区内部交通。进行小区路面修补（拓宽），对道路公共区域普通照明进行综合改造提升，合理调整绿化和停车位，建设绿荫停车位和电动自行车集中充电桩设施，累计对小区内24条道路铺设沥青路面总面积约35245m^2，新增机动车停车位510个、非机动车停车位105处1100余个；对出入口进行铺装优化，铺装面积600m^2，其中原路1600m；安装侧石11000m；对小区全线按市政道路要求画设标志标线，并设置标志标牌，完善整个小区的导向功能；安装庭院灯480盏。

3. 中心景观方面

重点改造亲水区域和儿童游乐广场。特别值得一提的是在中心景观荷花塘水系引入合建港的活水，埋了近300余米长的水管，合建港是市级美丽河道，与西溪湿地相互贯通，水质常年达到二类水的标准。累计对中心广场进行硬化铺装面积1500余平方米，绿化面积3920^2m，增设休息平台、健身设施场地260m^2，安装夜间景观灯、灯带、庭院灯，修建假山1座。

4. 智慧安防方面

合理布局消防、救护等安全通道，增加智慧安防设施设备；完善消防水源，检修和增加消防设施，疏通消防通道，确保消防安全；设置车辆道闸等出入管理系统，增加门禁系统，确保小区住户的人身财产安全。

三、项目可复制推广经验

1. 聚焦主业强建设，开创党建引领新局面

党建引领“社区、自治管委会、物业”三驾马车齐头并进，社区牵头统筹协调，经合社党组织三级包干，党总支包苑、党支部包片、党员包户，物业立足本责，三方各司其职，互补互联，全面提档升级网格化管理工作。坚持“内强责任、外树形象”的工作宗旨，狠抓社区队伍和班子成员的思想建设，深化各级党组织建设，打造“1＋5”先锋家园党建模式，凝聚起党建引领强大合力。

2. 聚焦基层强基础，夯实组织战斗堡垒

社区认真布置落实各项党建活动的开展，确保活动取得良好的成效，让广大党员深刻领会党的具体理论，让党建活动融入日常生活中来，让普通群众感受到党建工作的魅力。

3. 聚焦社区服务为重点，提升群众满意度

（1）保障到位，保持好社区机制

社区服务是落实各级党委和政府面向社区居民的行政性服务和社会公共服务的组织载体和工作机构，集中精力做好社区自治工作。在小区中形成社区公共管理和经合社自治的良好氛围。

（2）科学管理，创新好社区服务

建立“互联网＋社区”信息化网络，利用好整合资源，为居民提供方便快捷的社区服务，努力打造“社区服务15分钟便民圈”；培育社区公益性组织，开展心理咨询、民情调解、社区教育等服务队伍。

（3）设施完善，建设好社区阵地

继续完善好社区的基础设施，把服务设施面向全体居民，不摆花架子，向居民开放。

（4）繁荣发展，发动好社区文化

广泛开展楼道文化、广场文化、社区文化建设活动，在全民健身活动中掀起了社区文化活动的新高潮。开展“为民、务实、团结、友爱”为宗旨的社区书画展、纳凉晚会、广场舞比赛文娱活动，每月开展一次孤寡老人和重症残疾人服务活动，提高社区居民的归属感和幸福感。

（5）整洁靓丽，清洁好社区环境

依托文明城市、美丽社区建设，开展社区环境整治，加大力度开展小区环境治理工作，优化社区环境；发动各个支部党员、志愿者开展环境卫生整治活动，通过张贴标语、悬挂横幅等形式加大宣传力度，彻底清除背街巷道、房前屋后等区域的垃圾；建立环保工作长效机制，奖励与责任并重，定期开展安全检查、清洁抽查等活动，完善相关管理制度，社区环境将面貌一新。

（6）井然有序，稳定好社区秩序

社区民警同社区、居委会工作人员共同配合、加强协作、形成合力，开展信息采集工作，充分发动各级群防群治力量和社会资源，结合网格化巡控工作，全面落实人防、物防、技防等各项安全防范措施，实现发案少、秩序好、人民满意的目标。

（7）聚焦信息互通，打造大数据协同平台

社区和第三方合作，引入大数据平台，打造社区自身的“数据池”。通过数据协同平台，帮助社区整合积累数据，实现数据来源多元化，提升工作效率。通过可视化大屏、PC端、手机端实现数据的展示和查询，让社区工作者随时随地可以掌握社区动态变化，实现精准的管理和服务。在基层治理中，以基层党组织为领导，群众、物业、自治委员会、志愿者等多个主体共同协助参与。通过社区协同实现各个主体之间的信息互通，前端通过智能终端、居民发布、社区提交等渠道发现居民需求，后端通过连接物业、社区、自治委员会、相关职能部门等多个主体协同，建设社区协同治理新格局。

第十三节 杭州市西湖区西溪街道武林门新村改造工程实践案例

一、项目基本情况

武林门新村由于地处市中心文三路和天目上交叉口，位于西溪街道上马塍社区，建造于20世纪80年代，用地面积约1.25hm^2，共10幢房屋，现住有居民476户。周边是省广播电视台、省高院培训中心、市海关所属检验检疫局等省市重要单位所在地。未改造前存在消防主干道阻挡、电气线路、电表老化、消防设施不健全等隐患问题，且居住的人群密集，其中出租55户；常住人口1428人，流动人口165人，80岁以上老年人191人。一旦发生火警等紧急情况，容易发生救援困难、社会影响大等一系列的情况。为此，西溪街道坚持问需于民、问情于民、问计于民、问绩于民的工作方法。充分收集需求，解决难题，对该小区进行全面提升改造（图3-13）。

图3-13　武林门新村改造后效果

二、项目实施主要做法

1. 抓电力上改下

对整个小区的管道线路等进行整体规划，对阳台水管道实施雨污分流改造，对原本存在安全隐患、架在空中的变电箱进行下移，对裸露在外的各类“天空蜘蛛网”分类贴标，并预先预留好电线管道，在不影响居民正常工作生活的前提下实施电力上改下作业。对小区的水管、燃气管主管道进行全面检查，保障居民用水、用气安全。整个项目电力铺设高压线路1647m，低压线路5221m，拔除电线杆49根，新建低压电缆分支箱12座，更新各类管道1109m。

2. 抓辅房拆除

经过与11家产权单位及小区居民长达2个月的沟通协商后，最终征得全体业主的同意，全面拆除了主干道两侧的附房及围墙共计1108m^2，打通小区主干道的同时，确保了消防通道的畅通无阻。

3. 抓外立面整治

对10幢房屋进行系统性外立面整治，确保“美观与实用并重”。其中，墙面粉刷6420m^2，拆除3305m^2，空调移位1023台，安装铝合金空调罩954个，更新安装雨棚1558个，新装晾衣架291副，同时，为改善小区环境，对10幢房屋的顶层进行漏水修理1210m^2，对所有楼道、扶手均进行重新粉刷等工作，对各幢屋面落水管均进行雨污分流。

4. 抓居民生活品质

通过美丽家园改造提升工作，如拆除围墙、拆除辅房、移位修缮自行车库等，改变了原小区停车难的现状，新增车位约有130个，新增彩色游步道600m，铺设沥青7000余方，道路焕然一新。新增绿化2238m^2，新增景观灯93个。安装智能充电桩20余个共计260个插座，配备智慧门禁及人脸识别智能安防系统、居家魔眼系统，即通过电弧检测每户人家的用电情况，一旦异常会通过APP报警到住户和网格员手机上等，全力打造“安全小区整治样板”，平安建设显成效。

5. 抓居民自治

在整治提升的同时，街道大胆创新，推出“我的家园”规范化服务管理，引导武林门新村小区同步成立了自管小组，同步引进杭州万远物业有限公司，实现小区封闭式管理，全力打造设施齐全、安全整洁的老旧小区整治的“美丽”样板。

6. 完善周边配套设施

为最大限度地做好居民群众生活配套设施的建设，通过与辖区单位的协商共建，统一完成武林门新村周边文三巷外立面整治、房屋加固、弱电改造、店招店牌整治等硬件提升工作，彻底改变了脏乱差的状况。同时围绕老人生活实际需求，优化环境，引导业态调整，新增老年食堂、理发、缝补衣物、翻丝绵被等便民站点服务设施；完善武林门新村周边位于马塍路10号的“文化中心”提升工作，创造良好的文化环境和浓厚的文化氛围，建立功能更加完善的公共文化服务体系和文化基础设施，满足周边居民就近便捷地享受公共文化服务的需求。

三、项目可复制推广经验

1. 党建引领，构建各方共建机制

充分发挥社区基层党组织在协商、监督、评议等方面的作用，搭建沟通议事平台，统筹协调老旧小区内部自治组织（自管小组）、产权单位、物业服务企业等，共同推进改造，真正做到改造前问需于民，改造中问计于民，改造后问效于民。

2. 因地制宜，积极引导群众参与

城镇老旧小区的改造要科学确定改造目标，尽力而为，量力而行，不搞“一刀切”，充分倾听百姓呼声，顺应群众期盼，以确保居住安全、改善人居环境、提升配套服务为重点，合理确定改造模式（如综合整治型、拆改结合型；综合整治型又可以分为基础型、完善型、提升型），将老旧小区改造的每一分钱都花在刀刃上，花在老百姓最迫切的需求上，着力引导群众从“要我改”到“我要改”，营造社会各界支持、群众积极参与的浓厚氛围。

3. 谋定后动，统筹推进精准施策

在推进城镇老旧小区改造时，对于拓宽道路、畅通生命通道等改造项目的实施中，可能涉及的拆除附房、院落围墙等关系部分居民利益的内容，要按照“一事一议、特事特办”的原则确定项目实施改造方案。在改造方案设计之初就需充分征求居民意见，但也要坚持在保障大多数居民核心利益问题上不动摇，同时做好部分居民的引导、解释工作，发动群众做群众的工作，做到谋定后动，减少后期工程推进的阻力和信访纠纷的产生。

第十四节　杭州市滨江区缤纷小区改造工程实践案例

一、项目基本情况

缤纷小区位于滨江区西兴街道星民社区西兴路与江南大道交叉口，北临丹枫路，东临睿祥巷，西临九甲巷，南临缤纷街。小区建成于2003年，总建筑面积12.24万m^2，共有建筑40幢，涉及住户887户。

缤纷小区列入2020年城镇老旧小区改造计划，于2020年12月底竣工（图3-14）。

图3-14　缤纷小区改造后效果

二、项目实施主要做法

1. 改造内容方面

一是住宅小区加装电梯全覆盖。2020年8月，随着缤纷小区3幢2单元电梯吊装的完成，缤纷小区成为首个既有住宅小区的电梯加装全覆盖，65个单元、65台电梯，全部吊装完成。

二是整体梳理小区环境，配合小区智慧安防系统升级改造。针对街道清理拆除小区住户保笼后住户的担心，适当增加监控点位密度，对进入小区的各个入口进行设计优化，增加车辆道闸和行人摆闸系统，设置人脸识别探头，加强入口管控，使小区的治安防控能力进一步提升。

三是针对缤纷小区居民的实际生活习惯，对因日常出行踩踏出来的林间小道，部分不影响小区整体感官的，由设计单位进行设计后施工，另外部分根据小区整体要求，影响小区整体美观并存在一定隐患的，设计中给予恢复绿化，并采取种植灌木等办法，防止住户再次踩踏。

四是打通小区内“断头路”。利用消极绿化等增加停车位，缤纷小区整治后，增加停车位200余个。同时，与城管部门对接，对小区内僵尸车进行清理，物业公司启用停车管理系统，禁止外来车辆进入小区，通过多种手段努力缓解停车难问题。

五是针对加装电梯占用宅间道路、绿化迁移硬化、风格突兀等问题，采取加装电梯与城镇老旧小区改造相结合统筹推进的方式，对照“十四个节点”时序，协调区建管中心、燃气、水务等部门，进行统筹安排，保障小区整治整体联动、协调有序，减少施工对小区业主的影响，积极同区加梯办对接，使加装后的电梯整体风格与整治后的小区一致，切实解决了住户加装电梯后诟病的隐患问题①。

2. 群众工作方面

针对小区整治的重点问题，前期街道对缤纷小区进行了大量的走访调研，召开各类座谈会、恳谈会、方案介绍会，充分征求居民意见。由街道、社区牵头发放征求意见表，收集群众意见，整治支持率超过90%。在整治方案设计环节，充分听取民意，采取“四上四下”方式反复修改，仅方案初稿阶段梳理意见122条，反馈率100%，最终再确定方案定稿。

3. 资金措施方面

该项目计划投资6834万元。居民出资500万元，市、区财政按照2∶8的比例

① 记者：葛晓路，通讯员：丁春晓，王楚仪．为民共筑新家园 以居民为主体，全方位综合推进老旧小区改造［N］．杭州日报，2020-11-25.

给予补助。

4. 推进机制方面

小区整治牵涉范围广、工作复杂、社会关注度高，区委、区政府主要领导多次现场踏勘整治工作。在推进小区整治过程中，分管区领导多次督促整治工作各节点，出现问题及时组织各部门召开协调会，多次踏勘整治小区，在每个小区整治方案确定前均召开会议听取区建管中心、设计单位汇报，并进行审阅。

三、项目可复制推广经验

加装电梯全覆盖。2020年上半年，区加梯办试点结合城镇老旧小区整治加梯全覆盖，以缤纷小区作为滨江区第一个推进试点。在缤纷小区整推加梯过程中，滨江区加梯办牵头街道、社区、加梯企业和业主等积极为小区一位困难业主募捐善款，最大程度上解决加梯费用难题。加梯解困也成为引领基层治理方面又一体现城市温度的加梯典型。通过电梯加装，不仅改善了居民生活环境、基础设施，更在基层治理上切实为人民群众谋福利，解决群众的实际问题。

民心一致、民意统一，是决定电梯可以加装的前提，但“百姓百条心”，每户业主对加梯利弊权衡不同，这是实现“加梯全覆盖”需要克服的最大难题。对此，区住房和城乡建设局采取“实地考察＋圆桌会”措施，会同街道带领相关业主参观电梯工厂、实地试乘电梯，组织居民代表赴兄弟城区参观考察加梯小区现场；搭建“圆桌会”现场答疑，深入了解百姓需求，进而达成以民主促民生的共赢局面。整推加梯的成功是基层治理的最好展示，是切实提高老百姓获得感和幸福感的民生实事。缤纷小区也成为“老旧小区整治＋加梯全覆盖”的全省首个试点小区。

第十五节　杭州市余杭区临平街道梅堰小区改造工程实践案例

一、项目基本情况

梅堰小区位于浙江省杭州市余杭区临平街道梅堰社区，东至红丰路辅道，南至梅堰河，西至梅堰路，北至理想家园。小区总建筑面积约22万m^2，共有66幢住宅建筑，215个单元，涉及2463户。

2020年将梅堰小区66幢住宅建筑、215个楼道、2463户居民作为城镇老旧小区改造计划上报，主要改造内容涉及建筑外立面改造、强弱电上改下、污水零直排、智慧安防建设、既有住宅加装电梯、景观绿化提升、封闭化物业管理等。

临平街道于2019年10月成立梅堰小区老旧住宅综合改造提升项目指挥部，组织居民代表等外出参观考察，并于2019年11月完成居民同意改造率、改造方案同意率双过2/3要求。2020年4月15日，70余名干部放弃休息，用时2个月，进行入户政策宣传，小区居民同意改造率达到99.9%。2020年完成所有立面改造工作，雨污分流、强弱电上改下、电梯加装等工作同步进行中（图3-15）。

图3-15 梅堰小区改造后效果

二、项目实施主要做法

1. 改造内容方面

（1）优化建筑立面

对现有保笼、雨棚、花架、太阳能热水器等进行拆除。在南侧主阳台统一设置带晾衣杆的雨棚及推拉式晾衣架，对建筑立面喷涂岩彩漆，对存在渗漏水情况的建筑屋顶进行改造，对单元门进行统一更换，楼道内部管线序化并刷新、楼梯平台增设折叠凳。

（2）完善民生配套

区农林集团将2000多平方米的农林办公楼移交给社区作为社区邻里中心，增设养老日间照料、老年食堂、卫生服务站、青少年活动中心等配套设施。引入菜鸟驿站，便于居民快递收发。设置非机动车集中充电点位45处，垃圾集中收集点位12处。

（3）提升市政基础设施

委托国网电力、电信、水务公司等专业部门，实施强弱电“上改下”工程，全面改造给水、排水系统，保障小区市政设施完善。

（4）提升景观环境

设置1.5km环形跑道，优化小区主出入口景观，设置红十字、廉政、智慧安防等多个主题公园，打造11处景观节点公园，全面提升小区环境。

（5）智能封闭式管理

沿梅堰路、九曲营路、红丰路、梅堰河等设置通透式围墙，合理设置车行、人行出入口，结合智能化改造，做到智能监控全覆盖，楼道无线烟感全覆盖，全面提升小区居民的获得感、幸福感、安全感。

2. 群众工作方面

2019年10月，临平街道成立梅堰小区老旧住宅综合改造提升项目指挥部，会同社区做好居民代表外出参观、居民意见征询等工作，实现居民同意改造率、改造方案同意率双过2/3。结合项目实施情况，2020年6月29日成立“临平街道梅堰小区老旧住宅小区综合改造提升试点协调专班”，下设综合组、工程实施协调组、加装电梯协调组，分别负责统筹协调工作、施工期间工程协调工作、加装电梯政策宣传、签约工作。同时成立临时党支部，推进项目有序实施。

3. 资金筹措方面

市、区两级财政承担90%，街道财政承担10%。

4. 推进机制方面

一是余杭区老旧小区综合改造提升及加装电梯工作领导小组办公室印发《余杭区老旧小区综合改造提升及既有住宅加装电梯工作实施方案》《余杭区老旧小区拟综合改造提升四年行动计划（2019-2022年）》《余杭区老旧小区综合改造提升操作指南》，有效指导城镇老旧小区综合改造提升项目实施。

二是临平街道办事处成立临平街道梅堰小区老旧住宅小区综合改造提升试点工作指挥部，由街道党工委副书记任总指挥，分管城建副主任任副总指挥，下设一办三组，即办公室（政策组）、项目实施组、群众工作组、综合保障组。

5. 后期管理方面

将整个梅堰小区采用通透式围墙隔离，实行封闭式小区管理，引进专业物业公司，合理设置车行、人行出入口，结合智能化改造，智能监控全覆盖管理机制。

三、项目可复制推广经验

1. 以“新”焕“心”，完善配套提升小区活力

一是化繁为简，提升建筑形象。拆除现有保笼、雨篷、花架、太阳能热水器，统一设置推拉式晾衣架，建筑外立面统一喷涂，整合序化楼道内各类管线，全面优化建筑内外部环境。二是充分挖潜，着重功能植入。充分利用现有闲置房屋植入养老、医疗等与居民息息相关的功能。三是统筹实施，强化基础设施。实施污水零直排改造、强弱电杆线上改下等工程，全面完善小区市政设施。四是见缝插针，提升小区环境。通过对绿化的整合提升，丰富居民休闲娱乐空间。

2. 以“智”谋“祉”，信息化助推社会治理现代化

按照智慧安防“1+3+X”建设要求，因地制宜实现小区智慧安防全面升级。一是数字赋能保障闭合管理。采用智能化设施对人员进行管控，有效确保小区安全。二是多措并举保障施工安全。结合施工时序，增设监控设备、明确值班值守及夜间巡逻机制，全面加强人防、技防、物防手段，完善防控体系。三是物业引进保障长效管理。引入物业公司进行长效管理，通过综合性管理平台对小区进行“一体化、智能化、组件化”管理。

3. 以“商”促“管”，民主协商保障小区改造推进

一是意见征询优化改造方案。改不改、改什么、怎么改，广泛征求小区居民意见，并在后续的设计优化中充分吸取居民提出的意见和建议。二是民主协商推进项目进场。采用“小区圆桌会”“五瓣梅”等民主协商居民议事机制，协调沟通，上传下达，有效推进项目实施。三是居民参与实现小区共建。秉持民主促民生的理念，邀请一批威信高、懂工程管理的热心居民参与到小区改建，成立小区共建办，全过程参与项目实施，对工程建设进行监督并提出合理化建议。

4. 以“点”带“面”，齐抓共管严把质量安全关

紧紧围绕“抓进度、严标准、保进度”的总体要求，全力推进老旧综合改造提升工程。一是严格把控，确保进度。在成立项目建设指挥部的基础上增设项目协调专班，实行工地现场实体化办公。严格按照既定目标细化施工计划，及时协调各方，保障施工进度。二是深化监管，确保质量。进行项目全程留痕管理，督促监理单位对工程材料进场、重要施工节点等进行全过程影像资料覆盖，单独建档并在小区内全天候滚动播放，接受全体业主监督管理。三是狠抓落实，确保安全。统筹做好EPC总承包单位、强电、弱电、燃气等各管线单位的协调对接，提前做好现场交底，合理安排施工计划，督促落实安全文明施工各项要求。

第十六节　杭州市余杭区五常街道浙江油田留下小区改造工程实践案例

一、项目基本情况

浙江油田留下小区位于杭州市余杭区天目山路550号，小区最早始建于20世纪90年代，共有7幢楼房，其中机关宿舍共1幢住宅、22户居民，6幢住宅、288户居民。油田小区原为中石油浙江石油勘探处的福利分房，机关宿舍为五常街道的配套宿舍，其中不乏高级工程师，在最初的小区设计建设中，他们就已经参与其中，但由于当年条件以及技术限制，且年久失修，小区普遍存在屋顶屋面渗漏、楼梯踏面破损、雨污管道不畅、缺少休憩活动场地等问题。

油田小区于2020年被列入五常街道第一批老旧小区综合改造提升工程项目，经泛城设计股份有限公司设计，“三上三下”征求居民意见后，由浙江鼎坤建设有限公司进场施工。施工单位紧抓施工进度，对屋面、楼道、路面、绿化、零直排、智慧安防等项目都进行了施工改造，于12月底完工（图3-16）。

图3-16　浙江油田留下小区改造后效果

二、项目实施主要做法

1. 改造内容方面

在小区改造初期，通过与居民深入沟通了解到小区原居民都是石油人，“铁人精神”深深地扎根在他们身上，他们为祖国的石油事业奉献了一生，因此提出以“忆往昔，燃情岁月，看今朝，福满油田”为主题。“忆往昔，燃情岁月”，即将油田场景和石油精神的元素提取出来融入设计。“看今朝，福满油田”，“福满油田”

是对石油工作者的祝福以及对居民经过老旧小区改造后幸福生活的美好祝愿。

机关宿舍为五常街道的配套宿舍，五常街道有以“从群众中来，到群众中去”为核心的“五九精神”，以及非物质文化遗产“十八般武艺”，通过元素提取运用到建筑及景观上，使居民能感受到浓浓的五常文化氛围。

五常街道2020年老旧小区综合改造提升项目主要从基础设施类、完善小区环境类和提升服务功能类三个方面进行改造。

（1）基础设施类改造

基础类改造重点对消防设施、安防设施改造，对建筑外立面渗漏维修及外墙饰面翻新、屋面漏水修复、小区内部道路整治提升、停车泊位挖潜、雨污水分流改造、建筑智能化改造、小区适老设施改造等。

完善消防设施，打造平安小区。本次改造重新规划和疏通消防通道，保证消防救援车能够覆盖到每一栋楼，楼道增设灭火器、应急照明、疏散指示标志。

（2）完善小区环境类改造

主要涉及违章拆除及私搭乱建、绿化提升、室内外照明系统、适老设施、适幼设施、停车序化及挖潜、新能源车位推广、非机动车充电改造、休闲与健身设施及场所、加装电梯、设备设施用房、小区特色文化挖掘、党建风采、围墙提升、智能信报箱等；尤其是利用闲置空间、打造儿童乐园。多彩的“福”字造型的孔洞游乐钻爬、孔洞隔断，以多彩塑胶铺地，将其打造成儿童嬉戏玩乐的万“福”园。

（3）提升服务功能类改造

主要涉及养老服务用房、社区服务用房、老年助餐点建设等。一是多方联动挖潜存量资源，在街道和社区的指导下，回收原对外出租的配套服务用房，引进专业团队多方协力，系统筹划、共同制定对配套用房的综合利用方案。二是采用城市再规划的理念，多角度探索服务用房的片区共享实施方案。尽量增大养老、助餐点的收益人群半径，使资源共享片区统筹的机制得以实现。

2. 群众工作方面

社区设置网格长，负责沟通对接收集居民意见，定时开展圆桌座谈会；社区组织居民成立业委会，由热心居民代表组成，协助网格长开展居民民意收集工作，他们是社区居民民意输出的第一道口子。与此同时，油田小区的热心居民代表从最初的方案阶段就开始介入，在工程进入施工阶段后，更是自发成立质量监督小组、安全文明施工小组以及居民矛盾协调小组，对工程顺利推进提供了极大的助力，真正实现了居民全程参与①。

---

① 葛晓路．乐享新生换民心 高品质迈入大都市新区，余杭以“旧改”促城市更新[EB/OL].[2020-11-25].
https://mdaily.hangzhou.com.cn/hzrb/2020/11/25/article_detail_1_20201125T095.html.

居民工作具体实施内容：

一是通过“三上三下”机制，即“汇总居民需求、形成改造清单，居民勾选内容、安排实施项目，邀请居民代表、编制设计方案”，征求民意，让居民参与到城镇老旧小区改造工作；

二是通过网格长定时开展的圆桌座谈会和由热心居民代表组织成立的业委会反映问题、提出意见，参与城镇老旧小区改造工作；

三是建立业委会质量监督小组、安全文明施工小组和居民矛盾协调小组，参与监督和推进工程施工；

四是举办居民议事大会，向辖区全体居民代表进行改造项目报告，让居民详细了解项目内容。

3. 资金筹措方面

按照“谁收益、谁出资”的原则，积极推动居民出资参与改造，居民可通过直接出资住宅专项维修资金或自筹等方式参与改造。

资金筹措具体内容包括：鼓励企业参与共建，社会企业向油田机关宿舍捐赠一台电梯设备；支持小区居民提取住房公积金用于加装电梯等自主用房改造；鼓励居民自筹资金更换或修复破损较严重的小区局部住宅外窗；加大产权单位的出资力度，包括水务、电力、通信等产权单位参与改造的实施力度，减轻主体改造资金的压力。

4. 推进机制方面

街道高度重视城镇老旧小区改造工作，将该项目列入“五常街道2020年十大民生实事项目库”，并作为政府工作报告内容，在首届居民议事大会上，由街道办事处向辖区全体居民代表进行报告。根据上级党委、政府要求，街道党工委、办事处始终把城镇老旧小区改造工作作为民生“关键小事”来抓，书记、主任多次带队实地踏勘现场，详细了解项目进度，召开现场会议解决相关问题，于2020年12月底完成油田小区改造。

为确保城镇老旧小区改造工程不折不扣地落到实处，街道、社区、居民代表组成的工作小组对项目进行全过程推进和监督，严把项目工程关、质量关、安全关，打造城镇老旧小区改造精品工程。改造过程聚焦民情民意，着力发现和解决改造过程中居民关注的重点、难点问题，通过座谈、走访、发布公告等多种形式，有效化解各种矛盾纠纷，做好群众工作，护航改造工程顺利推进。

5. 后期管理方面

五常街道以党建统领、三方协商为治理法宝，做好长效管理工作。城镇老旧小区作为特定生活小区类型，管理工作更加紧密地围绕党委领导这一核心，定期由属地社区召开民主议事会议，召集业委会、物业公司了解小区管理动态，根据问题导向分析根源，经社区联动街道职能部门，有力地指导和解决相关问题矛盾，形成小事不出社区、大事不出街道的良好氛围。

街道、社区两级均成立治理中心，加强城镇老旧小区物业管理工作，并对物业经理设置KPI考核。根据物业经理所管理的物业项目得分情况，按考核比例形成物业经理个人积分，年终根据考核细则，对城镇老旧小区物业经理予以奖励，激励完善城镇老旧小区管理[①]。构建和谐美好的社区环境，强化务实高效的社区治理，建立多部门联动机制。

建立党建引领机制，街道联合社区、地下管网公司、项目总包单位、物业公司、居民等各方合力成立“项目党支部”；部署项目整体实施计划，有效推进强电、弱电、水务等产权单位的实施改造工程；成立街道旧改专班，加强工程的管理、协调、沟通、宣传的力度；配合住房和城乡建设、公安、消防、城管等各项政策、标准的有效落地实施。

三、项目可复制推广经验

1. 民主协商机制

居民长期居住于小区，了解小区的一草一木，也是城镇老旧小区改造的最大受益者，因此，听取与尊重居民内心的呼声尤为重要。社区挑选网格长，组建业委会，保证居民全程参与城镇老旧小区改造工作；建立民主协商机制，广泛听取居民意见，通过民主协商，以最优的途径与方法惠之于民。

2. 存量利用机制

充分利用小区内优势资源，全面整理城镇老旧小区存量资源，合理拓展改造实施单元，推进相邻小区及周边地区资源共享，推进各类共有房屋统筹使用。小区内现存的一栋公共建筑原为油田集团产业，油田小区移交街道社区后，该公共建筑闲置许久。此次改造将其从外在形象到内部功能重新统筹规划，外立面与小区整体色彩融合，内部清理装修后改造为社区配套用房，如阳光老人家、老年助餐点、日间照料中心，同时一部分划归物业用房使用功能。老年助餐点不仅是对小区内的老人开放，也对周边社区的老人开放，实惠又营养的老年套餐吸引了周边几个社区的老人前来用餐，做到了对小区存量资源的合理利用，也推进了相邻小区及周边地区的资源共享。

---

① 葛晓路. 乐享新生换民心 高品质迈入大都市新区，余杭以“旧改”促城市更新[EB/OL].[2020-11-25]. https://mdaily.hangzhou.com.cn/hzrb/2020/11/25/article_detail_1_20201125T095.html.

第十七节 杭州市临安区锦城街道南苑小区改造工程实践案例

一、项目基本情况

南苑小区位于杭州市临安区锦城街道钱王街与临天路交叉口。总建筑面积逾7万m^2，共有建筑40幢，涉及居民1244户，共计2820人。

小区列入2019年城镇老旧小区改造计划，2019年3月启动项目前期工作，6月正式开始施工，9月底完成改造工程（图3-17）。

图3-17 南苑小区改造后效果

二、项目实施主要做法

1. 改造内容方面

突出五个注重：

一是注重街区改造。坚持以街区为单位推进老旧小区改造，全面改善小区内外道路通行能力，完成城中街、钱王街综合改造提升，新建、改建小区内部道路3.9km（整个区块7.5km）。

二是注重空间拓展。重拳整治小区公共空间，坚决拆除有碍观瞻、妨碍民生功能拓展的柴间、旧车棚、围墙、保笼（旧窗户）、电线杆等“五旧”。共计拆除1287处柴间、510m围墙、700个保笼，新增公共面积超10000m^2。

三是注重管网完善。扎实推进污水零直排小区建设，累计改造雨水管、污水管、自来水管3km，彻底改变老旧小区“雨污合流”的局面；扎实推进“上改下”，累计移除线杆56根；新增天然气管道，破解小区居民用气贵、用气难问题。

四是注重功能完善。实施“院改、棚改、门改、气改、电改、墙改、平改”七项民生工程，实现新增绿地7000余平方米、室外路灯184盏、电动汽车充电桩19组、电动非机动车集中式充电桩34组、停车泊位253个，实现道闸和门禁系统小区全覆盖。

五是注重特色打造。深入挖掘钱王文化、地方文化内涵，以南苑小区原有活动小广场为中心，以打造“初心驿站”为抓手，增设电子宣传屏，拓展休息场所，完善健身器材，精心打造成集休闲、健身、教育为一体的南苑小区中心活动广场。

2. 后期管理方面

（1）注重业主自治

成立业主委员会，实现业主自治管理，建立业主“民主协商、利益平衡”议事机制，大力推进人民调解工作，实现居民自我管理、自我服务，保障物业管理活动顺利进行。

（2）注重专业管理

针对老旧小区现状，建立“准物业小区”物业服务标准，引进物业服务企业，提升小区物业管理水平。

（3）注重联动执法

探索建立了“一次改造、长期保持”的管理机制，加强部门协同，厘清职责边界，梳理执法监管依据，明确监管主体，建立执法清单，形成联动协作、合力推进小区执法新格局。

三、项目可复制推广经验

1. 广泛参与是高效推进城镇老旧小区改造的重要法宝

城镇老旧小区改造是一项实实在在的民生工程，也是一项与群众息息相关的工作，只有通过群众广泛参与、赢得支持，才能高效开展。

（1）坚持党建引领

坚持以基层党组织为核心，以党建引领基层治理为抓手，组建志愿服务队，党员主动认领任务，通过座谈交流、上门走访、工地巡查等形式，广泛征求各方意见建议，尤其在政策引导宣传、加装电梯签约等工作上实现入户走访、对接联系全覆盖，为进场施工打下坚实基础，为施工保质保量推进提供全程监督。

（2）多方宣传引导

坚持线上线下同步宣传，一方面，通过电视台等媒体报道，以及微信公众号、海报等宣传手段，广泛宣传政策，提升知晓率。另一方面，组建镇街工作专班，上门宣传，特别是有意见的住户，有针对性地开展思想工作，全力争取住户的支持。

（3）畅通参与渠道

广泛引导居民参与到政策宣讲、方案设计、过程监管等城镇老旧小区改造全过程，发动小区热心居民、退休党员与社区共建单位在职党员一起，组建“红管家”服务队。该服务队在监督改造工程质量，做好工程“监督员”的同时，还化身政策“宣传员”、民情“联络员”和矛盾“协调员”，对施工中出现住户不理解甚至阻挠施工等情况，及时做好思想疏通、矛盾化解工作。

2. 做实前期是高效推进城镇老旧小区改造的重要举措

核心是坚持早谋划、早部署、早启动。

（1）研究部署早

从2013年起，临安区陆续开展城镇老旧小区梳理工作，共梳理出2000年以前建造的城镇老旧小区230个，519幢、0.9万套、总建筑面积约96.9万m^2。2018年，专题研究谋划城镇老旧小区改造工作，力争通过三年时间，对230个城镇老旧小区实施改造，辐射带动周边71个小区改造，累计涉及小区301个，714幢、1.4万套、建筑总面积约134.3万m^2。并于2018年底前完成南苑小区改造区块摸底调查工作。

（2）前期启动早

邀请浙江工业大学设计二院对钱王街以北、以南两大区块改造工程完成初步设计方案并进行了优化调整和项目概算。2019年3月，抽调精兵强将组建工作专班，并根据工作实际，完善方案设计，两个月完成初步设计方案批复、招标，3个月内施工进场。

（3）样板打造早

针对南苑小区房屋性质复杂、改造意愿低、拆迁愿望强烈等问题，率先对4幢单元楼进行改造，使小区居民可以亲眼看到改造“效果图”，改变原先“想拆不想改”成见，为后续全面推进奠定基础。

3. 减少扰民是高效推进城镇老旧小区改造的重要手段

老旧小区改造过程会给居民生活出行带来不便，只有快建快改、优化方案，尽可能减少对居民的影响，才能换来居民的点赞。

（1）高效拆违

创新实施“第一天入户动员、第二天水电进场、第三天拆除清场”“三日”拆违工作法，把对住户的生活影响降到最低，仅用21天就拆除266处违建，成功打开改造工作突破口。

（2）精心建设

通过每周二、周五例会制度，强化协同推进，拖动“块抓条保、条抓块保”相互促进的铁桶推进机制，协同各方齐力并进，高效把握施工进度。针对施工过程中地下线路“打架多”、地面设备安装难，多次遇到相互干扰难以施工的情况，指挥部15次协调设计和施工单位现场查看，处置矛盾困难30余起；针对市政道路封闭施工、开闭所设置占用市政绿化等情况，街道领导亲自协调有关单位，及时打通快速审批通道，确保相关工程按时推进；重点推进小区内道路建设，通过“白加黑”，两个施工组两班倒，仅用5天时间完成4m宽的5000m道路建设任务。

（3）科学施工

精心组织施工方案，尽可能减少对居民以及沿街商户的影响。特别是在道路施工过程中，做到提前告知提醒、精心布置施工通道。

4. 科学监管是确保城镇老旧小区改造质量的重要保障

针对城镇老旧小区改造无法纳入质监站监管的问题，创新城镇老旧小区改造科学评价体系，引进建筑行业第三方工程质量安全管理评价公司，从前期评价、过程评估、项目绩效评价、居民满意度评价四大方面，全面强化过程监管。

（1）开展改造前房屋结构安全鉴定

通过现场测定老旧房的荷载、裂缝损伤、沉降变形等参数，对城镇老旧小区的安全性进行评估，并提出加固处理建议，切实规避旧改项目“重面子”“轻里子”的弊端，让百姓住得舒心、住得安心。

（2）强化工程质量过程监管

采用不预先通知的飞检模式、每周一次的频次，对项目改造过程中的质量风险、文明施工、安全管理、材料管理、改造前后效果比对等进行全过程监管和评价，出具评估报告并在社区醒目位置进行公示。对项目存在的问题进行责任切割，并明确整改措施、整改时限和整改责任人，确保问题限期整改到位。

（3）强化项目绩效评估

对项目目标设定、目标完成程度、组织管理水平、资金落实情况、资金支出情况、财务管理情况等进行阶段性项目绩效评价。只有当项目绩效获得认可，设计效果与实际效果“相似度”达90%以上，方能续拨付或结清工程款。

（4）强化居民满意度调查

通过入户现场调查、随机抽取居民发放调查问卷等形式，对小区居民的“获得感、幸福感、安全感”开展满意度调查，全面了解居民满意度情况，为下一步更高质量推进旧改提升提供民调依据。

第十八节 杭州市桐庐县城南街道春江花园小区改造工程实践案例

一、项目基本情况

春江花园小区位于杭州市桐庐县城南街道瑶琳路552号，建成于1999年10月，共计14幢，现有住户580户，建筑面积6.3万m^2。改造前小区存在严重的雨污管网堵塞、绿化缺损、停车混乱、视频监控瘫痪等居住问题，严重影响居民的生活居住品质和幸福感。

2019年，桐庐县以住房和城乡建设局为牵头单位，重点谋划，以改造雨污管网、增加停车位、改造安防设施三大重点作为突破口，具体对春江花园的雨污分流、停车位、非机动车智能充电设施、小区监控、车辆道闸等进行改造，让小区环境和品质发生翻天覆地的变化（图3-18）。

图3-18 春江花园小区改造后效果

二、项目实施主要做法

1. 改造内容方面

春江花园小区改造坚持从实际出发，以问题为导向，明确“菜单式”改造内容和基本要求，强化设计引领，做到“一小区一方案”，因地制宜、分类实施。具体改造内容有：雨污分流、消防设施、安防监控、照明设施、环卫设施、停车位、门卫道闸、道路修缮、非机动车智能充电设施、信报箱及快递设施等。春江花园主出入口设置新大门并提升大门设计建造品质，增加居民归属感，彰显独特小区文化。

2. 群众工作方面

春江花园改造实施中搭建了沟通议事平台，利用“互联网+共建共治共享”等线上线下手段，开展了小区党组织引领的多种形式基层协商，主动了解居民诉求，充分尊重居民意愿，变“要我改”为“我要改”，由居民决定“改不改”“改什么”“怎么改”“如何管”，凝聚居民共识，发动居民参与改造方案制定，在施工过程中，居民配合施工、参与监督，并在完成小区改造后参与管理和反馈小区改造效果。

3. 资金筹措方面

县住房和城乡建设局、县发展改革局和县财政局积极争取中央和省、市补助资金，其他资金由桐庐惠民建设有限公司自筹解决，原则上改造建设资金按照建筑面积不超过300元/m^2，按需而改。已有相应补助政策的改造内容，按照现有政策执行。如电梯加装按照居民自筹资金、政府补助的形式进行；管道燃气由燃气经营公司出资改造，居民开户时承担改造费的形式进行。引入市场化、专业化的社会机构参与老旧小区的改造和后期管理。

4. 推进机制方面

（1）设计方案

在方案设计阶段，根据以居民为中心的思想，县住房和城乡建设局多次会同设计单位踏勘春江花园小区现场，与小区业主代表和业委会进行多轮对接，对小区的重点问题、业主的迫切需要进行了解，根据春江花园小区实际情况制定小区的改造方案和改造重点，如经常发生管网堵塞倒灌，所以重点是改造地下管网等。

（2）难点突破

因春江花园小区年代久远，小区地下管线错综复杂而相应图纸又缺失，无法在设计方案中具体明确，造价也较难控制。故县房管处会同市政部门先对该小区地下雨污管网进行了一轮排查，形成详细管网信息，再由设计根据相关信息细化设计方案。

（3）加强协调

春江花园小区改造之初，县房管处召开电信、供水、供电、供气等综合管线单位的协调会，现场踏勘原有管线线路走向，深化设计方案，并召开管线单位和施工单位协调会，签订应急抢修协议；施工中因春江花园小区内部无法停车，与交警大队进行沟通，在小区周边设立临时停车位，缓解施工过程中小区业主停车难问题。

（4）强化监督

在施工过程当中，安排专人负责施工安全和质量管理，每天进行巡查监督，对于施工单位的不文明施工行为和施工不到位的地方进行及时整改。对于部分老百姓的不同意见，在社区负责人及业委会的配合帮助下，进行耐心解释，尽可能地满足广大业主提出的合理性建议。

5. 后期管理方面

社区党建引领业委会组织建设和覆盖，实现业主自治管理、自我服务，保障春江花园物业管理活动顺利进行。强化春江花园物业管理，加强街道社区对业主大会、业主委员会的指导监督职责，通过合理区块划分，引导实施停车收费管理，增强小区造血功能。

三、项目可复制推广经验

（1）探索城镇老旧小区改造由政府统筹组织、街道具体实施、居民全程参与的工作机制，让城镇老旧小区改造深入民心。

（2）探索长效管理机制。加强基层党组织建设，指导业主委员会或业主自治管理组织，实现城镇老旧小区长效管理。

第四章

城镇老旧小区改造杭州实践面面观

第一节　杭州市县区“看”旧改

第二节　街道部门“谈”旧改

第三节　设计单位“画”旧改

第四节　施工单位“建”旧改

第五节　社区居民“评”旧改

第六节　加装电梯“助”旧改

第七节　媒体记者“报”旧改

第八节　文化人士“说”旧改

第九节　杭州经验“在”旧改

杭州市城镇老旧小区综合改造提升工作在多方参与的共同努力下，按照“试点先行、总结经验、全面推进”步骤，全力推进旧改项目试点，取得了初步成效。作为旧改项目的直接或间接参与者，如区县市、街道社区、业主居民、设计院、施工单位乃至媒体记者等站在各自的角度对旧改工作有着不同的感触，也就有了旧改面面观。

第一节 杭州市县区“看”旧改

一、东风浩荡满目新①

——摘自《杭州日报》(首席记者：程鹏宇；通讯员：杭建宣，吕亮亮)

杭州老旧小区从“试点”迈向“标杆”

为全国城市有机更新打造“杭州样板”。

利民之事，丝发必兴。

老旧小区改造，与民生福祉相连，与城市品质相系。2019年6月，国务院总理李克强在杭州考察时，充分肯定了杭州的老旧小区改造提升工作，强调建设宜居城市首先要建设宜居小区，为杭州推进老旧小区改造工作指明了方向。同年7月，住房和城乡建设部副部长黄艳来杭州考察旧改工作，在调研多个样板小区后，为因地制宜、共建共治的“杭州模式”点赞。

执本末从，快马加鞭。

2020年年初，老旧小区改造提升工作被纳入杭州2020年度民生实事项目。一场“从试点迈向全域”、涉及“300个老旧小区、约1200万m^2改造面积”的改造提升行动，随之在全市范围内，犹如“大珠小珠落玉盘”般落地。

改造消防安防、提升绿化、增设停车设施、加装电梯、打造小区文化和特色风貌、落实长效管理、提升小区服务功能等一系列举措，接二连三、接踵而至。

紧接着，2020年6月，市委十二届九次全会再次提出，深入实施“城市环境大整治、城市面貌大提升”行动，持续美化城市风貌，精心打造城市轴线、城市天际线和建筑轮廓线，因地制宜推进老旧小区改造，加快建设未来社区。

改造步伐，不断加快。

截至11月20日，全市实施改造小区302个，近15万住户受益，2020年度老旧小区民生实事项目全面完成。同时，该民生实事还入选了全市重点改革任务和改

① 首席记者：程鹏宇，通讯员：杭建宣，吕亮亮．东风浩荡满目新［N］．杭州日报，2020-11-25.

革试点“红榜”。

“作为一项备受关注的民生实事项目，老旧小区今年的300个改造任务已经全面完成。这一项民生实事，改的不仅仅是房子，是15万居民的民生福祉，是杭州的城市品质，更是杭州连续14年获得‘最具幸福感城市’的一个生动注脚。”杭州市建委相关负责人表示，将进一步探索老旧小区创新发展机制，把老旧小区改造从“试点”打造成“示范”，为全国城市有机更新打造“杭州范例”，奋力展现“重要窗口”的“头雁风采”。

由“骂声”变成“讨论声”，从“政府配菜”变成“居民点菜”

创新探索社区治理体系的“杭州模式”

“重要窗口”的成色怎么样，关键是要看群众是不是认可、老百姓的口碑好不好。

而这，也是贯穿在杭州推进老旧小区改造工作中的一条“铁则”：充分尊重居民意愿，凝聚居民共识，从居民关心的事情做起，从居民期盼的事情改起。

“改不改”，居民说了算。

杭州将改造的决策权与监督权交给居民，实行“双三分之二”原则，即改造项目，居民同意改造率和居民对改造方案的认可率必须同时达到2/3条件。

“改什么”“怎么改”，也让居民自己选。

通过制定出台《杭州市老旧小区综合改造提升技术导则（试行）》，明确83个基础改造项内容，48个改造提升项内容，引导居民全程参与，让居民“看菜单点菜”；同时设立全程参改机制，建立改造前民主协商、改造中全程监督，改造后居民满意度作为验收标准的基本程序。

为此，杭州市探索构建了“纵向到底、横向到边、协商共治”的社区治理体系，通过基层党组织、党员，发动居民共同参与老旧小区改造后的管理中来，引导居民协商制定《居民公约》，提升自治管理水平，实现从“政府一管到底、街道社区兜底”到“我们的家园，需要共同守护”的转变，实现居民自我管理，充分保障群众在小区治理中的参与机会和权利。

“这一点，就是此次老旧小区改造中最大的亮点，也是杭州探索出的社区治理体系模式的重要部分。”市建委相关负责人介绍，正是通过引导居民充分发挥主体作用，“让本来以为是‘听骂声’，变成了大家一起‘出点子’‘想主意’的改造，还有许多‘鼓掌声’，实实在在加快推动了全市老旧小区改造的进度和质量。”

从“骂声”变成了“讨论声”，跟来了“鼓掌声”，社区治理体系的“杭州模式”，跃然纸上。

“我的小区我做主”，上城区紫阳街道新工社区的居民陈社民很有发言权。“我在改造前提了两个建议，一个是缩减被汽车压坏的绿化带，一个是建立社区养老服务中心，让社区里的老人有合适的地方养老。”

他的这些建议和需求通过一轮又一轮的走访调研，跃上了规划图纸，落成了现实。2020年6月底，“三十多岁高龄”的新工社区实现了“逆生长”，变身为一个功能齐全的现代化小区。漫步在修葺一新的小区里，只见树木葳蕤，映衬着干净的水泥路面、步行长廊、滨水小径、景观广场，还有规划完善的停车场、家门口的综合服务区、洋气的时尚文创区以及街道级养老服务中心……，看着相伴数十年的老小区“化茧成蝶”式的激活更新，全程参与其中的陈社民满怀感慨：“小区变美了，也更加贴心了。”

让居民从“配角”变“主角”，以“焕新”换“舒心”。这是杭州破解老旧小区改造提升难题的“通关密码”，也是这座连续14年的“中国最具幸福感城市”的温暖诠释。

由“没人管”变成“一起管”从“改房子”变成“改生活”

因地制宜打造老旧小区改造提升的“杭州样板”

“既要让居民参与进来，更要把小区一次性改好。”

作为城市有机更新和提升城市国际化品质的重要组成部分，老旧小区改造不只是“头疼医头，脚疼医脚”的简单物理空间改良，而是一项软硬件系统提升的优化工程。

“最怕老百姓讲旧改是‘面子工程’，我们必须把工作做实，让老百姓得实惠，好看更要好住。”市建委相关负责人介绍，根据《杭州市老旧小区综合改造提升工作实施方案》，杭州对列入旧改的小区实施“完善基础设施、优化居住环境、提升服务功能、打造小区特色、强化长效管理”5个维度的系统改造，既建也管，不仅要“面子”，更重“里子”。

钱从哪里来？

围绕资金筹措这个“老大难”问题，杭州坚持多元筹资方式，建立健全政府与居民、社会力量合理共担机制，通过盘活社区资源，激活小区“造血功能”，以市场化方式吸引更多社会力量参与改造、共建和运营。

“解决钱的问题以后，还要解决‘上面千条线、下面一根针’的现实困境。”市建委相关负责人直言，在老旧小区改造中，既有“没人管”，又有“不想管”，还有“不知道谁来管”的尴尬局面。

针对这样的困局，杭州对多个职能部门的单项工程进行统筹实施，一次性完成基础设施改造、消防安防提升、污水零直排、强弱电“上改下”、电梯加装、养老托幼设施建设等工程，一揽子解决老旧小区的硬件欠缺。

同时，为了破解老旧小区空间小而散的制约，杭州在对小区自身空间挖潜的同时，通过采取相邻小区联动改造、社区公共空间协同开发等模式，实现资源最大化利用；并鼓励行政事业单位、国有企业，将老旧小区内或附近的存量房屋提供给所在街道、社区用于养老托幼、医疗卫生等配套服务。目前，杭州市级机关事业单位已盘活86处存量房屋，无偿提供给所在社区用于公共服务。

硬件与空间短板的补齐，为小区改造完成后建立市场参与机制，引入专业公司参与物业管理、养老、抚幼、助餐等服务奠定了基础。目前，在全市已完成的老旧小区改造试点中，涌现了一批有完善设施、有整洁环境、有配套服务、有长效管理、有特色文化、有和谐关系的“六有”样板小区。

如下城区小天竺社区统筹邻近小区公共资源，全力打造“10分钟”居家生活服务圈；拱墅区和睦新村引入浙江慈济医院管理有限公司，在和睦新村投资近600万元，打造浙江省首家民营康复医疗中心，社区免收3年房租，让小区老人享受专业的康复护理服务……

不仅主城区旧改工作阶段性成效显著，杭州各区县的旧改也正提速升级。

2020年，淳安对千岛湖镇城区14个区块的老旧小区进行改造提升，总面积达41.85万m^2，既着力提升居民的居住环境，也注重本地市井文化的挖掘，既保留原汁原味的“老城记忆”，也让小区各有特色。这些小区将在年底前全部完成改造。2021年，淳安预计还将进一步投资约2亿元，对城区21个区块进行综合提升。

系统改造、补齐短板、多元筹资、居民主体……在实践中深化创新，杭州在推进老旧小区改造提升工作中走出了全新路径，形成了独特经验，为全国提供实践范本和模式参考。

“实施老旧小区改造工作，是稳增长、促民生，提高基层治理能力、提升城市品质的重要抓手，是‘百姓得实惠、企业得效益、政府得民心’的民生工程、发展工程。”市建委负责人表示，下一步，将进一步抓设计、抓建设、抓治理，积极推动老旧小区功能完善、空间挖潜和服务提升，争创老旧小区综合改造提升的全国样板。

二、老城新貌“焕”幸福[①]

——摘自《杭州日报》(记者：章翌；通讯员：戴雍，王佳佳)

保持旧肌理、赋予新功能，下城老旧小区“焕新蝶变”

杭州，已成为青年才俊汇聚的梦想之城，众多改革先行先试的创新之城，驱

① 记者：章翌，通讯员：戴雍，王佳佳.老城新貌“焕”幸福[N].杭州日报，2020-11-25.

动全球科技发展的活力之城。但回首杭城史，从始建到中兴，从繁华到澎湃，始终离不开人们似乎很少提及，却又独具韵味的“老底子”。

排列略显杂乱的灰色矮房与居民自得其乐的生活方式，共同构成了20世纪的“杭城旧事”。故事走到新千年，新一辈建城者开始思考新时代城市规划建设的新命题：如何在融入现代元素的同时，保护和弘扬优秀传统文化，延续城市历史文脉？如何贯彻以人民为中心的发展理念，将“让群众生活更舒适”的理念，体现在每一个细节中？如何扮靓城市形象，提升杭州城市国际化品质，助力长三角一体化战略发展？

老旧小区综合改造提升的火种因此点燃，如今正呈燎原之势。

“十四五”规划提出，要加强城镇老旧小区改造和社区建设。早在2019年，《杭州市老旧小区综合改造提升四年行动计划》试点先行，今年全面启动，计划至2022年底，全市改造老旧小区约950个、1.2万幢、43万套、3300万m^2。

随着机制不断完善，结合未来社区建设和基层社会治理，杭州市建委关注“完善基础设施、优化居住环境、提升服务功能、打造小区特色、强化长效管理”五方面，通过硬件提升、打造文化、整合土地等方式，积极推动老旧小区功能完善、空间挖潜和服务提升，努力打造有完善设施、有整洁环境、有配套服务、有长效管理、有特色文化、有和谐关系的“六有”宜居小区，增强市民群众的获得感、幸福感、安全感。

如今，漂亮的外立面、全新的绿化、人车分流的门禁、加装喷淋报警装置的车库、流线型的公共空间已不再是新建小区的专利。也从来没有这样一个时刻，让人们对杭州这座华美天城的“老底子”有如此精彩的希冀。

“汇民智、聚民心”
探索以居民为主体推进综合改造的“下城定律”

“小区道路两侧新设了绿化，还添了口琴博物馆、潮鸣印记影壁和凉亭，既有人情味还彰显了文化，邻里关系也更亲密了。”说起现在的居住环境，下城区潮鸣街道知足弄社区居民张阿姨笑得合不拢嘴。

潮鸣街道曾经的城郭与阡陌，勾勒了杭城半部历史。岁月沧桑，如今逶迤的城垣难觅萍踪，但和张阿姨一样，提起近年居住环境的变化，越来越多的百姓挂在嘴边的是由衷的赞赏。

“潮鸣是个‘老人多、老房多、老小区多’的老街道，设施陈旧、资源不足、空间狭小是最为突出的问题，这也是全区的普遍问题。”下城区旧改办相关负责人介绍道。乘着旧改东风，潮鸣街道摇身一变，成了“潮邻里幸福街区”，其中，小天竺、知足弄社区改造项目获2019年度全省老旧住宅区改造样板工程，也成了下城区致力提升人居幸福的一张“金名片”。

“幸福”在哪里？二期老旧小区综合改造提升工程的样板小区——有着40年历史的石板巷小区，如今已是青砖白墙、亭台水榭，一幅江南别院的味道。据小区居民介绍，就拿小区原来的小公园来说，亭子高高在上，常年不见太阳，堆积了不少杂物，平日没人愿去。于是，社区党员们散到楼道里听居民意见，还邀请居民代表、施工方开议事会，确定改造方案，这一传统如今演变为“小区党支部、小区自治会、小区管家”新三方治理架构，解决了很多“关键小事”中的难点和痛点。最终，亭子降高度，取名“暖心亭”，破旧自行车清空，改造成假山、水池，留下两棵老石板人种的香泡树。改造过程，大到整体设计方案，小到花架的款式，每一个细节都经过居民讨论后才确定。

像石板巷小区的改造提升一样，汇聚民智、凝聚民心，已成为推进旧改的“下城定律”：开好居民议事会，争取居民双2/3以上同意率，将居民意愿与旧改实际结合，引导居民参与旧改全过程，让关怀见细节，不断提升老百姓幸福感、获得感。“老百姓满意，他们的参与感进一步被激活，对旧改的多元筹资同样大有裨益，从而形成良性循环。”同样在下城，文晖街道河西南38号旧改项目由经合社、居民出资15万元，所有资金都用于小区综合改造。

“10＋X”

探索全方位推进旧改系统改造的“下城公式”

在武林街道中北社区居委会，至今还收藏着一封来自观巷57号居民的感谢信。信中满溢着旧改后生活中充满的欣喜，“空调雨水管纳管后空调没有滴水声，夏天小区路面不再湿漉漉……楼道进行了修补，更换了照明灯，我们都觉得整洁明亮了……外立面凿除了空鼓，外墙涂刷一新，我们觉得房子比以前漂亮多了！”

老旧小区改造是一个系统工程，“它涉及水、电、气管网和消防通道等众多配套设施的改造，如果其中一个环节没有改造好，之后会给居民们留下很多困扰。”全方位的提升，才能发挥幸福人居的“乘数效应”，因此，区旧改办根据实际情况，锚定“一次改到位”目标，定制了一份“旧改套餐”——“10＋*X*”，其中“10”指管线入地、立面整治、屋顶补漏、楼道修补、电梯加装、车棚改造、绿化彩化、环境美化、停车扩容、雨污分流十项改造项目；“*X*”指美丽小巷、口袋公园、*N*个生活场景。如今，这份“套餐”正时刻丰实着下城区老旧小区居民的生活体验。

也正是在其指引下，下城区在全省首创了“小区管家”服务，对改造完毕的无物业小区引入“管家”，为小区提供保洁、保绿、保序等综合性服务。目前已实现52个旧改小区“小区管家”模式全覆盖，受惠居民近10万户。“小区管家”引入效果立竿见影，小区居民满意度目前均有提升，其中潮鸣街道小天竺、知足弄社区居民满意度已提升至90%以上。

下城区的旧改工作已走上规范化、精细化、体系化的康庄大道。通过前期探索，区旧改办先后发布《下城区创建老旧小区综合改造示范城区工作方案和实施细则》《下城区老旧小区综合改造提升专项资金管理办法》。在疫情期间，发布《下城区老旧小区改造提升工程工地开工疫情防控方案》，要求街道在疫情未结束前做好现场防疫管理，也正因此，武林街道麒麟街小区美丽家园改造提升工程在今年3月底顺利进场开工。在全区旧改项目进入全面开工阶段时，又下发了《关于区旧改专班联系指导街道旧改项目的通知》，安排区旧改办专班成员每周踏勘项目现场，跟进项目督查，推进全区项目早日完工、竣工，并落实后期长效管理。

“旧”“新”“老”融合

探索补齐人居环境短板的“下城生态”

“保持旧的肌理，赋予新的功能，展现老的味道”，这是下城在传统小区模式中寻找旧改的焕新之道，已成为探索补齐人居环境短板的“下城生态”。

武林街道的观巷、麒麟街，出众“颜值”的基底源自美丽街巷综合整治。2020年，麒麟街小区美丽家园项目延续了麒麟街美丽街巷的设计理念，以“麒麟观古•老城生活”为文化主题，延续美丽街巷的武林古韵、非遗特色的“南宋”风格，打造了“美人井”“城市记忆”“寻味街巷”“车棚记忆”“百草园”“小游园”等景观节点，在突出功能性的同时兼顾美观性，为居民提供了具有历史人文美丽的小区公园和文化长廊，充分展现武林“老城生活”景象，营造出有归属感、舒适感和未来感的“美丽家园”。

旧改还在跨界，盘活了这里的经济。源于“高颜值”，武林街道确定了以西湖灰为总色系的一套视觉识别系统，对街道建筑围墙、店面采用徽派建筑风格，统一店招店牌，部分沿街店铺内部装修同步提升，规范经营。原先街边纷繁杂乱、新旧不一的店铺招牌，如今变成了相对统一的木质牌匾风格店招，配上楷书大字的布旗，让小巷重温南宋风韵的市井烟火味；原先无证无照经营或扰民严重的临街店铺，如今调整为更受居民欢迎的咖啡店、鲜花店等热门网红店，提升了街巷整体业态，塑造起小而精、简而美的“里弄经济”。

从“老底子”到“新下城”，两年时间，下城区旧改成绩斐然。2019年，下城区试点先行，对5个小区进行了试点项目改造，并同步制定了下城旧改四年工作计划，于2019年试点先行、全面启动，2020～2021年全面推进，争取2021年底整体收尾，计划改造老旧小区93个、1501幢、7.08万套、454.07万m^2。

迈向“十四五”，下城区锚定新目标。区旧改办相关负责人介绍，根据《国务院办公厅关于全面推进城镇老旧小区改造工作的指导意见》文件精神，“到‘十四五’期末，结合各地实际，力争基本完成2000年底前建成的需改造城镇老旧小区改造任务”，至2025年，辖区将改造小区共147个，2059幢，9.98万套，642.39万m^2。

三、老树逢春万象新①

——摘自《杭州日报》（记者：余敏；通讯员：裘思，向上）

首创“9+1”集成模式，江干打造老旧小区综合改造提升“升级版”

党的十九届五中全会通过的《中共中央关于制定国民经济和社会发展第十四个五年规划和二〇三五年远景目标的建议》明确提出实施城市更新行动——“加强城镇老旧小区改造和社区建设，增强城市防洪排涝能力，建设海绵城市、韧性城市”。

计不旋踵，谋定而动。

事实上，2019年，杭州就率先启动老旧小区改造提升行动，以提升居民生活品质为出发点和落脚点，把老旧小区综合改造提升作为城市有机更新的重要组成部分，结合未来社区建设和基层社会治理，积极推动老旧小区功能完善、空间挖潜和服务提升，努力打造“六有”（有完善设施、有整洁环境、有配套服务、有长效管理、有特色文化、有和谐关系）宜居小区，使市民群众的获得感、幸福感、安全感明显增强。

“通过一年的改造提升，杭州的老旧小区面貌发生了巨大变化，市民的民生福祉进一步提升。”市建委、市老旧小区办负责人表示，将继续坚持新发展理念，按照高质量发展要求，大力改造提升老旧小区，探索老旧小区改造提升的新模式、新机制，争创老旧小区综合改造提升的全国样板。

求先 结合未来社区打造旧改“升级版”

下好“先手棋”，打好“主动仗”

2019年以来，江干按照“试点先行、分批启动、全面展开”的原则，科学编排、有序推进老旧小区综合改造提升三年行动计划，覆盖72个小区，涉及883幢共计42713户，力争“三年计划”两年完成。2020年，全区老旧小区综合改造提

---

① 记者：余敏，通讯员：裘思，向上．老树逢春万象新［N］．杭州日报，2020-11-25.

升市级民生实事项目涉及景芳二区、濮家东村小区、红梅社区、绿萍小区、南一小区、庆春东路60号和62号7个小区，共155幢、6987户、42.2万m²。截至10月底，7个民生实事项目中景芳二区项目已竣工，5个项目主体工程基本完成，已进入管线割接等扫尾工作，红梅社区主体工程进度已完成84%。

在项目推进过程中，江干区在全市率先推出“9＋1”改造模式，实施“绿化一次性提升、交通一次性优化、空间一次性拓展、安防一次性完善、公园一次性改造、屋顶一次性修漏、楼道一次性整修、管线一次性下地、道路一次性平整”九大基础工程，并从视觉感官、功能构件、文化挖掘上下功夫，形成每个小区的特色品牌，力争实现老旧小区“综合改一次”目标。

此外，针对荷花塘未来社区试点项目建设涉及的老旧小区改造，江干结合未来社区三化九场景及33项技术指标要求，将“9＋1”模式扩展为“12＋X”模式，增加“外墙一次性美化”“电梯一次性加装”“长效管理一次性建立”三项工程，着力打造未来社区老旧小区综合改造提升“升级版”。

求美 内外兼修优化人居环境

“现在的小区真是太好看了！”71岁的唐月珍是红梅社区最早一批住户，已在这里住了25年。

红梅社区门头是定制的红梅Logo与图案剪影，一到夜晚就被灯光点亮，熠熠生辉。一进小区，主干道变景观大道，一条贯通南北门、330m长的“红梅小街”跃然眼前，不仅实现了人车分流，还在两侧种满了红梅和染井吉野樱。

三里亭苑三区、四区（红梅社区）共有房屋71幢，住户2608户，大部分是20世纪90年代从城站火车站回迁安置居民。房子一天天变老，社区面临着“管网破损多、墙面漏水多、私拉乱接多、地面坑洼多”以及“居民停车难、洁化序化难、空间拓展难”等“四多三难”问题。怎么改才更贴心？居民说了算。

“我们坚持民意为先，在《小区改造居民意见征求书》后附上近30项内容的改造项目清单，举办意见建议征询会9次，使改造内容最大限度涵盖民众需求，方案支持率达97.3%。”红梅社区书记孙燕芬介绍，每一项改造内容，社区分别选取了一个点位做样板，“居民看过改完的样板觉得好，我们再全面铺开改造。”

以问题为导向，社区统筹推进管线下地、屋顶修漏、楼道整治、公园及绿化提升、道路拓宽、交通优化、无障碍及适老化改造、智慧安防建设等，实现小区便利化、环保化提升。

在民意调研和方案设计阶段，江干区全面了解老旧小区内绿化缺失、私搭乱建、公园老旧、屋面漏水、空中飞线、路面破损等居民反应强烈、影响居住功能和视觉观感的问题，精准把握居民改善需求。目前，全区71个老旧小区改造项目已完成民意征求，改造问卷调研覆盖率均在80%以上，每个项目汇集的有效改造意见建议均在30条以上，居民对方案设计满意度达80%以上。

根据各小区的特点和改造需求，以环境、设施、功能为重点，全面改善小区景观环境，提升居住功能，实现老旧小区改造“内实外美”。

施工组织上，协同推进水务、电力、燃气、通信、道路等工程，做到“最多挖一次”。如凯旋街道南一小区等4个改造项目，10月完工后将实现新建雨水管道约800m、污水管约1500m，完成高压架空缆线上改下约90m，低压架空缆线约350m，屋面修漏约3000m^2，楼道内管线梳理约16000m，楼道粉刷约42000m^2，绿化提升约13000m^2。同时，注重挖掘各小区的地域特色和历史文化底蕴，凸显小区文化特色品牌。如红梅社区以红梅为主题，在保留原有主要乔木的基础上，合理配置梅花、樱花、石榴等植物，打造红梅小街和梅花三弄等十个主题游园，增强居民归属感和认同感；农科院社区充分挖掘农耕历史文化，以“党农一体，不忘初心”为主题，拆除宅间辅房，打造“时光印记”“社区光荣榜”“农耕变迁”三个宅间微公园及运动健身空间，并结合居民审美偏好，采用新中式风格景观设计，创建宜居康养社区。

求便　适民所需提升空间服务

空间拓展，这是红梅社区改造最大的亮点。其中，最直观的一方面体现在小区幢间道路的拓宽。

“小区内部道路已全面打通，并将符合条件的道路拓宽到了4m以上。”孙燕芬说，老旧小区最怕遇到险情时，救护车与消防车进不来，“所以我们尽量保证能让消防车辆到达每一幢楼下。”

改造中，在红梅公园地下一层新建了一个面积约为2000m^{2}的停车场，加上通过原车位整理与幢间道路拓宽等空间整理方式，将新增243个停车位。

另外，社区还通过置换三区20幢原商业建筑的使用权，改造成5层集综合服务、爱心食堂、老年学堂等于一体的一站式社区服务中心，增加社区公共空间约2000m^2。

红梅社区还利用“挤”出来的空间，打造了十个邻近院落组团的主题口袋公园，把遮阳廊架、休憩座椅、儿童游乐设施、老年活动器具等摆放其中，并沿围墙打造集景观、休闲、锻炼于一体的健身步道，为居民日常锻炼提供便利。

不仅是红梅社区，江干区其他老旧小区也复制了这套经验，从资源整合和优化配置的角度，细致梳理社区内及周边闲置空地、边角地、存量用房等空间资源，通过空地盘整、公房置换、腾挪、收购等多种方式，进行“空间一次性拓展”。同时，充分利用老旧小区改造土地、空间方面的相关政策支持，积极探索通过加层、地下空间挖潜等方式拓展公共空间。

此外，在老旧小区改造中综合考虑居民结构、日常需求、人文底蕴、地域特色等因素，因民所需，植入托幼、养老、助医、商业等便民服务设施，全面完善社区公共空间的适老化设施和无障碍设施。如红菱社区项目结合居民诉求，对周边农贸市场和早餐广场进行修缮提升，并将原街道办事处转移至加层扩建的行政服务中心，腾挪出近1800m^{2}的社区公共空间，增加老年食堂、丰富商业服务及幼托教育设施，与周边公建共同构建5分钟便民生活圈。

求智　数字赋能升级智慧小区

“自从有了楼道门禁人脸识别与感应灯，上下楼就方便多了。”唐月珍笑呵呵地说，现在她还有一个心愿，希望早日加装好电梯。据悉，三里亭苑三区17幢加梯工作已完工，目前正在验收中，社区其他楼道加梯工作正在稳步推进中。

红梅社区在改造方案设计中加装人脸识别、体感测温设备，设置智能充电桩、智能门禁，融入智慧安防、智慧消防，加强老年人智慧化场景营造和特殊人群管理服务设施建设。

结合智慧安防小区建设，江干区所有老旧小区改造方案均进行“智慧社区”设计，做到“安防一次性完善”，提升小区门禁系统、车牌抓拍系统、视频监控设备、智能充电桩、智能烟感报警器等智慧化设施，实现小区和单元门禁全覆盖，主要出入口和道路、周界、主要公共区域等重要点位监控无死角。如绿萍小区改造中在2个小区出入口均安装智能门禁和车牌抓拍系统，新增单元入口人脸识别门禁41套，并将小区人员出入管理系统和单元门禁人脸识别系统关联，设置访客功能，实现小区智能化封闭式管理，在小区围墙安装监控探头14个，启用周界监控报警功能，织密小区的“安全网”。

同时，以智能化设备为基础，搭建小区级综合管理平台，实现人员、车牌、安防监控、消防（智能烟感、智能充电桩）、周界报警等数据共享，提高社区精细化管理水平。如红菱社区拟对接荷花塘未来社区智慧管理平台，形成集智慧监控系统、车辆出入管理系统、人员出入管理系统、智慧消防系统、社区可视化数据平台等于一体的智慧化社区。

智慧服务无边界，场景不断延伸。全区积极推进5G基站布点，增设智能快递柜、智能信报箱、智能分类垃圾箱等，并结合老旧小区专业化物管升级搭建智慧物业管控系统，引入智能停车收费、智慧保修、线上社区便民商业等智慧化场景和服务，实现设备智能化、物业在线化、服务多元化。

四、风起城北换新颜[①]

——摘自《杭州日报》（记者：俞倩，章翌；通讯员：蒋叶花）

着眼“共建共治共享”理念，为杭州老旧小区改造提供“拱墅经验”

民生，永远是城市发展最为重要的题眼。

2020年是高水平全面建成小康社会和“十三五”规划收官之年，期间，杭州城乡建设成就全面开花。其中，在民生实事上下的功夫，正如一支充满人情味的画笔，为杭州这幅独具韵味的“水墨画卷”，增添了入木三分的雄劲一笔。

随形驭笔，取象得神。沿着杭州城市发展的肌理，2019年，杭州发布《关于开展杭州市老旧小区综合改造提升工作的实施方案》《杭州市老旧小区综合改造提升技术导则（试行）》两份文件。站在“十四五”规划开局之年，杭州正式吹响老旧小区综合改造提升攻坚战。

民之所盼，政之所向。“我们将通过完善基础设施、优化居住环境、提升服务功能、打造小区特色、强化长效管理等5个方面积极落实推进，通过改造方案意见征集，听老百姓的心里话，让大家住得舒心自在。”

在民生这份答卷上，拱墅书写的答案正愈发精彩。

共建：用“三上三下”寻找民意的“最大公约数”

2019年初夏，国务院总理李克强来到杭州考察。在拱墅区和睦新村，通过与居民交谈，总理了解了这儿的社区居家养老等服务项目。他说，改造老旧小区、发展社区服务，是民生工程，也可成为培育国内市场、拓展内需的重要抓手，要做好这篇大文章。并提出，要将和睦新村打造成旧改的“全国样板”。听得现场的居民们不住拍手叫好，“总理说，政府还要加大支持，让大家过上舒适安康、快乐幸福的生活。”

6天后，李克强总理主持召开国务院常务会议，会议指出，加快改造城镇老旧小区，顺应了群众期盼改善居住条件，是一项重大民生工程和发展工程。

而拱墅区也不负总理嘱托，经过高质量发展，如今已在老旧小区改造的上垂范杭州，无数创新做法，正为推进国家治理体系和治理能力现代化提供“杭州方案”。

视角回到和睦新村，复盘这个当初给总理留下深刻印象的旧改项目的开启，正是由于在规划改造提升时下足了功夫，探索出了一条以居民为中心的“共建”模式，才能聚集多方精锐力量，满足居民最迫切的需求。

---

① 记者：俞倩，章翌，通讯员：蒋叶花 . 风起城北换新颜［N］. 杭州日报，2020-11-25.

据悉，和睦新村的旧改方案的征求意见稿经历了三次正式起草，用区住房和城乡建设局相关负责人的话来说，就是在居民的脑袋里，翻滚了三次：第一次，始于民意，掌握问题，形成项目清单；第二次，源于民意，政府护航，委托设计单位编制正式改造方案；第三次，再征民意，由区旧改办牵头区城管局、区民政局等多个单位进行方案联审。

整个建设过程，以居民为中心，集合了政府机关、专业机构等多方力量，如此“三上三下”，让“共建”成为和睦新村旧改的底色。如今，“和睦经验”已经成为全区旧改的标准选项，进而推广至整个杭州，并走出浙江，在新疆阿克苏成功再版。居民意见被重视了，积极性也上来了，在叶青苑老旧小区改造中，一对退休阿姨充当项目宣传员、志愿引导员、加梯工作联系员、纠纷协调员，使居民的意见直接与施工方、设计方对接，在现场直接解决问题，加速了效率。目前全区共成立旧改志愿服务小组61个、成员243人，覆盖老旧小区项目87个。真正做到了“群众的事和群众商量着办”。

除了“三上三下”，区内不少街道还自由发挥，建立了“红茶议事会”“民间监理员”“自管小组”等民主参与机制，找到居民意见“最大公约数”。在拱宸桥街道荣华里小区，成立了隶属于区住房和城乡建设局党委的旧改办临时党支部，同时联合街道、社区、地下管网公司、项目总包单位、物业公司、居民等多方力量成立“旧改红盟荟”，顺利推动老旧小区综合改造提升工作高质量落地、高品质管理。

共治：让老旧小区“有人管”，维护“有钱用”

如果说“共建”是为老旧小区改造添底色、绘蓝图，和居民生活密切相关的，是小区有机的长效治理模式，它不仅让小区改造后能再“回头看”，也成了旧改中与居民满意度关系最密切的一项准绳。

湖墅街道贾家弄新村始建于20世纪70年代，在时代的更迭中，屋内外立面渗漏情况普遍，外墙管线杂乱，私搭乱建情况严重，户外休息空间缺乏。经过居民共建的扎实打造，如今的贾家弄新村已遍布平整宽敞的沥青小路，墙面涂料粉刷一新，安防系统一应俱全。

手上拿着称手的兵器，用好它才是关键，而贾家弄新村的一招一式，都颇显章法，走出了一条“居民自治”与“改造提升”双同步、多元化的管理模式。

2020年10月，街道正式引入了专业物业公司入驻贾家弄新村，正式结束了长达20年的街道准物业管理模式，同时，湖墅街道通过落地小区微治理，发挥小区指导员、专员、自管会效能，探索出了一套老旧小区标准化、常态化管理方案。据悉，未来湖墅街道将通过推动业主自治、建立健全物业管理等措施，创新“纵向到底、横向到边、协商共治”的治理体系，建立社居委会、小区自管会、物业三方联动机制，引导小区实行专业物业公司管理服务、菜单式物业专项服务以及居民公益岗位自治服务等多种形式的老旧小区物业管理模式，实现从“靠社区管”到“自治共管”的转变，解决改造后管理难题。同时，坚持“政府主导，市场运作，多元筹资”的思路，有序引导社会资本参与，广泛动员全体居民和社会各界参与城市管理，形成齐抓共管的整体合力。

建管同步，长效管理，已成为拱墅推行老旧小区“共治”的指引。拱墅区先后出台《拱墅区老旧小区综合改造提升后续长效管理指导意见》《拱墅区老旧小区居民自管委员会管理办法》，在全国首创居委会、物业、业委会三方协同治理机制，区、街道、社区三级“三方办”实体化运作。通过街道指导小区成立居民自管组织、引进专业物业的方式加强对小区改造后的管理，实现改后小区物业管理全覆盖，推动老旧小区事务“有人管”，后续维护“有钱用”，构建拱墅特色的老旧小区治理模式。

如今，改造后的小河佳苑居民缴纳物业管理费比例从60%提高到了90%，实现了长效管理与物业经营的双赢。加装电梯累计完成105台，渡驾新村成功打造全市首个整村“旧改＋加梯”项目，打造“美而乐”老旧小区，为基层综合治理良性发展提供群众基础。

共享：“老有所依”“幼有所托”，打造老旧社区改造“综合体”

杭州老旧小区综合改造提升全面启动之年即将收官，将挺进全面推进之年。拱墅区交上的是一份近乎满分的成绩单：新增停车位528个，加装电梯26个；新增公共服务场地约0.83万m^2；改造管线29.6万m，绿化提升102万m^2，新铺道路82.6万m^2，实施污水零直排小区70个；改造弱电75沟公里、290孔公里、惠及居民4.6万户，打造智慧小区2个；引进专业物管小区44个……

如何让这些数字变成挂在居民脸上的笑容，拱墅给出的答案是不断丰富老旧小区功能，让居民能在这片老旧小区版“城市综合体”内“共享”更多生活场景。

结合杭州“海绵城市”建设，大关街道德胜新村内德胜公园已被打造成雨水花园，改造后将分为老人健身区和儿童活动区、青年活动区、综合活动区等来满足居民的需求。

2020年，拱墅区制定了“阳光小伢儿”婴幼儿照护服务三年行动计划。第一所“阳光小伢儿”托育中心就在和睦新村。以“幼有所托”为主题，中心设有小剧场、婴幼儿托管、老幼共享教室等设施，建设完成后，华媒维翰幼儿园携带师资力量入驻，进行日常运营。同时，托育中心将全部安装监控系统，接入城市大脑拱墅平台，并充分调动街道网格员、志愿者参与到安全监督中来。

在居家养老服务领域，拱墅区的“阳光老人家”品牌推行已第三年。“阳光老人家”事实上是一个系统，包括在社区建设老年客厅、健养中心等，打造社区养老专员等4支队伍，并推出多种特色服务，打造15分钟居家养老服务圈。同时公开聘选酒店运营全市首家街道级中央厨房，引入19家优质品牌组织，参与站点设计、建设、服务，推进站点100%社会化运营。

除了在社区里实打实建造的这些公共服务区，拱墅通过数字赋能，积极开拓网络空间，进一步提升社区服务能级，推行“共享”更深入、更全面落地。就拿“阳光老人家”来说，通过推出“阳光大管家”平台，全区2.5万名70周岁以上孤寡、独居、空巢及高龄老年人可以享受到三大类13项服务，目前平台已累计提供主动关怀服务17万次、基础生活服务1.13万次、紧急救助服务51次。通过上线“拱墅版”市民卡APP养老服务，实现养老服务一卡全域通用，17家为老服务商及2家助餐服务企业已为4157位享受政府购买服务的老年人提供服务。

美而智，优而全，越来越多拱墅居民开始过上了有品质的生活。2020年，拱墅区计划实施项目共惠及老旧小区131个、1800幢居民楼、8.1万住户，总改造面积585万m^2，总投资约22亿元，预计2021年10月全部完工。未来，拱墅区已明确“十四五”期间计划改造97个小区，1253幢，6.3269万套，587.4万m^2，预计改造投资23.49亿元。通过打造精品，提炼经验，未来拱墅区将进一步加大改造推进力度，发展好这项惠及百姓的民生工程，让拱墅人过上令人向往的美好生活。

五、为有新源活水来[①]

——摘自《杭州日报》（记者：俞倩，通讯员：夏依聪，谭敏佳）

听生动民意、干惠民实事，西湖老旧小区“活力新生”

民之所盼，政之所向。

这正是杭州全面启动老旧小区综合改造提升的初衷和落脚点。

2019年，杭州正式启动老旧小区改造四年行动计划，开展项目试点，建立工作机制；2020年整体计划全面启动；2021年全面推进；至2022年底，全市计划改造老旧小区约950个、1.2万幢、43万套、3300万m^2。

“我们希望通过老旧小区综合改造项目，让民生福祉不断提升，提高市民生活的幸福感与满足感。”市建委相关负责人表示。

的确，城市发展日新月异，在这背后，关系的是千千万万户家庭。每一个小

① 记者：俞倩，通讯员：夏依聪，谭敏佳．为有新源活水来［N］．杭州日报，2020-11-25.

区，都是家庭幸福的缩影，透过它们，不仅体现了一座城市的治理能力，也是具有丰富内涵的“里子”，让我们看到了杭州为民生实事所付出的努力。

干在实处，走在前列。围绕“完善基础设施、优化居住环境、提升服务功能、打造小区特色、强化长效管理”5个方面内容，老旧小区改造提升正在让一个个老小区“华丽变身”。许多居民发现，原本自家小区不好走的路开始变得平坦宽敞，原本昏暗的路灯正闪着温馨美好的光亮，原本停车难问题一一得到了解决。

一针针绣花功夫精巧，让老旧小区的老大难问题迎刃而解；一泉泉“活水”引来，为杭城的老旧小区注入了全新的生机。

创新自治管理模式 实现我的家园我做主

在杭州西湖区，共有住宅小区618个，其中，2000年前建成的老旧小区388个，所占比例不小。

根据市政府《关于开展杭州市老旧小区综合改造提升工作的实施意见》等文件精神，2019年8月，西湖区正式成立了老旧小区综合改造提升工作领导小组，出台《西湖区老旧小区综合改造提升工作实施方案》和《西湖区老旧小区综合改造提升三年行动计划》，确定了“1＋3”行动计划，即“2019年以美丽家园为主的老旧小区综合改造提升计划＋2020—2022年老旧小区综合改造提升行动计划”。

2019年，西湖区列入杭州市老旧小区改造试点项目14个、1.46万套、336幢、98.9万m^2，投入资金约1.57亿元。2020年，全区总共计划开工42个项目，完工27个。其中列入市民生实事项目25个，于11月底前全部完工。

“居民主体、政府引导、社会参与”，从2019年到2020年，西湖区已逐渐走出了具有自己特色的共建共治新模式。

以党群联系为纽带，以党建工作为抓手，全区通过强化社区、小区党组织，对老旧小区业主委员会和物业企业起到党建引领作用。

在项目进程中，西湖区特地通过制度的设计，让居民在回归改造主体的同时，提升基层治理体系的建设和治理能力。

“通过开创‘我们的家园’自治管理模式，目前已对老旧小区划分自管片区，采取‘社区、自管小组、居民’三级治理模式，选聘居住在小区内的优秀退休老居干、老党员、老支部书记成立自管小组，引导居民从‘老旧小区所有事情政府兜底管’向‘我出钱、我出力、我们自己管’转变，探索一条党建引领、居民自治的社区专业物业管理新模式。”

为确保老旧小区改造方案更加科学、合理，西湖区实行多级、多部门联合审查机制。方案制定阶段，街道、社区、业委会、设计单位、居民代表等共同参与开展方案设计；确认初稿后，先由街道对设计方案初审，修改完善后由区住房和城乡建设局会同发展改革、城管、财政、公安、卫健委、消防、治水、绿化、加梯等多部门进行联合审查，进一步优化完善方案；最后，由区住房和城乡建设局将方案上报区政府主要领导召开的规划建设例会，审核确定最终方案。为改变老旧小区无序、散乱的管理现状，经区政府常务会议研究同意，西湖区还出台了《西湖区加强住宅小区物业综合管理实施意见》（西政办〔2020〕29号），指导规范老旧小区长效管理机制。通过积极发挥居民议事的作用，西湖区利用“互联网＋共建共治共享”机制，搭建居民沟通议事平台，邀请居民全程参与改造。古荡街道物华小区项目改造中，就组建了微信工作群，搭建网络沟通议事平台，邀请业委会及居民代表和设计施工团队共同进群，设计施工团队和居民做到事前告知、事中配合，形成合力，共同推进项目实施。通过集聚居民的共同智慧，打造居民共享的品质小区。

如意苑终“如意”引得白鹭来落户

蒋村花园如意苑，东起紫金港路，西至合建港河；南起文二西路，北至文一西路，共52幢居民楼，在册人数共14364人。

小区从2006年正式投入使用到现在，已经过去十多个年头。随着建筑的不断老化，小区的各项软硬件缺点也逐渐暴露。

“我在这个小区住了快十年，孙女从抱在怀里到如今上了初中，小区的公共基础设施很多都老化了，道路破了坑坑洼洼，路灯有些都不亮了，小区的绿化也荒废了。我们都很希望通过此次改造，让小区换个面貌。”和居民周大姐一样，如意苑要求改造的呼声不断。去年，蒋村街道将如意苑列入西湖区老旧小区综合改造提升计划，全小区同意实施改造率高达95%。

惠及民生，民心所向，那就全力以赴。经过前期多次调研，西湖区总共投入2500万元，对如意苑小区内的道路、雨污水管、绿化、中心景观、出入口、景观灯、监控系统等改造提升，总共历时半年。

如今，小区排水基础设施已配套完备，按照“污水零直排生活小区”的建设标准，进行雨污管网改造，实现雨污分流。小区内，道路宽敞平整，新增机动车停车位510个、非机动车停车位105处1100余个，安装庭院灯480盏。

值得一提的是，中心景观荷花塘水系，引入了省级美丽河道合建港的活水，埋了300余米长的水管。街道还在荷花塘周围安装景观灯、种植水生植物、搭建假山等，改造后的荷花塘，俨然成了一个“水上小公园”。白天，绿草郁郁葱葱，流水潺潺不息，清澈的水塘满是荷叶倒影。夜晚，在公园的各个角落，景观灯、灯带、庭院灯、草坪灯等六七种灯星罗棋布，连小区道路上各方位指示牌也是夜光的，远远看去，就好像一个静谧的梦幻森林。

“荷花塘是我们小区的特色，街道在听取民意后，小区改造方案非但没有填埋池塘，还引来了活水。如今我们在小区散步就仿佛身处小型生态公园，真是一种享受，极大提升了生活幸福感。”

“草长平湖白鹭飞”，近来生机勃勃的荷花塘公园还引来了白鹭光顾。看来，流经西溪湿地的这股活水，也让这些对生态环境要求极高的“客人”，找到了理想的栖身之所。

“居民点菜”出新意　一小区一方案

千万户家庭，组成了一个个小区，在这一方小小天地里，包含了每一个家庭的幸福愿景。所以，怎样务求实效，真正为百姓造福，提升居民幸福感，打造品质家园，是老旧小区综合改造提升的重中之重。

黄姑山路20号，东接杭芝机电有限公司，南靠黄姑山横路，共有2幢7层住宅，建筑面积15775m^2，居民189户。作为今年西湖区老旧小区改造亮点工程之一，该项目计划总投资711万元，将于本月底全部完工。

小区怎么改，哪些是居民最迫切最需要的，听取民意尤为重要。为此，黄姑山路20号在确定改造方案前就经历了层层意见征集，由小区业主自己决定“改不改”“改什么”“怎么改”“如何管”，让居民全过程参与改造，确保改造工作真正呼应居民的期盼。

如今，居住在这个小区里的方阿姨每天都愿意出门遛弯。其中很重要一个原因就是自家房子终于装上了电梯。“像我住7楼，年纪大了爬趟楼骨头就疼，所以以前出门都要想想，现在好了，小区12幢楼全安上了电梯。我们小区老年人多，最近大家都愿意下楼来，晒晒太阳、聊聊天，可开心了。”

除了装电梯，小区道路也进行了全面拓宽与修整，停车位多了，还增设了标准化垃圾房，保障小区居民生活垃圾倾倒和堆放。同时，对破损、陈旧、风化的房屋外墙进行防渗、粉刷处理，达到防漏、美观效果，楼道内全面刷墙、小区里优化绿化布局、出口处增设智慧安防系统……里里外外，从“面子”到“里子”，黄姑山路20号焕然一新。

如人饮水，冷暖自知，小区住得舒不舒服，居民是最清楚明白的。西湖区通过“一小区一方案”，让居民“自己点菜”，将民众的呼声真正落实到了改造之中。

保障和改善民生是一项长期工作，只有进行时，没有完成时。

接下来，西湖区将继续落实老旧小区综合改造提升工作，“十四五”期间，西湖区计划改造提升老旧小区92个，1192幢、46992套、451.47万m^2，总投资约17亿元。

让点滴民意聚水成涓，让民生福祉本固邦宁，让千家万户幸福安乐，让杭州向幸福示范标杆城市大步迈进。

六、为民共筑新家园①

——摘自《杭州日报》（记者：葛晓路，通讯员：丁春晓，王楚仪）

以居民为主体，滨江全方位综合推进老旧小区改造

党的十九届五中全会提出，改善人民生活品质，提高社会建设水平。坚持把实现好、维护好、发展好最广大人民根本利益作为发展的出发点和落脚点，尽力而为、量力而行，健全基本公共服务体系，完善共建共治共享的社会治理制度，扎实推动共同富裕，不断增强人民群众获得感、幸福感、安全感，促进人的全面发展和社会全面进步。

民之所盼，政之所向。

作为提升民生福祉、改善人民生活品质的重要内容，杭州将老旧小区改造提升纳入民生实事。为解决老旧小区存在的问题，2019年杭州启动了老旧小区改造工程，改造内容涉及老旧小区建筑改造、道路交通、管网系统、绿化景观提升、社区治理和服务体系等方面，有效改善了老旧小区居民居住环境，提升了城市环境形象。

“小区的路以前坑坑洼洼，墙外面黑乎乎的，一下雨下水道脏水就会溢出来。现在，路面平整，下水道也重新改造过了，出门还有了电梯坐，住在这里感觉舒适多了。”近日，谈起老旧小区改造带来的变化，家住滨江区缤纷小区的虞彩凤乐呵呵的。

缤纷小区的变化只是杭州老旧小区改造提升的一个缩影。

“今年全市老旧小区改造提升任务已经全面超额完成，许多已经改造完成的老旧小区，实现了质的提升，‘老小区’已经有了‘新面貌’。”市建委、市老旧小区改造办公室相关负责人进一步表示，“此次老旧小区改造，充分激发了全体市民的积极性、主动性、创造性，增进了民生福祉，改善了人民生活品质，不断实现人民对美好生活的向往，实实在在擦亮了杭州‘幸福示范标杆城市’这个金字招牌。”

“一盘棋”统筹推进“旧改”结合加梯“全覆盖”

老旧小区改造是否能取得民心，是城市治理体系与治理能力现代化的“试金石”。

① 记者：葛晓路，通讯员：丁春晓，王楚仪．为民共筑新家园［N］．杭州日报，2020-11-25.

滨江区建设时间最早的安置小区之一——缤纷小区最近成了很多人羡慕的“家园”，不仅因为小区环境更舒服、功能更齐全，更重要的是小区65个单元全部加装了电梯。“有老人原先常住子女家或者租住在外面有电梯的小区，现在因为自家也成了电梯房，不少老人都搬回来了呢。”新生活，让虞彩凤喜笑颜开。

据介绍，缤纷小区是滨江区首个电梯加装全覆盖的多层住宅小区，也是“老旧小区整治＋加梯全覆盖”的全省首个试点小区。

不仅如此，缤纷小区在整改过程中，还有效解决了小区智慧安防系统升级、保笼拆卸、绿化更新、二次供水、污水零直排、电瓶汽车充电桩安装及位置预留等项目的协调衔接。

值得一提的是，缤纷小区通过交通组织梳理，打通小区内断头路，让行车更方便、行人更放心。同时，利用对绿化重新规划等方式增加小区停车位，缤纷小区新增200余个地面停车位。同时，会同城管部门对小区内僵尸车进行清理；指导物业公司启用停车管理系统，禁止外来车辆进入小区，努力缓解停车难问题。

缤纷小区“1＋1＞2”的做法和效果，赢得了民心，也为老旧小区改造创造出一套“滨江模式”。

2020年，滨江区有6个项目纳入老旧小区实施改造项目，包括缤纷小区、缤纷西苑、滨安小区、江虹小区、长虹苑、冠山小区，共涉及房屋139幢5189套，改造面积76.37万m^2。值得一提的是，这6个老旧小区的加梯项目均与老旧小区综合整治同步进行，加梯总数达326台。“电梯加装和老旧小区改造都需要进行管线迁改，两者统筹推进，既能避免重复开挖对居民造成的影响，又能降低居民出资比例。”滨江区住房和城乡建设局相关负责人解释道。

老旧小区改造是一项系统性工程，为了使各部门之间形成“一盘棋”，滨江区住房和城乡建设局始终坚持“综合改一次”的工作理念，全方位提升小区环境品质。

家园更新，统筹推进，需要一位“家长”来牵头。为了有效形成一套部门间相互协同配合的工作机制，由区领导挂帅成立滨江区老旧小区综合改造提升工作领导小组，制定综合整治工作手册，明确整治“做什么？谁来做？怎么做？”由住房和城乡建设局、建管中心主要负责人任副组长，在实际实施过程中进行统筹协调。住房和城乡建设局年初排定老旧小区综合整治计划，统筹建管中心、街道社区细化小区整治方案，协调燃气、水务、电力、公安等部门积极推进专项综合整治，形成合力，为避免二次施工，同步推进电梯加装、污水零直排、二次供水等专项整治内容。

在加装电梯与老旧小区改造相结合统筹推进的过程中，滨江区住房和城乡建设局对照“十四个节点”时序，协调区建管中心、燃气、水务等部门，进行统筹安排，保障小区整治整体联动、协调有序，减少施工对小区业主的影响，积极同区加梯办对接，使加装后的电梯整体风格与整治后的小区一致，切实解决了住户加装电梯后的隐患问题。

值得一提的是，滨江区在这一轮“旧改”中，充分发挥了治理体系的巨大作用，对标新建小区标准，全方位、高质量推进老旧小区改造，为杭州打造幸福示范标杆城市做出了新的贡献。

“一条心”凝心聚力发挥基层组织和居民自治作用

老旧小区改造既是老百姓的急切期盼，也是难啃的“硬骨头”，面临组织协调难、群众动员难、共谋共建难等实际问题，滨江区积极推动构建多方参与、共同治理的新型社区治理体系，发挥基层组织和居民自治的作用。

杨伟兴是缤纷小区和缤纷北苑所在的星民社区主任。虞彩凤是缤纷小区的居民，也是一位楼道长。这两位看似毫无关系的人，在老旧小区改造这一年多时间里，成了配合最默契的搭档，“一条心”推进老旧小区改造工作的展开。

在缤纷小区改造前期，杨伟兴代表社区和居民代表虞彩凤一起，逐家逐户发放征求意见表，收集群众意见。在整治方案设计环节，社区和居民代表相互配合，充分听取民意，采取“四上四下”方式反复修改。施工过程邀请业主代表监督，及时听取群众合理化建议，实现居民共建。

老旧小区改造中，是否要在自家的单元楼前加装电梯，意见最难统一。事实上，加装电梯要想成功，最重要的是有一个锲而不舍的工作班子，解答好居民的疑问，做好大家的工作。

为了破解这一难题，推进试点小区加装电梯全覆盖，“家长”将业主、社区、设计单位、施工单位、监理单位等召集起来，就低层业主提出的采光、噪声、占用绿化、楼道破损等顾虑，创新性采用“加梯＋旧改”模式加以解决，共商共议确定综合改造最优方案。与此同时，楼道长、老党员、社区书记等组成“加梯老娘舅”出面协调，全力解决业主之间的加梯矛盾冲突。

“我所负责的楼，有一家人总共做了9次工作，最后的结果是他们终于同意加装电梯。”虞彩凤说，面对不同的意见，特别是少数居民的特别意见，作为楼道长，要有坚决的信心，动之以情晓之以理进行劝说。

值得一提的是，滨江区还组织成立区、街道、社区三级“加梯专班”，创新采用加梯现场化统一培训，实地讲解加装电梯业务知识，交流群众工作经验方法，既管质量安全又管方式方法，助力“加梯专班”高水平加速度运转。同时通过党建引领，借力“三支队伍”——区、街道、社区三级党组织队伍、物业纠纷专业调解队伍和志愿者队伍的宣传发动作用。通过“三级专班”+“三支队伍”引领居民共商共议共建共享，推进加梯意见全面统一。

“一股劲”真抓实干“十四五”规划完成前，滨江要完成25个老旧小区改造提升

根据滨江老旧小区计划安排表，2020～2025年，滨江要完成25个老旧小区的改造提升。

2020年11月前，缤纷小区、缤纷西苑、滨安小区、江虹小区、长虹苑、冠山小区6个老旧小区即将焕然一新；2021年开始，根据滨江老旧小区“十四五”规划，将计划进行缤纷北苑、滨康小区、白马湖－白鹤苑、春波南苑、长江小区、浙新小区、白马湖－鸿雁苑、白马湖－凤凰苑、春波小区（东苑、西苑）、龙华厂西大门宿舍等10个小区的改造提升；到2025年，剩余的9个小区都将陆续完成改造。

“一项一项真抓实干，一件一件狠抓落实。”滨江区老旧小区改造计划表上的项目都在马不停蹄地进行着。

目前，2021年计划改造的项目已进入前期推进阶段，其中缤纷北苑、滨康小区、白鹤苑、春波南苑、长江小区等5个小区已完成施工单位招标。浙新小区已发布施工单位招标公告，12月将完成施工单位招标并进场。同时，春波小区（东苑、西苑）、白马湖小区－凤凰苑、白马湖小区－鸿雁苑也已发布设计招标公告。

下一步，在现有基础上，滨江将确保在11月底前完成加梯400台的目标，争取在12月底前完成加梯500台的目标，再用三年争取实现全区老旧小区电梯加装覆盖率90%以上，为杭州老旧小区改造交出一份有温度、有力度的“答卷”。

七、美好人居次第新[①]

——摘自《杭州日报》（记者：张向瑜；通讯员：陶伟峰）

通过实施“五改五拓一完善”，萧山老旧小区改造厚积薄发百姓赞

就在上周，杭州再次荣获“中国最具幸福感城市”称号，成为全国唯一一座连续14年获此殊荣的城市。

对于一座城市的幸福，每个人都有自己的定义和标尺，可能体现在雍容华贵的高楼大厦，可能体现在畅通便捷的交通出行，也可能体现在生态良好的城市环境。然而，毋庸置疑，这份幸福，于百姓而言，更弥漫在井然有序的老旧小区中。

---

① 记者：张向瑜，通讯员：陶伟峰．美好人居次第新［N］．杭州日报，2020-11-25.

“家长里短”“锅碗瓢盆”，是每一位百姓离不开的生活要素。从“脏乱差”到“洁净美”，从“矛盾交织”到“邻里和谐”，老旧小区改造是重大民生工程和发展工程，事关民生福祉和城市长远发展，对满足人民群众对美好生活的需要、推进城市更新具有十分重要的意义。

深谙于心、扎实行动。杭州从多年前就开始推行老旧小区改造，一轮接着一轮，借此不断提升百姓品质生活、抬高百姓幸福指数。以2020年为例，计划改造300个老旧小区，总建筑面积超1200万m^2，惠及15万住户群众，努力打造“六有”宜居社区，即有完善的基础设施、有整洁的居住环境、有配套的公共服务、有长效的管理机制、有特色的小区文化、有和谐的邻里关系，积极争创老旧小区改造的全国样板。

其中，萧山区的老旧小区改造工作，起步早、开局好。在前一轮十年不懈改造的厚实基础之上，从2020年开始，萧山实施新一轮老旧小区综合改造提升工程，通过实施具有区域特色的“五改五拓一完善”，让百姓拥有更多幸福感、获得感。

一个厚实基础：不断传承创新，老旧小区迎来“新风景”

“以前摊乱摆、线乱拉、车乱停，现在这些乱象都不见了，小区又安静又安全又漂亮，很满意!”在萧山区城厢街道陈公桥社区，站在单元楼前的王雅根大姐称心地说。她道出的，正是在萧山区第一轮老旧小区改造中受益的4万多住户的心声。

老百姓生活的“关键小事”，就是党委和政府的民生大事。萧山区的老旧小区改造工作启动于2009年，至2019年底，全区累计改造28个社区，共计房屋1564幢、338.79万m^2，受益住户44414户。除高桥小区外，萧山第一轮老旧小区改造全部完成，有效地改善了居住环境，提升了老城区的整体环境面貌，老小区居民的生活便捷度、舒适度也随之大幅提高。

用镜头去扫描这些小区，一个个仿佛开启了“美颜模式”：南市花园小区原本道路窄、停车乱，现在道路拓宽了，新增的100多个停车位整齐划一；崇化住宅区，原来一楼天井违章建筑多，现在拆除了65幢房子的违章天井后，小区清爽干净；百尺溇社区的怡景公寓、西河路社区的郁家弄，破旧的模样不见了，老小区有了新风景；还有不断增多的家装电梯，解决了很多住户的爬楼难题；回澜南苑、潘水小区等多个小区，实施了电梯加装，解决了很多住户的爬楼难题；城厢街道俊良、燕子河、百尺娄三个社区增设老年食堂，俊良社区还新增一处老年活动中心……

保障和改善民生没有终点，只有连续不断的新起点。为了满足人民日益增长的美好生活需要，围绕“亚运兴城”新要求，从2020年开始，萧山开启新一轮老旧小区改造，并在原有厚实基础上，不断继承创新，迸发出厚积薄发之势。

让居民印象最深的是，与上一轮相比，这一轮改造坚持“问计于民、问需于民”理念，将改造的决策权交给居民，“改不改”“改什么”“怎么改”“如何管”，由居民自己“说了算”，充分发挥居民的主体作用，依据业主意愿确定老旧小区改造的项目和内容。整个改造工作需达到“双三分之二”条件方可实施，即业主对实施改造的同意率达2/3，业主对改造方案（内容）的认可率达2/3。

与此同时，整个改造工程坚持因地制宜，坚持创新机制，坚持长效管理原则。整个改造工程不是千篇一律，而是“各美其美”，坚持多方参与“一小区一方案”，合理确定基础改造满足居民基本生活需求、完善功能满足居民改善生活需求、提升服务满足居民品质生活需求等三个类别的改造重点，提早谋划制定，改造后实行长效化、专业化管理，通过实行专业化物业管理、探索业主自治模式、社会化准物业托底等三个模式提升治理能力，做到“改造一个、管好一个”，打造“六有”宜居社区。

共建共享共治，这一社会治理制度在萧山老旧小区改造中得到生动体现。

一个提升路径：从外形到内核，新一轮改造抬高了幸福指数

从2020年至2022年，全区计划完成改造老旧小区约27个、356幢、8500套、82万m^2……

一个个清晰的数据，一项项高标准的要求，都列在《杭州市萧山区老旧小区综合改造提升工作实施方案（2020－2022）》中。其中，2020年完成6个小区改造提升，约26.77万m^2，目前各项工程进展顺利。

“总结历年来改造情况，从之前改造侧重于硬件设施，提升为结合未来社区建设、基层社会治理和智慧城市建设，转为硬件设施形态的微更新和居家养老、综合服务、智慧小区等功能并重，更加注重功能完善、空间挖潜、文化挖掘和服务提升。”萧山区住房和城乡建设局负责人的介绍，对此做了很好的概括。

“五改五拓一完善”，正是萧山新一轮老旧小区改造的最大特色亮点。“五改”就是五个改造，即完善基础设施、优化居住环境、提升服务功能、打造小区特色、强化长效管理。“五拓”就是五个功能拓展，公共服务拓展、居家养老拓展、空间资源拓展、智慧小区拓展、文化元素拓展。“一完善”，就是完善老旧小区治理体系，做到“改造一个、管好一个”。

这当中，最有分量的莫过于功能拓展——

如居家养老功能的拓展，就是积极应对老龄社会的到来，通过设立小区食堂、养老服务中心等，不断巩固和完善居家养老体系；空间资源的拓展，梳理老旧小区周边空间资源，统筹规划，优先配建社区活动中心等便民设施；文化元素的拓展，就是充分挖掘文化和历史元素，对小区门面、围墙和公共空间作艺术设计和微更新，为城市留下有迹可循的记忆、看得见的乡愁。

从以往的关注“外形”，到新一轮的聚焦“内核”，萧山老旧小区改造让百姓的获得感、幸福感不断提升。“从今年开始的这一轮改造，高质量推进城市有机更新，提升居住环境品质，为办好亚运会做好充分准备。”萧山区住房和城乡建设局负责人，形象地称之为提升“快进键”。

一个先行样本：改造放眼未来，老旧小区“贴心”又“聪明”

“广泽文景、百德睦邻”，寓意深远的八个字，是萧山广德小区改造提升工程中全新梳理的设计理念。看着这大半年来，改造工程有序推进，小区面貌一天天更新，住户满脸欣喜。

2020年萧山区确定进行改造的老旧小区为六个，分别是广德社区广德小区、银河社区城建公寓、万寿桥社区湘湖路区块、万寿桥社区下湘湖路区块、育才东苑社区育才东苑、商城社区丽华公寓。其中，广德小区作为先行推进区块，是2020年上半年第一个开工的项目。

据了解，该小区是萧山区较早的安置小区之一，总户数1640户，居住人口5628人，其中退休老人924人。虽然小区风格较为现代，整体状况相对良好，但由于后续管理不善，环境日益杂乱，人车混行，雨棚、防盗窗随意搭建，缺少无障碍设施、老年康体设施、儿童游乐园设施等功能配套，已无法满足小区居民日常生活和休闲娱乐需求。

进一步更新和改善的，可不止以上这些。

这一轮改造关注居民所需所求，以“一心、两带、三共享平台、六片区、九节点”为主线，整体串联小区内各种生活空间，将未来社区的“邻里、健康、教育、建筑、交通、服务、治理”七大场景植入改造提升中，打造萧山旧小区综合提升样板工程。比如，原社区办公室将改造成养老服务中心，这个好消息让小区老人开心不已。

尤其让居民点赞的是，萧山区住房和城乡建设局联合公安等部门推出老旧小区智慧安防改造，引入视频监控、车辆识别、人脸识别、智能门禁、智慧消防等系统，在无需“大拆大迁”的情况下，充分利用现有互联网、大数据等技术，让小区变得越来越“聪明”。

比如，人车分流，居民通过智能门禁系统，轻松实现“刷脸”出入小区。难怪居民自豪地说：“等全部改造好，我们老小区可一点不比新小区差！”

八、乐享新生换民心[①]

——摘自《杭州日报》(记者：葛晓路；通讯员：宋坚平，毛江民)

高品质迈入大都市新区，余杭以“旧改”促城市更新

老旧小区改造是重点民生工程和发展工程，对于改善小区居民居住条件以及提升城市整体形象、擦亮杭州“幸福示范标杆城市”底色具有十分重要的意义。

“不买房不搬家，老房一天一个样，转眼变新房。”说起老旧小区改造，余杭临平街道梅堰小区居民李大伯的喜悦之情溢于言表。

在杭州，像李大伯这样的老旧小区改造受益者还有许许多多。旧改推动了老百姓从“有房住”到“住得好”的转变，人民群众的获得感、幸福感、安全感不断提升。

事实上，老旧小区改造，不仅是家门口的“关键小事”，更是一项推动城市更新、提升城市能级的系统工程。

“老旧小区改造可以促进城市风貌提升，展现城市特色，延续历史文脉，对满足人民群众美好生活需要、推动惠民生扩内需、推进城市更新和开发建设方式转型、促进经济高质量发展具有十分重要的意义。”市建委、市老旧小区改造办公室相关负责人表示，下一步将继续以提升居民生活品质为出发点和落脚点，结合未来社区建设和基层社会治理，积极推动老旧小区功能完善、空间挖潜和服务提升，努力打造“六有”宜居小区。

以“心”焕“新”未来社区布景“老旧小区”

余杭区积极推进老旧小区改造提升，“旧改”被纳入2020年余杭区十大民生实事之一，是推进城市有机更新的重要组成部分之一。余杭计划用4年时间完成125个老旧小区的综合改造提升，涉及面积近171万m^2。2021年，余杭计划开工老旧小区综合改造项目65个，改造面积94万m^2，惠及居民1万余户。其中，列入杭州市民生实事项目为22个小区，目前均已完工。自2019年启动旧改工作以来，余杭区按照“保笼全部拆除，电梯成片加装，基础设施完善，配套功能齐全”的要求，加快推进旧改工作，已逐步探索出老旧小区改造工作的余杭模式、余杭标准，受到上级领导和部门的肯定。6月下旬，省委常委、市委书记周江勇对我区老旧小区拆除保笼工作做出批示，给予充分肯定。8月中旬，周江勇书记在《余杭：吸纳民意让“旧改”得人心》的专报上，肯定我区旧改工作“可总结、推广”。市建委工作简报也专门刊发了我区老旧小区改造工作的先进经验和典型做法。

① 记者：葛晓路，通讯员：宋坚平，毛江民．乐享新生换民心［N］．杭州日报，2020-11-25.

老旧小区目前很多功能配套都不完善，通过改造提升这些短板都将得到提升。如何更进一步在老旧小区改造中融入未来社区的场景，余杭区进行了有益探索。“主要是通过改造和重建的形式进行。”余杭区住房和城乡建设局相关负责人介绍。

五常街道油田留下小区项目充分挖掘油田小区原为中石油浙江石油勘探处福利分房的历史记忆，利用石油人“三老四严”“铁人精神”的文化共识，提出以“忆往昔，燃情岁月，看今朝，福满油田”为主题的设计理念，形成贯穿小区的设计语言，同时布置“二园六福”，即油乐园、万福园和敬业福地、和谐福地、全家福地、友善福地、爱国福地和富强福地，打造小区文化节点公园，提供邻里沟通交流空间。

临平街道梅堰小区通过保留小区水塔、老树、五瓣梅等记忆元素，打造社区文化体验空间，同时制定邻里积分机制，为小区居民提供“服务换积分、积分换服务”平台，打造邻里互助共同体。

这些都是未来社区九大场景之一——未来邻里场景在老旧小区改造中的生动展现。“在旧改中，注重营造小区特色文化，通过挖掘小区的发展历史、地域特点、特色建筑、文化共识等元素，为公共空间确定文化艺术，形成贯穿小区的设计语言，塑造各具特色的社区文化，增加居民对社区的认同感、归属感和自豪感。”余杭区住房和城乡建设局相关负责人表示。

不仅如此，余杭区在旧改中积极推进适老化改造，营造健康生活氛围。一个个未来健康场景，呼之欲出。

油田留下小区在改造提升中，对闲置公共建筑外在形象和内部功能重新进行统筹规划，一个集阳光老人家、老年助餐点、日间照料中心于一体的社区配套用房即将亮相。

良渚街道花苑新村改造项目以“老龄友好”为理念，将约570m^2的废置车库改建成居家养老中心，让老年人住有所养、老有所乐。

值得一提的是，余杭区在旧改中为缓解幼托难的痛点，通过引入课外教育机构、提供图书学习场所等方式营造尊重教育的小区氛围。临平街道将原农林集团办公楼改造为梅堰社区邻里中心，植入托幼服务、亲子学堂、亲子活动等功能。

另外，未来社区的治理场景也出现在了余杭区老旧小区改造提升中。河畔新村以智慧管理为创新点，紧密结合智慧安防“1＋3＋X”要求，在小区主出入口设置车行、人行道闸，通过车辆识别系统、人脸识别系统等智能化设施对人员进行管控，实现小区封闭管理，同时建设社区数字治理平台，通过将安防、交通等数据互联互通，提升社区治理效率。在油田留下小区，街道、社区两级成立治理中心，加强老旧小区物业管理工作，对物业经理设置KPI考核。根据物业经理所管理的物业项目得分情况，按考核比例形成物业经理个人积分，年终根据考核细则，对老旧小区物业经理予以奖励，激励完善老旧小区管理。梅堰小区引进品牌物业保障长效管理，为老旧小区带来了新气象。专业保安代替了原来的老门卫，增加了保洁团队与专职管家客服，居民们的生活体验迅速提升。

“接下来，余杭将继续在旧改方面加大力度，补齐现有民生短板，在改造提升中融入更多未来社区场景，推动改造设施和完善服务相结合，以高质量推进老旧小区改造提升。”余杭区住房和城乡建设局相关负责人表示。

以“商”促“管”居民主体参与小区“共建”

看到小区下水管、屋顶渗漏以及外立面粉刷都进行了改造提升，余杭梅堰小区的居民罗大妈高兴地说：“小区居民反映的问题，在旧改中都一一得到了解决，真是太好了。”从效果看，老旧小区改造改到了居民心坎里。

事实上，这与余杭区在老旧小区改造中，始终坚持以居民为主体，调动居民参与老旧小区改造提升全过程，以“商”促“管”，实现共谋、共建、共享息息相关。

梅堰小区采用“小区圆桌会”“五瓣梅”等民主协商居民议事机制，协调沟通，上传下达，有效推进项目实施。旧改指挥部中设立4个群众工作组，70余名党员干部放弃休息，进行入户政策宣传、测量评估、改造签约等工作，签约率达到100%。同时指挥部还邀请一批懂工程管理的热心居民参与到小区改建，成立小区“共建办”，全过程参与项目实施，对工程建设进行监督并提出合理化建议。

河畔新村为确保老旧小区改造工程不折不扣落到实处，聘任7名河畔新村老旧小区改造清廉监督员，组成一支由业主代表、老专家等组成的清廉监督小组，对项目进度计划实施进行全过程监督和控制，严把项目工程关、质量关、安全关，打造老旧小区改造精品工程、样板工程、放心工程。

油田留下小区在老旧小区改造过程中设置网格长，负责沟通对接收集居民意见，定时开展圆桌座谈会；同时社区组织居民成立业委会，由热心居民代表组成，协助网格长开展居民民意收集工作，他们是社区居民民意输出的第一道口子。与此同时，油田小区的热心居民代表从最初的方案阶段就开始介入，在工程进入施工阶段后，更是自发成立质量监督小组、安全文明施工小组以及居民矛盾协调小组，对工程顺利推进提供了极大的助力，真正实现了居民全程参与。

“协调和落实居民的需求，可以保障改造成果，有效提升民生福祉。”余杭区住房和城乡建设局相关负责人表示，下一步，余杭将继续探索和完善居民参与机制，推动城镇老旧小区改造，构建社区多元协同治理的新格局。

以“点”带“面”带动区域协同发展

眼下，余杭老旧小区改造正在有序推进中。

临平街道梅堰小区、东湖街道超峰小区、塘栖镇2020年改造项目、余杭街道2020年改造项目、南苑街道河畔新村等多个项目均已进入改造扫尾阶段。其中，南苑街道河畔新村32个单元全部签约同意加装电梯，28个单元已完成电梯加装；东湖街道超峰小区，8个单元已全部完成电梯加装，正在调试中，室外环境工程已基本完工；余杭街道宝塔公寓，完成拆除防盗窗雨棚花架和墙面基层处理15幢，完成房屋立面整治14幢。

余杭区住房和城乡建设局相关负责人表示，接下来将进一步督促各镇街对照年度目标任务，紧扣时间节点，倒排工作计划，加快老旧小区民生实事项目建设，确保在11月底前完成35万m^2老旧小区改造年度任务。同时，会同区大督查考评办对进度缓慢、严重滞后的镇街开展项目督查服务指导工作，合力推动项目进程。

不仅如此，余杭区住房和城乡建设局相关负责人进一步表示："老旧小区综合改造提升是一项综合性、系统性、全域性工作，需要'由点到面'，兼顾区域环境的均衡性、普惠性，使得老旧小区改造项目更具针对性、必要性，为整个区域生活环境提升带来均衡性、普惠性。"

临平街道梅堰小区的居民已享受到区域协同发展的福利。该小区作为余杭老旧小区综合改造提升首个开工的试点项目，通过老旧小区改造促进区域协调发展，拆除街道内C、D级危房及老旧建筑，因地制宜、见缝插绿，打造11个集运动休闲、文化赏娱等功能于一体的"口袋公园"。这样一来，不仅小区的居住环境提升了，周边也发生了大变化，居民茶余饭后的活动范围更广了，幸福感也随之提升。

余杭区住房和城乡建设局相关负责人表示，2021年是"十四五"开局之年，也是全面深入推进老旧小区综合改造提升工作的第三个年头，余杭区将继续深入贯彻十九届五中全会精神，把政府愿景、居民意愿转化为现实，以高质量发展的姿态全力建设高品质大都市新区。

九、江畔新景入画中[①]

——摘自《杭州日报》（记者：章翌；通讯员：陈予哲）

"硬改造"加"软服务"，富阳着力探索老旧小区综合改造提升新模式

"这样一改造，我们像是住进了新小区一样。"随着杭州《老旧小区综合改造

① 记者：章翌，通讯员：陈予哲．江畔新景入画中［N］．杭州日报，2020-11-25.

提升四年行动计划》(下称《四年行动计划》)进入全面推进之年，越来越多的杭州老小区居民，有了这样的感叹。

为高水平打造“幸福示范标杆城市”，杭州正围绕民生实事补短板，坚持和完善为民办实事长效机制，更加积极主动抓好民生实事项目，把美好教育、健康杭州、居家养老、幼儿托育等民生服务做深、做实、做细，努力打造独特韵味、别样精彩的世界名城，以及展示新时代中国特色社会主义的重要窗口。

一座城市的韵味，尽在时光里。

从2000年起，杭州先后实施了背街小巷整治、历史街区和历史建筑保护工程、老旧小区“微改造”等更新工程。来到新时期，老旧小区由于原有建设标准不高，在配套功能、居住环境、长效管理机制等方面仍存在诸多短板，与居民对美好生活的向往差距越来越大。为贯彻落实党中央、国务院工作部署以及市委、市政府有关工作安排，着力呼应居民对美好生活的向往，推动杭州城市持续有机更新，进一步促投资扩内需，《四年行动计划》应运而生，计划至2022年底，改造全市老旧小区约950个、1.2万幢、43万套、3300万m^2。

2020年进入尾声，环顾杭州各处老旧小区，已然焕发出蓬勃生机。这其中，富阳区正着力探索新模式，破解民生难题，凝聚共识、凝聚智慧，精准“把脉”、综合施策，让小区旧貌换新颜，让居民有满满的获得感、安全感、幸福感。

量身定制 让老旧小区实现“逆生长”

天下佳山水，古今推富春。近日，“中国最具幸福感城市”评选结果在杭州发布，富阳区被选为“2020中国最具幸福感城区”。

一江带城、南北呼应、山水相依、产城融合、现代气派、田园风光。如今的富阳，幸福感不仅仅体现在豪华的林立高楼上，还体现在老旧小区停止“老龄化”、实现“逆生长”的路上，在这条路上，富阳同样扎实向前。区住房和城乡建设局有关负责人介绍，12月底前改造区域的颜值和功能将双双提升。

自2012年开始，富阳区将老旧小区改造工作列入每年的区政府民生实事项目，至2020年已经连续开展9年，着力解决老旧小区基础设施落后、功能配套不全、环境脏乱差的现状。9年内，共改造小区43个，整治区域面积约198万m^2，受益人口约8万人，累计投资额约9.47亿元。

2020年，富阳区实施9个区块的老旧小区改造，整治面积约35万m^2，建设内容包括：整治道路面积8.9万m^2、雨污分流管网33.2km、整治绿化3.3万m^2、优化铺装3.65万m^2、强弱电上改下13.8km、增设停车泊位609个、改造无障碍设施236处、修建非机动车停车棚77处、改建垃圾集置点22处、安装治安监控276处、配置路灯323盏、解除13幢建筑檐口安全隐患，预计总投资约2.36亿元。

在老旧小区改造上，富阳以市政改造、景观提升、专项设计三个方向为主。市政改造方面，将进行架空线缆落地、道路界面划分、消防通道梳理、雨污分流和污水零直排等相关工作。景观提升方面，将充分挖掘空间潜力，增设公共活动空间、景观小品、停车位，实现绿化提升。专项设计方面，主要包括完善部分老旧小区集中充电设施、安防设施、照明设施（路灯改造）、无障碍设施，增设配套设施，运用海绵城市措施等。

老旧小区改造方案设计阶段，富阳区通过设计师驻点、征集居民意见等方式，为每个区块量身定制改造内容。相关负责人介绍，老旧小区改造的总体目标是为市民创造一个“有完善设施、有整洁环境、有配套服务、有长效管理、有特色文化、有和谐关系”的宜居环境。

社区智治 让“硬改造”和“软服务”成为富阳旧改“金名片”

“硬件改造已经完成，我们正引进物业，进行封闭式智能化管理，希望我们的做法和经验能成为富阳‘开放式小区封闭式管理’（开转封）实施的好样板。”春南社区党委书记裘华娟介绍。结合老旧小区改造和智安小区建设的“硬改造”，同步推进居民自治，再跟进精细化“软服务”。如今，“开转封”已成为富阳老旧小区改造的“金名片”。

春南社区辖区内有4个封闭式小区和1个南园路开放式区块，建成二三十年的南园路区块，也成为富阳首个“开转封”的试点小区。

习惯了开放式小区的氛围，一下子变成了封闭式管理，居民会适应吗？指引“开转封”的，正是居民的意见。2020年4月，南园路小区业委会成为富阳的开放式小区成立的第一个业委会，业委会遇到意见不统一、难解决的问题，会召集居民代表一起开会协调，社区也会召集业委会征求意见，业委会主任柴建标前几天就经历了一次召集，“讨论关于社区裙房怎么建，让业委会去征集居民意见。”

“社区在推进老旧小区改造、实施封闭管理过程中，凡是涉及小区重要事项的、凡是小区居民关心的，均由社区牵头，由居民协商讨论决定，提出修改方案，为小区建设‘量体裁衣’。”裘华娟介绍，“硬件设施改造好以后，由社区牵头业委会面向市场选聘物业公司，为社区居民提供专业化服务，全力打造开放式小区，实行封闭式管理的‘春南模式’。”接下来，春南社区将引进物业，成立业委会党组织；壮大志愿者队伍，打造居民自治模式；打造“人和、家和、社区和”的“三和”社区创建等。

其中最为亮眼的是社区智治工作，社区结合“开转封”和智安小区建设等项目，一方面，纳入人脸识别、车辆道闸等基本配套设施，深化大数据处理和点对点服务；另一方面，通过文化家园创建等精细化“软服务”，实现从“面子”到

"里子"的提升。同时，社区将开辟开放"微信议事厅""党员议事厅""巾帼议事厅""楼道议事厅""网格议事厅"等，在议事规则下，就居民感兴趣的社区事务畅所欲言，并提出行之有效的方法，通过搭建"民主协商共话治理"平台，充分调动社区居民积极性，实现居民自治，"我们将推动开放式小区'开转封'工作与推进基层治理联系起来，不仅实现小区从开放到封闭的'物理'变化，更将融入小区先进管理理念，让小区管理发生'化学'变化。"

多元筹资 让老旧小区成为人人参与的"幸福共同体"

在江滨西大道和开源路的交叉口，白色外墙的明珠大厦外形很抢眼。17年前，这里曾是富阳品质最高的小区之一。但随着小区设施老化、粗放管理、邻里纠纷等综合因素的作用，小区硬件和管理已经无法满足居民需求。随着老旧小区综合改造提升工作的落实，这里走出了一条自筹资金自主行动完成小区品质改造的新模式。

"你看我们小区品质够高吧?""我们环境怎么样?"成了明珠大厦居民招待客人时最常说的话。2019年至今，明珠大厦小区自筹资金升级了不少硬件设施，完成了消防隐患治理、垃圾分类等中心工作，环境越来越优美，邻里关系也越来越融洽。

原来，明珠大厦共有122户居民，每年经营性收入只有2.6万元。这些年来，居民们想改造的心愿清单列了一长串，但没有资金，这些心愿始终停留在清单上。

2019年，小区新一届业委会成立。攥着前一届业委会攒下的7万元家当，看着这一份久久不能落地的心愿清单，业委会主任方仕荣下了决心——增加小区营业性收入，把钱都花到业主身上去。

明珠大厦有150多辆私家车，地下车库里共有68个车位，因为无序停车，业主之间的矛盾纠纷很多，邻里关系也受到了影响。在区城管执法局的指导下，在地下停车库划设了11个停车位用来公开拍租。20多位业主参与竞拍，最终每个车位拍出了月租600元，一下子为小区增收近8万元，还根治了小区无序停车的问题。通过改造，明珠大厦俨然成了封闭式的新小区，设有行人、车辆、无障碍通道3个入口，均有现代化的识别系统。

在明珠大厦小区，看到最多的是"友邻互助，江畔明珠"这八个字，这是业主们给自家小区设定的目标。而实现这个目标的基础，是党建引领之下的居民自治模式逐步成型。

明珠大厦小区里三分之一是党员家庭，业委会5名成员都是党员，在消防安全隐患整治、垃圾分类工作推进中，党员们带头示范，为工作开展树起了正气。

2019年9月，社区、业委会、物业联合召集明珠大厦党员开了一次“启发会”，党员带头签订承诺书，包干楼道，建立党员微信群，还成立了临时党支部。

扎实打造下，明珠大厦成为四方合作共赢的典范。2019年以来，明珠大厦在垃圾分类、物业小区考核各类工作中成绩遥遥领先，小区垃圾分类工作成为社区督查的“免检产品”，消防隐患整治经验成为全区典型。小区提出的“人人参与、从我做起、和美家园、品质生活、资产增值”目标，一样一样落地，成为现实。

十、新风拂过暖民心[①]

——摘自《杭州日报》（记者：刘园园；通讯员：江婷，许访月）

去烦忧增幸福，临安以老旧小区改造释放民生获得感

“真是没想到，住了大半辈子的‘老破小’，也有让人羡慕的一天。”

“多年来一下雨就积水的小区院子，终于变得清清爽爽，舒舒坦坦。”

“小区变得漂亮又整洁，吃完饭可以在小区里散散步，感觉很幸福哦……”

作为2020年杭州十大民生实事之一，老旧小区综合改造提升工作不仅符合人民群众改善居住条件的迫切愿望，也是扩大内需、带动消费，促进国内国际“双循环”新格局形成的重要举措。

据市建委发布数据显示：2020年杭州实施老旧小区改造提升民生实事项目300个，改造面积超1200万m^2，受益居民超15万户。

眼下，随着2020年全市民生实事任务圆满收官，一处处旧貌换新颜的老旧小区，既暖了群众心田，释放着巨大的民生获得感和幸福感，也生动诠释着杭州作为全国唯一一座连续14年获“中国最具幸福感城市”，持续高水平打造人民幸福城市的扎实“内功”。

党建引领、全民动员、党群一心　临安老旧小区改造又快又好推进

2020年7月，市建委发布杭州老旧小区改造最佳案例，临安先行试点项目锦城街道新民里胜利区块改造项目赫然在榜，引来媒体和群众一片叫好。

“老旧小区改造提升涉及协调的部门多、事物杂，又直接面向每一户老百姓，需要强有力的牵头组织。”临安区相关负责人回忆，为此，临安突出党建引领，全面发动小区热心居民、退休党员与社区共建单位在职党员一起，组建“红管家”服务队。

“一名党员一面旗 小区旧改做示范”“旧改吹哨 党员报到”“我是党员我先行

① 记者：刘园园，通讯员：江婷，许访月．新风拂过暖民心［N］．杭州日报，2020-11-25.

履职尽责作表率”……一个个响亮的口号背后，是临安旧改基层党组织忙碌的身影。

“尤其是碧桂苑老旧小区，也是党员率先垂范，充分做足了群众工作，才啃下了加装电梯这块‘硬骨头’。”临安区旧改办负责人介绍，“老旧小区加装电梯是大部分群众企盼已久的民生事，但对一楼的住户工作也需耐心去沟通，沟通是最重要的群众工作。”

为此，锦北街道成立了碧桂苑小区旧改“红领双促”临时党委，下设3个党支部、31个党小组，发动党建力量推进电梯加装。自7月工作启动以来，小区139个具备加装电梯条件的楼道，绝大部分已经完成三分之二以上签订加装电梯协议，其中44个楼道签约率达100%。

党员们还充分发挥工程监督员、政策宣传员、民情联络员、矛盾协调员“四员”作用，广泛收集业主整改意见，化解停电断水等矛盾纠纷，助推老旧小区改造快速平稳推进。

“我们不仅让居民提前一睹小区改造‘效果图’，设计了‘旧改菜单’，让居民们一目了然地选择改什么，改成什么样，还特意将老旧小区改造指挥部和施工单位项目部办公点设置在小区内，方便群众随时提出意见、反映情况。”临安区旧改办相关负责人回忆，通过走家入户思想发动、微信网络同步推送、小区广场广泛宣传等方式，临安旧改工作做到了改造前广泛听取居民业主意见，真正实现“改不改、改什么、怎么改、如何管”居民业主齐参与。

2019年李克强总理来杭州考察老旧小区改造工作时指出，建设宜居城市首先要建设宜居小区。

“在全面融入大杭州的进程中，临安打造宜居城市，也要从宜居小区发力。通过党建引领，形成党群全员参与、响应支持旧改的干事氛围，也增强了我们做好旧改工作的信心。”临安区旧改办相关负责人介绍，在前期试点形成经验积累的基础上，临安于2020年进一步启动锦城街道一、二、三号区块及锦北街道碧桂苑小区共四大区块改造，在改造体量、任务、难度剧增的背景下，全区旧改工作仍又快又好推进。

因需制宜、重点发力、完善街区民生大配套 改到居民“心坎里”

“谁能想到，疫情期间，我们这个老小区也已做到了刷脸进门。”“以前燃气什么的都不通，家里很多管道也老化，周末了我们总是跑去孩子那边住，现在好了，一家人哪头住都觉得舒心，方便多了。”“现在晚饭后就去边上广场散步聊天，我们也有个漂亮的休闲娱乐空间了……”

随着临安老旧小区改造工作全面推进，越来越多的民生获得感在一个小区、一栋楼、一户人家里释放，成为杭州决胜全面小康的生动注脚。

走进临安锦城街道南苑小区，漂亮的外立面，齐整的绿化，充足的停车位，有序的垃圾分类，温馨的老年食堂……眼前的场景，让人很难想象这是建于20世纪80年代末的小区。

“老旧小区综合改造提升对临安来说是城市面貌有机更新，但核心指标是群众居住环境的根本性提升。”临安区相关负责人介绍，乘着老旧小区改造的“东风”，临安以街区为单元，从完善城市大配套和解决民生短板为重点，因地制宜、因区施策，解决了一系列民需问题。

在一号街区的旧改中，临安通过拆除附房、围墙等方式打通了公共道路，疏通消防通道1425m，还新增了7处公共绿化，使居民出门5分钟便能见到公园绿意。

促使老旧小区改造深入居民“心坎”里的，不能不提二号街区正在通过旧改彻底解决困扰居民已久的小区内涝问题。

“以前，一遇到暴雨天，我们这边140多户居民家中便会进水，鱼家弄1号公寓等13幢房子排水也有问题，居民们苦不堪言。”临安区相关负责人介绍，如今随着旧改的推进，当地已接入了新的雨水提升泵，力求“让居民们再也不用担忧下雨天”。

与此同时，临安还结合当地旧改实际，创新性地将8个零星小区归并为2个微小区，将31个零星公房归并为6个微小区。

“我们这里有许多两幢，或者干脆都称不上小区的独幢公房，长久以来无法管理。”临安区相关负责人介绍，通过打造“微小区”，临安将一些零散的单元整合管理，为后期实行系统化长效管理打下基础。

如今，走进这些小区，以前的脏乱差不见了，取而代之的是崭新的外立面，漂亮的小花园，通畅的小区道路。小区里也新增了数百个停车位，新建了汽车充电桩和电瓶车雨棚，解决了小区乱停车问题。小区还实现了摄像头监控全覆盖，并且在大门口安装了车辆进出智能道闸和人脸识别系统，形成了一个更智慧、更有安全感的生活空间。

享受到旧改“福利”的居民喜从心来，大伙还自发给旧改施工队送上自家准备的红薯、玉米、茶水等，上演了“鱼水一家亲”的感人场景。

现场管理、三方评价、共同缔造　构建基层共治新格局

“以前小区不仅脏乱差，居民之间氛围也比较疏离。现在随着居住环境的改善，邻里间共建家园的氛围也更浓了。”谈到旧改以来的种种变化，临安区锦城街道张大伯感慨地说。

“2019年以来，我们先后制定下发了《临安区老旧小区综合改造提升项目现场管理导则》（后称《导则》）和《临安区老旧小区综合改造提升执法进小区的通知》。”临安区旧改办相关负责人介绍，通过制定政策，临安力图从健全长效管理机制、落实责任主体和执法主体几个方面入手，为旧改的高质量推进实施和旧改后续长效化管理，提供“方法论”，明确“责任田”，选好“裁判员”。

记者了解到，考虑到旧改项目施工区域处于居民区，人流量大，作业交叉面多，《导则》在安全施工、高处作业、用电、消防安全等方面还做了细致规定和说明，“具体到搭设、拆除外脚手架有哪些安全规定，旧改项目现场如何做好文明施工和噪声、扬尘管控等等，从细节上扎牢工程品质、安全底线。”

值得一提的是，根据周江勇书记“构建系统科学的老旧小区评价体系，争创老旧小区综合改造提升全国样板”的批示精神，临安还试行《临安区老旧小区改造提升工作第三方评价制度》，将锦城街道老旧小区改造一号区块列为试点评估项目。

“通过第三方对设计方案合理性、改造过程、项目绩效开展评价，并在适当的阶段邀请居民代表参与评价工作，全方位见证和体验项目改造进度和效果，全面提升临安区老旧小区改造提升管理水平。”临安区旧改办负责人介绍，评价结果将在社区的醒目位置进行公示，在向居民群众传递“共同缔造”观念的同时，敦促项目组充分保障旧改项目品质。

“老旧小区改造，既是杭州决胜全面小康伟大胜利过程中一项重大的城市有机更新‘窗口’工程，也是事关千家万户获得感的民生福祉工程。”临安区相关负责人表示，未来将按照周江勇书记关于“人民的幸福城市应当是触摸历史、遇见未来的城市”相关指示精神，进一步针对旧改街区做好历史文化元素的梳理挖掘展示，深化探索未来社区、智慧社区、法治社区建设，持续以老旧小区改造提升惠民生扩内需，推进城市更新和开发建设方式转型、促进经济高质量发展，满足人民群众对美好生活的向往。

十一、诗画明珠新风采①

——摘自《杭州日报》（通讯员：尹铮；记者：章翌）

全力跑出老旧小区改造加速度，奋力展现“重要窗口”的桐庐风采

悠悠万事，民生为大。

① 通讯员：尹铮，记者：章翌．诗画明珠新风采［N］．杭州日报，2020-11-25.

从“十三五”规划建设和谐宜居城市，到“十四五”开启第二个百年奋斗目标新征程擘画蓝图，加强城镇老旧小区改造和社区建设，再到杭州亚运之年扮靓城市面貌，体现别样精彩，加快推进世界名城建设，老旧小区综合改造提升不仅关乎城市这个“肌体”末端的“毛细血管”，还始终扮演着提升杭州整体宜居环境，进而提升城市能级的重要角色。

锚定“十四五”规划目标，已进入全面启动之年的杭州老旧小区综合改造提升已实现数量、面积、覆盖面的全面跃升。将围绕“完善基础设施、优化居住环境、提升服务功能、打造小区特色、强化长效管理”等5个方面继续深化、全面推进、全盘打响，从而提升居住品质，推进实施城市更新行动，推进以县城为重要载体的城镇化建设，通过扩大有效投资，带动居民消费，服务以国内大循环为主体、国内国际双循环相互促进的新发展格局，最终推动实现长三角一体化发展战略与杭州的高质量发展。

眺望富春江中段，踩着杭州旧改的鼓点，桐庐正稳步推进旧改工作。2018年至2019年，改造13个无物管小区，建筑面积25.5万m^2，改造户数2134户，惠及城镇居民6800人左右，总投资4000万元。2020年，桐庐县正在进行改造提升6个老旧小区，建筑面积26.6万m^2，改造户数3030户，惠及城镇居民10000人左右，总投资13300万元。

重谋划、理思路　跑出老旧小区改造的“桐庐速度”

就在几年前，建成20年的桐庐县城南街道春江花园小区还是个“问题小区”，除了雨污管网堵塞、绿化缺损，停车混乱、视频监控瘫痪等安全问题也日益凸显。正当居民们抱怨家里还经常倒灌进污水时，老旧小区改造的东风，吹进了桐庐。

两年不到，如今再看春江花园已发生的变化，用翻天覆地来形容毫不为过。据县住房和城乡建设局相关负责人介绍，小区通过改造雨污管网、增加停车位、增改安防设施三大重点作为突破口。目前，雨污分流、消防设施、照明设施、环卫设施、停车位、门卫道闸、道路修缮、非机动车智能充电设施、信报箱及快递设施等一个都不少。同时，结合“未来社区”建设，新建小区监控系统，在小区各个进出口安装高清视频监控系统，打造智慧安防小区，让小区居民更有安全感。

高效率、全方位的改造提升背后，是县住房和城乡建设局“系统谋划、一次到位”的老旧小区改造哲学。就拿加装电梯这件“民生小事”来说，它不仅是旧改的重点，也是难点。2019年，县住房和城乡建设局正式下发《关于开展桐庐县既有住宅加装电梯工作的实施意见》，桐庐县域范围既有住宅加装电梯有章可循。就在两年时间内，经过精细谋划，在老旧小区综合改造提升方案设计阶段就将加梯工作作为改造提升的一个子项目统筹考虑，将其作为一项长效工程抓实抓牢，成片推进、流水作业。

2020年桐庐6个老旧小区综合改造提升、4个围合小区改造在施工中，都将所有有条件加梯的楼道单元门口地下管线“清空”，为将来加梯留足空间。“提前谋划还可以避免旧改费用的浪费，把好钢用在刀刃上，尽可能高效地解决民生问题。”据县住房和城乡建设局预计，每台加梯约省去10万元管线迁改费用以及1个月的管线迁改时间。

“加梯工作难点主要还是在‘人’。”据县住房和城乡建设局相关负责人介绍，低层住户担心加装电梯会影响自家通风、采光，基于此，县住房和城乡建设局优化电梯设计，1、2层高度采用透明式玻璃材料，同时，派工作人员沟通，鼓励居民支持加梯工作。考虑视觉与体验感的统一，桐庐规定同一小区加装电梯的品牌、风格必须与小区最早加装的电梯接近。每一台电梯在项目联审把关中，各部门和专家也都会将加梯与小区风格的协调性考虑进去。截至目前，全县累计已有56处加梯项目通过了联合审查，其中已完工20台，36台正在施工。

立标准、敢创新　跑出为居民交口称赞的“桐庐服务”

敢于担当创最美，敢为人先写潇洒。这是深植在桐庐文化中的“桐庐精神”，如今映照在桐庐老旧小区改造的赛道上。

根据2020年全市实施方案要求，桐庐扎实推进“美好家园”住宅小区建设工作，并把老旧小区改造纳入“美好家园”评比对象。2020年，桐庐县发布《桐庐县加强住宅小区物业综合管理行动计划》，目标到2021年底，建立健全“属地综合管理、市场规范有序、业主和谐自管”的住宅小区物业综合管理体系，打造一批和谐美好的“美好家园”住宅小区。

对缺乏专业化物业服务的老旧小区居民来说，除了日益增添的硬件设施，如何满足他们作为浙江大花园“耀眼明珠”的百姓居住服务需求，相关文件也给出了答案：按照政府补贴与适当收费相结合的原则，积极推进物业服务企业向老旧小区覆盖，改善老旧小区综合管理水平。持续推进老旧小区综合改造提升，探索松散式老旧小区区域围合管理，改造完成后即由街道（乡镇）引入专业物业或准物业服务，改造一个引入一个；对缺少维修资金的老旧小区涉及公共安全和居民反映强烈的居住问题，由街道实施应急修缮。

行动计划甫一发布，一场提升老旧社区人居服务质量的行动在桐庐多个小区铺开。位于方家路68号的新世纪商住楼建于2004年，小区如今由专业物业公司提供专业化物业管理服务，配合硬件的提升，小区面貌焕然一新，管理得井井有条。小区停车原则采取居民自治公约：先到先停，停满为止，停满后车辆一律不进入本小区。在垃圾分类上，采用入户宣传、厢房建设到位、督导员履职、网格长巡查、共建单位督查、志愿者蹲点劝导六位一体。社区工作人员、网格员、共建单位志愿者以“责任田”的方式，对小区居民进行垃圾分类宣传，发放倡议书和分类手册，并告知相关政策，确保居民知晓率百分之百，垃圾分类工作渐入佳境，居民垃圾分类投放正确率达95%以上。同时自发组成志愿服务小组，每季度在小区内拔草、大扫除，以居民自治形式，变居民被动整治为主动参与管理，进一步推动小区常态化管理。

在城南街道，有22年历史的城中小区，是这里最早建成的商品房小区之一，在长达数十年的自管模式后，小区居民深感有些问题自管模式难以解决，民主协商后决定引进专业物业管理公司管理小区。物业进场后，曾经困扰小区居民的化粪池满溢、污水井堵塞、雨水管破损等等疑难杂症迎刃而解，居民生活品质直线提升。

听民意、聚远景　塑造具有诗乡画城独特韵味的“桐庐魅力”

大花园是浙江自然环境的底色、高质量发展的底色、人民幸福生活的底色。3年来，全省大花园建设行稳致远。

11月10日，中央文明办公布了第六届全国文明城市入选城市名单和复查确认保留荣誉称号的前五届全国文明城市名单。今年桐庐又以全国第九、浙江省第一的成绩通过县级全国文明城市复评验收，受到中央文明办的通报表扬。

作为“中国最美县”，2020年，桐庐县第十四届委员会第九次全体会议审议通过《中共桐庐县委关于打造浙江大花园“耀眼明珠”奋力展现“重要窗口”桐庐风采的决定》，进一步激励动员全县党员干部凝心聚力同奋进、重整行装再出发，努力打造大花园里的“耀眼明珠”，奋力展现“重要窗口”的桐庐风采。

作为城市基底提升的主要抓手，桐庐的老旧小区改造，正站在越来越重要的位置。

2019年年底，桐庐县发布《桐庐县城区老旧小区综合改造提升工作实施方案》，明确了颇具桐庐特色的四个改造原则：由居民决定“改不改”“改什么”“怎么改”“如何管”，形成“县级统筹、属地实施”的工作机制；统筹“三改一拆”“无违建小区”“污水零直排小区”“智慧安防小区”“智慧消防小区”“城市大脑”“生活垃圾分类示范小区”和“既有住宅加装电梯”等建设工作，合理划分整治区域，网格化连片整治；以问题为导向，强化设计引领，因地制宜、分类实施；建立“一次改造、长期保持”的管理机制，深化“党建引领＋业委会＋物业引入”的社区治理新模式。

县住房和城乡建设局相关负责人表示，桐庐将以提升居民生活品质为出发点和落脚点，把老旧小区综合改造提升作为城市有机更新的重要组成部分，结合未来社区建设和基层社会治理，紧紧围绕美丽中国桐庐样本建设，深入实施老旧小区综合改造提升四年行动计划（2019～2022年）。在未来，计划改造面积60万m^2，积极推动老旧小区成为“有完善设施、有整洁环境、有配套服务、有长效管理、有特色文化、有和谐关系”的“六有”宜居小区。助力桐庐在高颜值之上强化内涵发展，塑造诗乡画城的独特韵味。

十二、构筑舒畅新生活[①]

——摘自《杭州日报》(通讯员：邓文凯；记者：熊艳)

顺应民心着眼实际，建德高质量推进“老旧小区”改造提升工作

“要大力改造提升城镇老旧小区，让人民群众生活更方便、更舒心、更美好。”2020年7月，国务院首次就城镇老旧小区改造工作出台《关于全面推进城镇老旧小区改造工作的指导意见》。

民之所盼，政之所向。为了办好老旧小区这件“民生事”“要紧事”，建德市花大力气、下大功夫持续深化城市有机更新，制定建德市老旧小区综合改造提升三年行动计划，建立了以市住房和城乡建设局牵头，街道具体实施、部门配合的工作机制，积极探索“老旧小区换新颜”的实践之路。

“习近平总书记多次指出，人民对美好生活的向往，就是我们的奋斗目标。”市建委相关负责人表示，杭州把老旧小区综合改造提升，作为城市有机更新的重要组成部分，积极推动老旧小区功能完善、空间挖潜和服务提升，努力打造“六有”（有完善设施、有整洁环境、有配套服务、有长效管理、有特色文化、有和谐关系）的宜居小区，让城市不仅有光鲜亮丽的“面子”，更有了整洁舒适的“里子”，使市民群众的获得感、幸福感、安全感明显增强。

绘就“蓝图”“小连片”推动“大集聚”

“城镇老旧小区改造是重大民生工程和发展工程，对满足人民群众美好生活需要、推动惠民生扩内需、推进城市更新和开发建设方式转型、促进经济高质量发展具有十分重要的意义。”新安江街道主要负责人说，一直以来，建德市以《杭州市老旧小区综合改造提升技术导则（试行）》为指引，实施“完善基础设

---

① 通讯员：邓文凯，记者：熊艳．构筑舒畅新生活［N］．杭州日报，2020-11-25.

施、优化居住环境、提升服务功能、打造小区特色、强化长效管理”等5方面的改造，重点突出综合改造和服务提升。

那么，如何绘制城市更新蓝图？建德市以“小连片”推动“大集聚”，做到脑中有全局、心中有大局、手中有布局。

“首先，确定了‘以主城区市政府以西为重点，2000年（含）以前建成、近5年未实施综合改造、未纳入今后5年规划征迁改造范围且具有一定规模的住宅小区’的改造范围；其次，明确‘2019年底前建立工作机制，明确资金保障，开展项目试点’；最后，确定了最终目标——2020～2022年，全市计划改造老旧小区13个（涉及项目19个），涉及居民楼278幢、住房5450套，涉及改造面积46.98万m^2。”该主要负责人说，同时还根据《杭州市老旧小区综合改造提升技术导则（试行）》明确了改造内容。

蓝图已成真，现实更鲜活。

截至目前，2019年将望江路老旧小区改造项目作为年度老旧小区综合改造试点项目，结合新安江主城区有机更新、全国文明城市创建工作统筹推进；2020年启动老旧小区综合改造项目5个，涉及居民2257户，建筑面积18.15万m^2，计划总投资7165万元，目前已完成整体项目建设的80%，预计12月完成全部项目建设。

自选“菜单”有“颜值”更有“内涵”

“小区”怎么改？建德给出对策是：积尺寸之功，聚众人之智，集社会之力。

以地处建德市新安江街道地标建筑彩虹桥头的望江小区为例。它是由新安江水泥制品厂1970年建造，2019年建德市将望江路老旧小区改造项目作为年度老旧小区综合改造试点项目。

得知列为试点项目后，居民们奔走相告。可是“如何改”还得小区居民自己“当家做主”。

小区所在的新安江街道罗桐社区通过张贴改造意见征求公告，委托楼道长进行意见收集，梳理小区存在主要问题为小区公共空间杂乱，违法搭建多，乱堆乱摆的问题严重；公共设施陈旧，给水排水系统不规范，管道燃气未安装；建筑屋顶、建筑立面陈年破旧，急需修葺。在设计方案意见征求阶段，充分听取住户对方案的意见，确保小区业主积极参与“改成什么样”的美好蓝图设计中来。

与此同时，为处理好改造中与住户的沟通问题，领导小组建立起行业主管单位指导、社区协助处理、居民积极参与的分类处理模式，涉及行业管理的工程问题由主管单位进行指导，在拆除违章装修、外立面改造等由城市管理部门提出整改意见，在涉及公共空间改造和居民具体意见上，由社区协助处理。据悉，该项目于2019年6月完成，共涉及6幢、104户、约5000m^{2}多层建筑房屋的改造，具体包括改造更换供排水管道480m，改造道路400m，立面整治1万m^2，污水零直排500m^2，新增自行车停车位40个，投资总额约220万元。各部门合力推进，领出了老旧小区改造首张施工许可证，新安江街道办通过EPC项目总包，由浙江钜元负责总承包。

如今的望江小区绿荫环绕，鲜花盛开，干净整洁，建筑院落井然有序，颇有江南园林韵味。项目的成功实施，提升了居民的生活品质，增强了居民的获得感、幸福感、安全感，使得该小区成为新安江主城区有机更新建设的小区样板。“我们终于扬眉吐气了，很开心，经过改造，小区彻底旧貌换新颜。”小区居民顾大姐说。

“在老小区改造过程中，我们始终提前谋划、早做部署，多级联动、广泛调研，最重要的还是坚持以人为本、居民自愿。”该负责人说，充分尊重居民意愿，凝聚居民共识，由居民决定改不改、改什么、怎么改、如何管，从居民关心的事情做起，从居民期盼的事情改起，取得了良好社会效果。

升级“内核”既要“面子”，也要“实惠”

居民小区不仅是生活的地方，也是一座城市形象最直接的表达。

老旧小区改造同样需要因地制宜，精彩表达，做到“一小区一方案”，确保居住小区的基础功能完善，努力拓展公共空间和配套服务功能。

以2020年新安江街道老旧小区综合改造工程为例，该项目不仅对近江花园区块、望江路区块、沧中路区块、府西区块、政法路区块等5个老旧小区进行环境改造（景观绿化）、管网改造、污水“零直排”改造、道路改造（包括停车位改造）、电力通信管线梳理、智慧安防（监控系统）、海绵城市、建筑立面改造（仅近江花园考虑）等，还让每个区块都呈现出独特的文化韵味。比如，望江路区块小区住户有较多的新安江水电站建设者，为我国的水利水电事业发展作出卓越贡献，所以该区块主题定位“历史的荣耀”；沧中路区块则是长寿老人多，主题定位就为“颐养长寿，美好生活”；政法路区块面积虽小，楼宇幢数也少，但具备安装监控设施等条件，所以主题定位为“智慧安防，平安暖心”。

此外，老旧小区建设既要“面子”，也要“实惠”。

近年来，建德市始终坚持以民生实事为中心，积极解决多层老旧住宅居民“上下楼难”，通过成立既有住宅加装电梯工作领导小组、召开专题协调会等机制，构建各部门科室之间的沟通平台，推进加装电梯这一民生实事落地。例如，在建德市近江花园小区，通过工作人员深入地入户调查，了解民意，详细地解读补贴政策和电梯收费标准等细致工作，最终得到了多楼幢全体居民的同意。现已成功安装了1台电梯，还有8栋楼经协调也已达成统一，目前正在浇筑电梯基础，预计2020年年底还将有5台电梯完成加装工程。再例如，电梯安装在北面楼梯墙面的公共位置，电梯每次停靠在楼层的半层位置，居民在楼梯拐弯段处停靠上下，出了电梯再走半层楼梯就可到家门口。这样既不影响低层采光，又能解决上下楼出行问题；不仅节省了半层电梯的造价，同时也节省了今后运行及管理费用。截至目前，建德市2020年已通过联合审查批准加装的有69台，其中已经完工的有12台，在建设的有52台。加装电梯已经覆盖了三个街道、三个镇，总共有29个小区正在实施加装电梯。

小区改变的不仅是硬件，“软件”也在升级。

“我们坚持创新机制、长效管理，引导多方参与确定长效改造管理方案，构建‘一次改造、长期保持’的管理机制。”该负责人说，首先，强化党建引领，充分发挥社区居民党员的模范先锋作用——在改造前期，小区党员充分发挥模范带头作用，积极借助老邻居优势协助讲解政策、疏通情绪、沟通协调，在后期以网格分类管理探索新抓手，着力创建党建品牌；其次，形成社区党支部、居民党小组、党员中心户的党建格局，实现了党的工作在小区全覆盖，实现小区管理基层事务的自治自决；最后，通过面向社区居民广泛招募各类志愿者，引导居民自发成立各类志愿服务团队，充分发挥社区居民的主体作用，参与垃圾分类、文明创建、综治巡察等各项精细化管理工作，社会治理成效明显增强。

举目已是千山绿，宜趁东风扬帆起。

老旧小区改造，关乎群众的切身利益、生活质量和幸福指数，我们一定会把这件好事办在老百姓的心坎里。下一步，建德市将继续加大改造力度，不断改善居民的居住条件和生活品质，切实增强居民的获得感、幸福感和安全感。

十三、破旧立新环境优[①]

——摘自《杭州日报》（通讯员：赵勇永；记者：杨怡微）

坚持围绕“三个最”，钱塘新区高品质描绘老旧小区新风貌

“把人民对美好生活的向往作为我们的奋斗目标！”杭州深入贯彻习近平新时代中国特色社会主义思想，践行以人民为中心的发展理念，把老旧小区综合改造提升作为城市有机更新的重要组成部分，不断增强市民群众的获得感、幸福感和安全感。

---

① 通讯员：赵勇永，记者：杨怡微．破旧立新环境优［N］．杭州日报，2020-11-25.

作为2020年杭州十大民生实事之一，杭州老旧小区综合改造提升工作正在不断加速推进。2020年杭州实施老旧小区改造提升民生实事项目300个，改造面积超1200万m^2，受益居民将超15万户……着眼于民生福祉，探索于老旧小区改造未来方向。杭州不仅在完善推进体系、破解各类难题、探索未来方向等方面做出了富有成效的探索，还积极打造“有完善设施、有整洁环境、有配套服务、有长效管理、有特色文化、有和谐关系”的宜居小区。

眼下，各区纷纷从自身的实际情况入手，在创新中寻找破题之策，为老旧小区改造摸经验、探路子，走出了一条大刀阔斧的立新之路。

最具效率的改造　多方协同，精治共治把实事办好

为政之道，民生为本。

2020年，钱塘新区政府投资项目建设计划中涉及的老旧小区改造项目共有5个，其中临江街道临江佳苑老旧小区综合改造提升工程被列入杭州市2020年老旧小区改造计划。

位于杭州市萧山区临江街道纬六路1077号的临江佳苑小区，总建筑面积193571m^2，共有住宅楼幢67幢，住宅单元155个，住房1696套。经过前期排查汇总，共整理出小区内涉及建筑楼顶、外墙、楼道、围墙等十三个方面的老旧问题。

秉承着贴近居民需求、解决民生问题的角度出发，钱塘新区临江街道迅速开展细致摸底、实地踏勘，第一时间明确改造对象范围、合理确定改造内容，第一时间将老旧小区综合改造提升工作列入重点领域改革任务以及民生实事工程，以“居民‘点餐式’改造”“一次改造、长期保持”的改造思路，切实把老旧小区改造工作好事办实、实事办好。

“我们专门拜访了临安、萧山等已经完成老旧小区改造的区县，现场踏勘了多处已完成改造的小区，并详细询问了改造过程和对方先进的经验和做法，并邀请杭州市老旧小区改造技术导则编制单位，针对临江佳苑老旧小区改造进行方案及施工图设计。”

据临江街道相关负责人介绍，街道成立了由街道主任为组长，各分管副主任为副组长的工作领导小组，将小区67幢建筑单体划分为4个标段，每个标段对应专门的工作组开展老旧小区改造的附属物拆除、工程项目推进、协调居民关系等具体工作。

努力不被辜负，经过近15个月的努力，街道顺利将整个小区2400余个保笼，2000余个雨棚花架，屋顶200余台太阳能热水器全部顺利拆除，并开展4个单元楼栋的电梯基坑开挖和电梯采购工作，完成6个单元的电梯采购意向征求和审批。

目前街道辖区内临江佳苑"老旧小区改造"项目已基本完工，并向市区两级申报项目验收。

据悉，作为临江街道目前唯一投入使用的居民拆迁安置房——临江佳苑，历来受到街道高度重视，由于小区建筑体量大，居住人员复杂等原因，街道在小区投入使用后也与时俱进，不断完善小区的功能配套，2017～2019年，在"老旧小区改造"项目正式启动前共投入约1000余万元，完成了小区"阳光房"专项整治、小区"污水零直排"专项整治和小区"生活垃圾分类"示范社区创建等多项民生工程。

最有温度的改造　从民意中提取，城市更新的"密码"

"部分建筑屋面漏水，建议修缮改造并增加防水措施；楼道照明弱，建议整体更新，同时增加智能安防措施；小区缺少新能源汽车充电桩，停车位也不足，建议增加……"这是钱塘新区临江街道临江佳苑社区在老旧小区改造过程中所征集到的居民意见。

社区连着千家万户。2020年年初，受疫情影响，社区通过电话，召开了第一次居民小组会议，与居民沟通老旧小区改造事宜。这一做法也得到了居民的肯定，大家踊跃参与，发表自己的想法和建议。

"以前都是社区说怎么建，现在轮到我们居民说怎么建就怎么建。"不少居民对此颇有感触。如何在共建过程中充分发挥居民主体作用，体现"由民做主"？"改哪里，群众说了算；怎么改，群众拿主意。"临江街道临江佳苑社区居委会主任韩燕说，共建过程中充分赋予小区居民知情权、监督权和话语权，居民全程参与项目建设，项目建什么、怎么建，实行"菜单式"服务模式。

为了把项目建设工作与居民各项需求结合起来，不断提升居民的获得感，社区结合工作实际，创新了一套工作机制。社区组织成立了居民小组，一方面开门征集"金点子"，另一方面组织人员听取居民意见，最终召开征求意见会，对征集到的意见进行民主协商、民主决策。

据了解，本次老旧小区改造，临江街道充分尊重小区居民的意愿，大到建筑立面的样式和颜色，小到雨棚花架的大小和材质，包括屋顶钢结构、真石漆、木望板、屋顶油毡瓦等主材的品牌均最终由小区居民代表进行票决产生，既保证了主材的品质，也得到了小区居民的肯定。

同时，为了保证项目质量，社区还招募热心居民轮岗当起了施工"监理"，监督施工方以"绣花"功夫建设小区。临江街道老旧小区改造的做法赢得了居民群众的支持和欢迎，促进了小区和谐幸福。同时，探索出了一条以老旧小区改造为切入点，引导居民共建共治共享的基层社区治理新路子。

“即1+1+X的舆情处置协调机制，居民对于小区日常出现的问题原来只能通过口头反应给物业或者社区，时间一长容易出现越级信访和积访问题。本次小区改造，我们将施工单位、监理单位、专班人员的联系方式在各个楼栋间公布，居民有问题可以随时联系任何一个人，做到了有事反应不出社区，有事解决不出街道，让各方信息沟通更便捷。”临江街道相关负责人介绍，街道在小区业主群的基础上，将社区、居民代表、联社区干部按照分工包片，针对小区业主提出的问题，通过电话、微信等方式第一时间得到解决。

最全方位的改造　改造的是环境，赢得的是民心

“比以前清爽多了。”“雨棚都是统一做的。”“快去楼道里看看……”临江佳苑社区的居民你一言我一语，讨论着眼前这个“新家”。

结合“美好家园”建设和老旧小区综合改造提升工作，临江街道全面做好住宅小区整体环境提升，做到无车辆乱停乱放、无建筑乱搭乱建、无毁绿种菜、无饲养家禽、无卫生死角，垃圾杂物及时清运、垃圾分类规范到位、违建信息报告及时、公共区域整洁有序。

“不留下一处死角，不漏过一个弱项，不放过一个盲点。集中整治旨在消除住宅小区及其周边可视范围内的‘脏乱差’现象，主要针对楼道、绿化带、房前屋后公共区域杂物乱堆放，阻塞影响消防通道、消防登高面的车辆或长期占用公共空间的‘僵尸车’，老旧小区违规占道经营，小区绿地违规种菜或饲养家禽等环境卫生和公共秩序问题。”临江街道相关负责人表示，以决战决胜的干劲做足做好“绣花”功夫，精益求精地提升城市现代化治理水平，打造一个干净整洁、文明有序的美丽家园。

此外，围绕“宜居”“乐居”“安居”三个方面，临江街道着手进行了全方位改造。“宜居”方面，优先满足小区基础设施功能的正常使用，完善垃圾分类收集系统、非机动车充电桩等生活基础设施，实施雨污分流，整修屋面、墙面，粉刷楼道等。并在现有的公共空间环境基础上，满足居民“乐居”，对小区公共空间内的休闲活动平台、人行道、绿化空间进行改造，通过修路、增设休憩座椅、补种绿化，增加无障碍及适老性设施等，提升小区居民生活品质。此外，小区还新增智慧系统、消防设施等，在满足基本生活需求的基础上，消除安全隐患，让居民更加“安居”。

通过老旧小区改造，小区内共打造了7个主题公园，并在小区主次入口、现有绿化带等位置，拓展空间，建成了富有特色的小区入口两处，新增停车位200余个，进一步完善小区生活配套。还将原小区内1200余平方米的老年活动室改造成为居家养老服务中心，中心内图书馆、电子阅览室、托老所、乒乓球室、舞蹈室、影音室一应俱全，为社区老年人提供了一个设施齐全、环境优美、服务良好的养老环境。

眼下，粉刷一新的墙面和楼道，干净的休闲长椅和廊架，整齐划一的地面停车区域……这些高端小区的“标配”如今在钱塘新区临江街道临江佳苑社区已经得到普及。

“老旧小区改造是看得见、摸得着、实打实的民生项目。改造老旧小区不仅要改外露的面子，更要做到老百姓的心坎里。”钱塘新区旧改办负责人说，衡量老旧小区改造成功的标准，不仅是工程验收的文件，更应是居民发自内心竖起的大拇指。

在实践中探索改造路径，杭州越来越多的老旧小区正变得焕然一新，化蛹成蝶。

第二节　街道部门“谈”旧改

一、电力“上改下”，打开和睦“视觉”新空间

工期长、开挖大、费用高……，和睦新村电力上改下的一系列问题就如拦路虎，横亘在了和睦街道老旧小区改造提升的行进道路上。小区需要改造提升的项目共有36项，预算却只有400元/m^2，在有限的资金预算里，既要保质保量完成改造提升，又要将遍布在小区各个角落的“空中飞线”和“蜘蛛网”梳理清爽，成为旧改工作首当其冲需要解决的难题。“如果不将这些空中飞线消除，不将这一根根电线杆拔去，和睦新村的旧改始终留有遗憾，改造过程中也会有很大的局限性，三年后、五年后难道再来一轮？要改就要一步到位！”面对近1600多万元的高额改造费用，街道党工委书记饶文玖坚定地说道。几天后，在拱墅区委常委王宏、街道党工委书记饶文玖、街道办事处主任魏崴的共同努力协调下，国网杭州供电公司优惠约500万元，最终以1184万元的价格签订了协议。

作为国内为数不多的实施电力“上改下”的城镇老旧小区，和睦新村改造提升工程（二期）在改造单价并未比别人多一毫的情况之下“超额”完成了任务，强、弱电工程为期7个月完工，共拔除水泥杆124根，拆除高压导线1350余米、低压导线5000余米，新开挖地下管线2900余米，敷设高压电缆2800余米、低压电缆11000余米。通过实施电力上改下工程，不仅让和睦新村改造提升工程（二期）不留遗憾，也让小区面貌焕然一新，居民们纷纷感叹“头顶的天都亮堂了不少”！

二、“管线革命”，治理小区“飞线”乱象

不论是楼道中悬挂的杂线，还是幢与幢间密布的高空“蜘蛛网”，这类20世纪老破旧小区的“标签”，不仅影响了小区的视觉观瞻，也给居民出行带来极大的安全隐患。“管线革命”就如同一场疾风骤雨的风暴，把凌乱的各类线搜刮得干干净净，让和睦新村里里外外“脱胎换骨”。

“和睦新村老旧小区综合改造提升工程的重头戏：电力改造工程在你们的大力支持下，即将顺利竣工，终于解决了一件二十年来想解决的大事。一位在和睦新村工作多年的社区书记退休时跟我说，在社区这么多年，酸甜苦辣都有，最大的遗憾是和睦新村西区的高压电线没有放到地下去……”这是和睦街道党工委书记饶文玖亲手写给国网杭州供电公司城北分公司主任沈健的信件。回忆起旧改前高压线遍及各个角落的和睦新村，饶文玖深有感触，他说，目睹过两三起由高压线引起的老化塑料件或树枝树叶起火的险情，所幸都得到及时扑灭（图4-1）。

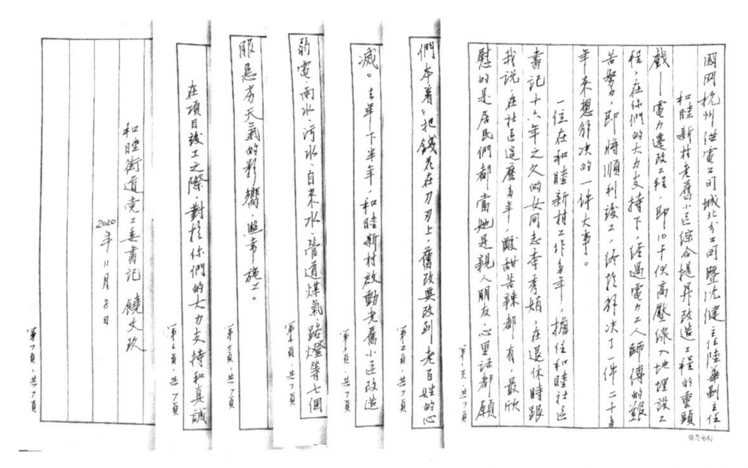
國网杭州供電公司城北分公司暨沈健主任陸華副主任：
和睦新村老舊小區綜合提昇改造工程的重頭戲——電力改造工程，即10千伏高壓線入地埋設工程，在你們的大力支持下，經過電力工人師傅的艱苦努力，即將順利竣工，終於解決了一件二十多年來想解決的一件大事。
一位在和睦新村工作多年，擔任和睦社區書記十六年之久的女同志李秀娟，在退休時跟我說，在社區這麼多年，酸甜苦辣都有，最欣慰的是居民們都當她是親人朋友，心里話都願
第1頁，共7頁
們本着：把錢花在刀刃上，舊改要改到老百姓的心
第2頁，共7頁
滅。去年下半年，和睦新村啟動老舊小區改造
第3頁，共7頁
弱電、雨水、污水、自來水、管道煤氣、路燈等七個
第4頁，共7頁
服惡劣天氣的影響，照常施工。
第5頁，共7頁
在項目竣工之際，對經你們的大力支持和真誠
第6頁，共7頁
和睦街道黨工委書記 饒文玫
2020年11月8日
第7頁，共7頁

图4-1 和睦街道党工委书记饶文玖写给国网杭州供电公司城北分公司的亲笔信

2018年，在拱墅区委区政府的关心支持下，和睦街道启动了和睦新村老旧小区综合改造提升工程。本着“花钱花在刀刃上，旧改改到心坎里”的理念，把老百姓呼声最强烈、困难最明显、要求最迫切的项目优先改造到位。为此，和睦街道多次统筹协调，委托杭州市地下管道开发有限公司作为总牵头单位做好四大运营商（中国联合网络通信有限公司杭州市分公司拱墅区分公司、中国电信股份有限公司杭州分公司拱墅分局、中国移动通信集团浙江有限公司杭州分公司拱墅分公司、华数传媒网络有限公司）的协调工作，保障施工的顺利进行，实现和睦新村弱电四网合一。空中线路“上改下”作为改造第一件大事率先完成，完善了基础设施，提升了居住环境。

三、分区作战，省时省力省成本

旧改工程对居民生活带来的影响究竟有多大？它不仅提升了居民通信、生活起居、交通出行、绿化环境、污水排放等各个层面的生活品质，更是通过整治空中飞线、去除楼道杂线、屋顶补漏改善了居民生活环境。这看似润物细无声的变化背后，是EPC总包、电力、地下管道、自来水、天然气多家单位共同努力的结果。

“我的管线需要埋最深，为了安全也不能和其他工种隔得太近”“强电班组跟我们景观班组都有绿化带内工程，一起施工会不会起冲突？”“弱电的施工进程很快的，和其他工种施工进度肯定不一样”“各管各的施工对老百姓生活影响太大了，不能这么办”……在区域化施工协调会上，看似各抒己见、莫衷一是的各个单位，却拥有着一个共同的目标：最小地影响居民生活，最大地提高施工效率，最全地保障施工安全。

在多次协调会、放样勘察、修改方案之后，一个低成本、高效率的施工方案“应运而生”——分区域交叉作战：将和睦新村划分为六个区块，每个时间周期开放一个区块，屋顶修缮、楼道粉刷、管线梳理、景观提升、强弱电上改下、安防系统提升、道路整治、公共服务设施改造、天然气改造、自来水管改造等等工种统一进场、协同作战。地下管线开挖部分，由地下管道公司与自来水公司组成开挖与回填联合体，电力公司、总包单位各自开挖与回填作业面，杭州天然气公司在完成和睦新村东侧施工任务后，根据其他工种施工位置、施工进度有序推进。分区域交叉作战已圆满结束，经过各单位的努力，不仅减少了道路开挖频次，降低了对居民正常生活的干扰，也节约了各工种资金投入，有效缩短了施工周期。

四、智慧安防，掀起老旧小区“保笼革命”

随着和睦新村老旧小区改造工作的推进，和睦新村全域新增高清摄像机239台，人脸识别摄像机15台，自行车车库红外高清摄像机44台，出入口车牌识别道闸2套，实现监控全域覆盖。通过智慧安防建设，以“机管代替人管，技防代替人防”，构建无死角无盲区的安全防护网。

有了高科技硬件设施的保护，保笼的存在显得毫无必要，它不仅有着空间封闭，堵住应急逃生的“生命通道”的安全隐患，还严重影响了建筑美观，阻碍了老旧小区有机更新的健康发展。此外，还有很多住户喜欢将花盆等生活物件放置在凸保笼上，在台风等恶劣天气中存在着高空坠物等安全风险，“保笼革命”势在必行。

但是拆除保笼工作在推进过程中并不是那么简单，在实施拆除保笼过程中，居民有着各种各样的抵触情绪，需要街道和社区打消居民的安全顾虑，耐心解答居民的各种疑虑。和睦街道多次召开了支部书记会议、党员代表会议、单元长会议、居民代表会议，搭建平台宣传拆除保笼的必要性，听取居民对于保笼拆除工作的意见与建议，尽可能满足居民诉求。在多次商议后由热心居民发起倡议，形成了《和睦新村保笼规范办法》，建立了居民自治共管的“乡规民约”。

在这期间，和睦街道做了五件事：一是邀请国内设计界的顶流“大咖”——中国美术学院望镜设计公司，针对和睦新村建筑整体风貌的协调性、文化风俗及居民生活需要，量身定制外立面设计方案，对雨棚、隐形保笼、空调格栅、晾衣架在内的“四件套”进行了全面升级；二是召开居民代表大会讨论通过《和睦新村保笼规范办法》，将热心居民的倡议书、给居民的一封公开信送至家家户户；三是街道与社区联动，组成工作小组，上门入户做好居民思想动员工作，逐户征求意见，争取签字同意；四是发挥党员干部带头作用，对抵触拆除保笼或者仍旧犹豫不决的群众上门做好劝说工作。让群众做群众工作，更能心贴心地有效沟通；五是以“样板楼”作示范，增强居民对拆除保笼后美化家园的认同感。和睦新村14幢作为样板楼，率先完成改造，效果非常理想。居民何倩萍说：“当时签拆除既有保笼同意书时，我还蛮犹豫的，样板楼一竖起来，我们倒是变成了全小区羡慕的对象。”

完成样板楼改造后，立即推进和睦新村1～13幢外立面改造的居民意见征求工作，依靠社工、单元长、楼道党支部做群众工作，“保笼革命”从最初的普遍反对到普遍赞同，逐步形成破竹之势，为和睦新村老旧小区综合改造提升工程（三期）强力推进奠定了基础。

五、老旧小区改造提升的不仅是“面子”，更是“里子”

2020年5月6日，和睦街道与西湖之声（FM105.4）合作，在《下班万岁》栏目推出了“和睦迹忆”征集活动，当天收听率超过百万，互动量达2000余条，木梳、粮票、交通图……收集到了一批“老底子”的物品。这是和睦街道启动“和睦迹忆”征集活动的举措之一。在睦新村二期改造提升过程中，和睦街道坚持“既要打造美好环境，也要缔造幸福生活”理念，以基础设施完善和历史文化传承为重点，下足“绣花功夫”，有力推进各项基础设施改造的同时，也把和睦特有的人文精神和岁月故事融入改造中，为和睦百姓留下有迹可循的记忆和看得见的乡愁。

“老小区改出新样子，好日子也要留住老味道。和睦新村老旧小区改造提升，改的不仅是‘面子’，更是‘里子’。”这是和睦街道党工委书记饶文玖常挂在口中的话。作为老工业大厂集聚地，和睦新村算得上是杭州的老工业住宅区，这里的一草一木、一砖一瓦，无不“爬满”了悠悠岁月的生长痕迹。街道与社区一同发起“花漾和睦、‘砖’属于你”活动，用一句话的寄语或者一幅画的表达镌刻在青砖上。活动面向小区全体居民，广泛发动老党员、退休职工，中青年以及在校师生，参与创作不同年龄、不同主题的代表作。其中还包括一群特殊的居民，和睦新村干休所的住户集体绘制并捐赠了一批别有意义的作品，内容包括对军旅生涯、奋斗岁月、幸福生活的感悟感想以及军功章、奖状证书、水壶水杯等充满故事性、具有年代感的老物件，在幢间小品中一一展现出来。

和睦街道不仅通过系列活动征集老物件、老照片和老故事，还充分挖掘大运河文化内涵及工业文明记忆，让小区处处可循“和”文化踪迹，生动还原出和睦的历史底蕴。为此，和睦街道邀请杭州市人大城建环保工委委员、拱墅区旧改顾问陈旭伟正高工和拱宸书院院长任轩多次予以现场指导。

保留下来的“老底子”，将杭州味道、城市情怀、生活记忆“植根”在居民触手可及的家门口，如：洗衣台、水杉林、移动电话亭、“大厂记忆”、青砖墙，使和睦新村不仅“颜值美”而且“内涵足”。为保留城市记忆，二期改造设计让“文化植入”成为老旧小区改造的最靓丽底色，让居民生活更有幸福感、获得感。

六、腾挪空间，破除老旧小区停车难题

停车难时刻困扰着老旧小区的居民。过去的和睦新村地面停车泊位紧缺，划线混乱，空间利用不合理，车主们只得“见缝插针”，花园砖上、单元门前、沿街店铺门口……，一切能利用的空间都横七竖八停满了车，不仅造成小区交通秩序混乱，也存在较大安全隐患，给居民出行带来不便，使原本匮乏的停车矛盾更加突出。

和睦新村老旧小区综合改造提升二期工程积极腾挪空间，小区道路能拓尽拓，停车泊位能挖尽挖。挖掘幢间路上、主干道两侧、行道树间等一切可以拓展的空间，将原横向车位重新规整为斜向车位，空间利用率变高，原本被占用的公共空间彻底释放，使停车数量大大提升。利用原有的化粪池顶部没有任何利用价值的空间，建造敞开式的非机动车停车棚，并设置充电装置，既缓解了非机动车

停车难的问题，又保障了安全充电，合理利用了小区每一寸宝贵的土地。据悉，和睦新村原有机动车位571个，新增104个，现有675个；原有非机动车位1400个，新增300个，现有1700个。

七、聚焦加梯，实现电梯加装“私人定制”

说起老旧小区，对居民群众特别是老年人来说，最大的愿望就是能够加装电梯，享受轻松上下楼的便利。但是一楼住户同意难、加装费用分摊难、空间狭小施工难的“三难”问题让老旧小区电梯加装工作步履维艰。

和睦街道在加装电梯工作推进过程中，多措并举，找准痛点逐个击破：一是成立青年突击队。青年力量与社区骨干上门认真倾听群众诉求，耐心劝说底层居民支持理解高层居民上楼难，协调邻里沟通，争取达成统一。解答居民在出资比例、施工工期、维护费用等方面的疑问。二是发动热心居民力量。以单元为单位确定业主联系人，与工作人员一并做好群众工作。三是设计施工全程参与。从初步方案设计到施工倒排计划，和睦新村的每一台电梯加装都是居民代表与设计、施工、监理单位充分沟通后的成果，从“以民为本”角度出发，对设计、施工方案进行不断优化。四是邀请居民试乘电梯。在新安装的电梯交付仪式上，邀请居民现场体验新电梯，社区、设计单位、施工单位组成的临时专班，对既有住宅电梯加装答疑解惑，同时邀请银行现场解答加装电梯专项贷款的政策，吸引了众多对加装电梯感兴趣的居民群众。

2020年和睦新村电梯加装已完工的2台，正在施工的4台。

八、引进物业，提升老旧小区管理水平

如果说老旧小区改造工程是将昔日道路破损、绿化杂乱、管网堵塞、立面陈旧、配套设施不全的“老破小”改造提升为居住舒适、生活便利、整洁有序、环境优美、邻里和谐的美丽家园，那么做好长效管理这篇文章便是实现旧改老小区“颜值”不返旧，“气质”不降低的奠基石。

和睦街道共有8个小区，其中7个小区为老旧小区，缺少专门的物业管理体系，居民的大事小事都由社区来协调处理。在疫情防控期间，老旧小区呈现出了无物业管理、老年群体占比高、出入口多、防控难度大等特点。保护老旧小区改造成果，将社工精力集中到服务居民上来，势必要引进专业物业，对老旧小区进行长效管理。

和睦街道公开招投标后，与浙江新南北物业管理集团有限公司正式签约。签约后入驻7个老旧小区，实现市场化专业物业一次性全域覆盖、整体推进。建筑面积达32.8万m^2，服务居民近5800户，首年物业管理费延续准物业收费标准0.15元/m^2，今后逐年提高。

“以往采取的准物业管理，相对来说人员力量和专业程度都难以适应和满足居民的需求，在小区管理过程中也容易顾此失彼。”街道党工委委员、办事处副主任葛婷婷如是说，“街道经过多方考察、深思熟虑，决定在所有老旧小区中引入专业物业管理公司，积极探索建立在党建引领下的社区、专业物业、居民自治‘三位一体’的长效维护和运营管理机制，确保改造后的老旧小区‘新颜’常驻。”

浙江新南北物业管理集团经过近一个月的工作运营，各方面工作已逐渐走上正轨，管理团队已到位。完成了与社区准物业的工作、人员、物资的交接手续，原有保留下来的人员队伍较为稳定。春节前，物业组织人员对各小区进行了大整治，干干净净迎新年，组织了消防演练和消防检查，及时处置各类案卷；春节期间各物业服务中心加强值守和疫情防控，确保新春佳节里各小区祥和稳定。

辖区旧改工程将于2021年全面完成，“后旧改”时代，和睦街道将大力写好“长效管理”这篇文章，努力形成可推广、可复制的物业管理“和睦经验”。

九、打造阳光老人家·颐乐和睦综合服务街区，没有围墙的养老院

居家养老是和睦街道的品牌，近几年来，和睦街道深耕养老服务，从老年人的需求出发，以硬件建设为基础，以软件服务为依托，以队伍建设为抓手，着力打造医养护、文教娱、住食行一街式智慧生活圈，全面构筑“居家－社区－机构”为闭环的街区式智慧养老健康服务体系。2016年，和睦街道和睦、华丰两个社区的居家养老服务照料中心被评为浙江省首批五星级照料中心，为当时省内唯一一个“双五星”的街道。2020年，街道荣获“全国智慧健康养老示范街道”。

近几年来，和睦街道深耕居家养老，拱墅区阳光老人家1234＋X居家养老体系首先在和睦街道完美落地。硬件上，收回出租商铺，腾挪非机动车库，建成占地1万多平方米的养老服务综合街区，打造“没有围墙的养老院”，受到老百姓的交口称赞。软件上，打造“阳光好管家、阳光好小二、阳光好帮手、阳光好大夫”四支队伍，全面覆盖医养护、文教娱等服务。创新提出“家庭健康管家”概念，依托全省首家社区级康复医疗中心，探索家庭养老床位建设。探索电视端线上点单服务，老年人可在家享受便捷点餐、助医等服务。推广时间银行模式，吸纳志愿者队伍共3149人，形成低龄健康老人为年迈老人服务的良好风尚。

十、打造阳光小伢儿·和睦托育中心，营造孩子们的成长乐园

“自从孩子断奶后，我就想着出去工作，可是孩子没到上幼儿园的年纪，家里又没人能照看，附近也没有找到合适的托幼机构，如果能有一个离家近、费用又不贵的托幼园，那该多好。”和睦新村居民杨某的需求具有很强的代表性。为此，和睦街道以和睦新村老旧小区改造为契机，将打造百姓家门口的0～3岁婴幼儿照护中心提上日程。

作为老旧小区，社区配套用房饱和，资源极度紧缺。如何为托育中心选定一个合适的空间，成为首要解决的难题。为此，和睦街道与区住房和城乡建设局协商，以党建项目化的形式将其国有房产和睦公园内一处闲置房产用于一期建设。同时，探索“社区普惠＋市场运作”模式，以公建民营的形式引入专业的第三方机构（华媒维翰幼儿园）进行运营，该项目被列为“中国计生协婴幼儿照护服务示范创建项目拱墅实施点”。托育中心一期面积约216m^2，其中室内面积约134m^2，室外活动面积约82m^2，配备专业教师、育婴师及保育员，设置绘本、音乐、美术等特色课程，每月托育费不高于3000元。二期项目结合小区旧改工程打造，毗邻一期项目，为街道自有房产，建筑面积约1500m^2，室外空间约636m^2，室内装修已基本完成，将设置3个班额的托育中心，以及小剧场、文化共享空间、阳光屋顶花园等功能区。托育中心一期已开园，二期正在收尾中。

一个充满阳光、温馨、时尚的孩子成长乐园即将在老旧小区和睦新村精彩亮相，和睦新村的年轻爸爸妈妈翘首以盼。

十一、成立“三方办”，落实长效管理

“小姚，登云路154号1单元的横梁裸露了，掉下来的水泥块差点砸到人了，存在安全隐患。”正在巡逻的李家桥社区小区专员姚羽佳接到社区保安队长的电话，立马赶赴现场，发现整个横梁外部水泥脱落内部钢筋裸露，存在严重安全隐患。时间紧迫，姚羽佳立马报告社区负责人，联系拱墅区应急维修中心。在拱墅区应急维修中心的大力支持下，横梁在两天内得以修复，安全隐患及时排除。

姚羽佳是和睦街道为推进三方治理而专设的小区专员之一。街道共挑选了10名各方面素质较好的党员社工担任小区专员，下派到各服务点担任小区党组织第一书记或书记，实现党组织领导下三方协同小区微治理格局，化解各类纠纷矛盾。

2020年以来，为深耕党建引领小区微治理，和睦街道形成“社区党组织—小

区党支部—网格（楼道）党小组—居民党员”四级党组织架构，实现党组织在小区全覆盖。加大本土社工引育力度，试水“管家制”，通过居民“点单”、专员“接单”、个案服务等方式，提升三方治理水平。辖区8个小区均已设立专员服务点，在首届拱墅小区专员技能比武大赛中荣获第一名，4个老旧小区完成自管会组建。同时，聚焦“共建共治共享”，激活居民家园意识，提升居民自治能力，成立“和睦议事港”和“旧改督导团”，号召老党员积极参与社区志愿服务，做好政策宣传和施工安全监督，收集居民群众提出的围绕旧改工作的热点难点痛点问题，让老百姓在工程施工期间遇到的急事、愁事、难事及时得到有效处理。充分激发居民自治意识和活力，变“要我改”为“我要改”。

在老旧小区旧改过程中，党建引领、贯穿和保障旧改工作，推动旧改实施、开发建设、建成管理全周期高质量开展。在加装电梯、拆除“保笼”、电力上改下等急难险重的工作中，发挥“和睦红盟”单位共建的积极作用，让组织“活”起来、党员“动”起来，汇聚旧改工作强大合力，让党旗在旧改一线高高“飘扬”。

第三节　设计单位“画”旧改

城镇老旧小区改造的设计，不只是个设计的技术问题，还涉及人本关怀、居民需求、居民满意等方面。杭州市城镇老旧小区改造提升工作推进中，始终把设计单位作为城镇老旧小区综合改造提升成效的核心，要求设计单位既要有专业的设计人才力量储备，又要有城镇老旧小区改造工作协调的人才力量，同时还要有对城镇老旧小区改造工作的热情。项目设计中坚持从居民切实需要出发，以满足和保障居民对美好环境与幸福生活的需求为核心，贯彻推行“三上三下”机制和“四询四权”机制，将出色的专业能力与高效务实做好民生发展工程结合在一起，发挥以设计为牵头的EPC总承包优势，实现工程项目管理的各项目标。

一、设计方案以“人本关怀”为中心

从“以人为本”的思想出发，因地制宜，合理集中配置场地和设施，重点保障儿童、青少年、老年人和残疾人的娱乐休闲需求，建设居民公共休闲圈，推进居民享受美好环境与幸福生活。并通过绿化等隔离设施，减轻健身活动对附近居民的影响。儿童与老年人的健身活动场地的地面材料采用专业环保的户外塑胶等柔性材料。同时结合小区道路设置健身步道，并用颜色醒目的透水材料加以区别。建设全年龄休憩活动场所，如休息凉亭、口袋小公园等。

充分考虑城镇老旧小区中老年人占比大这一现象，打通老人活动区、全龄活动区、邻里活动区，统筹考虑各类使用人群特点，形成无障碍全龄环线。如杭州市拱墅区大关街道德胜新村，设计单位为行动不便的居民提供残疾人助力车与残疾人助力车停车位，将不具备无障碍通行要求的道路、场地、公共活动场所进行整改，化解高差、设置坡度，真正实施无障碍通行；在小区主要通道、十字路口增设电子导盲系统，根据布点语音提示视障人士通行及休憩，并结合电子导盲布点系统，帮助智力下降的老人找到归家之路；在公共服务空间设置无障碍柜台，方便坐轮椅的居民办理服务。

杭州市拱墅区大关街道南六苑居民楼拥挤，冬季老人都聚集在小区路边晒太阳，不仅时常造成道路的堵塞，而且不符合防疫要求，设计单位在改造该小区时考虑到这一问题，通过排查，找到冬季阳光最充沛处，最终在小区入口的左侧空地上设置一组座椅，现在该处成为南六苑冬季最热闹的地方。

二、设计内容以“居民需求”为根本

在城镇老旧小区改造前期，联合街道、社区等部门，实现设计师进社区，对社区进行现场勘探，了解社区用地、基础配套设施、历史文化等方面的内容。通过现场走访、问卷调查等方式充分收集当地居民意见，并汇总居民需求，同时让居民参与到改造内容、改造方案、使用材料、工艺质量等方面的选择中。将民意与政策有机结合，进行小区概况、现状调查及问题分析、改造内容与设计、投资估算等的初步设计编制，安排实施项目。邀请商会代表，沟通了解多方意见后编制设计方案，精细化图纸，并且在方案研讨会上汇报，增强居民参与社区发展治理的热情和积极性。杭州市拱墅区祥符街道勤丰小区入口在该小区南侧，居民多次反映小区到达北侧的地铁站、商超较为不便，设计单位通过多方沟通和协调，在小区北侧新增了大门。

三、设计标准以“居民满意”为宗旨

为了有效开展基层民主工作、推进基层民主和以人为本，设计单位以“居民满意”为宗旨，以“四询四权”机制贯穿工作全过程。

（1）“问情于民”，深入群众，收集居民对于社区基础设施、无障碍设施、生活需要等方面的改造意见，清晰改造思路，深入了解亟待改造的城镇老旧小区的实际情况和居民的生活状况。

（2）“问需于民”，理清小区存在的问题，以构建完整居住社区为方向，构建改造方案，同时及时准确地了解居民的需求动向和改造具体目标，不断完善设施方案。

（3）“问计于民”，深化设计，听取居民对于改造的意见，以遵循居民做出的选择为准完善细化方案。

（4）“问效于民”，接受居民的监督并听取居民意见和建议，同时及时加以改进和优化，始终围绕“让居民满意”这个目标，做到改不改让居民定、改什么让居民选、怎么改让居民提、怎么样让居民评。

四、设计服务以“四心要求”为准则

设计单位为准确把握居民需求，将居民需要落实到方案，以“四心要求”完成方案的起草到项目的建成，即细心调查、用心规划、精心设计、暖心服务。

（1）设计方案前期以“查问题”为重点，在进行前期调查时做到“详细、全面”，包括社区的建设标准与历史、用地情况、消防问题、地下空间使用问题、用水用电隐患、绿化、居民需求等方面，做到实事求是，具体问题具体分析。

（2）设计方案中以“解难题”为核心，不做锦上添花的表面设计，不做表面工程，脚踏实地，并以“保需求”为前提，真正做到满足居民需求，确保方案的“落地性、可行性”；同时，也把“提品质”作为亮点，有机结合社区独特文化、党建引领等内容和原则，让社区改造成果显示其特色，实现“一小区一方案”；设计方案做到初步设计深度，细化相关技术图纸，明确工程量。

（3）设计方案对居民进行宣传解释，让居民真切了解到社区改造所涉及的内容，积极对居民答疑解惑，同时根据居民提出的突出意见进一步深化方案，为居民提供暖心服务。

第四节　施工单位“建”旧改

施工单位在工程实施时一切皆以“居民”为中心，最大限度减少对居民生活的干扰，确保城镇老旧小区改造工程安全、有序地推进，最终最大范围地得到了居民的支持，真正做到了民生工程让百姓满意。为此，在施工过程中，除严格执行《杭州市建设工程文明施工管理规定》、施工合同中有关职业健康、安全、环境保护等的要求外，施工单位做好了“四个规范”“四个提前”“四个及时”，落实“为居民办好实事、解决难事”。

一、质量保证以“四个规范”为标准

施工单位必须对其所有的施工内容负责，对施工现场做出严格要求，杜绝违章现象。“没有规矩不成方圆”，施工单位在作业时不仅需要对施工人员的个人行为进行约束，更要充分考虑到对周围环境的影响，拒绝噪声污染和偷工减料行为的发生。

1. 规范安全文明施工

以“先围护再施工，不维护不施工”的原则规范施工临时围挡设置，道路管线开挖、雨污窨井开挖、电梯基坑等开挖作业时，设置牢固醒目且不影响居民通行的安全围挡；吊装作业时设置警戒区域并设置专人值守和指挥；规范施工临时用电安全管理，严格按照“三级配电、二级保护”的规定用电；规范施工现场的应急消防设置；加强施工现场居民安全防护措施，在单元出入口、小区出入口等上部施工作业时，按照规定搭设安全通道防护棚，设置夜间照明和警示灯，必要时在上下班高峰时段派专人引导和值守。这既是对施工人员人身安全负责，也是对城镇老旧小区改造项目负责。

2. 规范员工形象言行

施工人员进入小区前先到小区物业处登记办理同意手续，疫情期间严格按照疫情防控要求进行管理；统一工服，挂牌上岗，进行实名制考勤；施工人员注意言行举止，做到杜绝粗暴野蛮施工，并严禁酒后上岗。施工人员不仅代表了施工单位的形象，更是落实改造工作的主体之一，必须做到兢兢业业，认真负责。

3. 规范施工工艺质量

施工单位严格按照施工图纸及工艺规范施工，对隐蔽工程进行验收并留影存档，必要时由居民代表参加隐蔽工程验收；加强各工序之前的交接互检，建立起工序交接互检流转制度并签字存档，做到施工流程提质优量。

4. 规范材料品质要求

施工单位严格采购工程材料、设备等，并按照规定进行报审报验和送检，合格后才能使用；在小区醒目位置设置材料、设备等样品展示区，部分涉及式样、颜色等征求居民意见，严禁使用劣质假冒、环保不达标的材料和产品。只有抓好各基础构架，才能保证改造项目的安全性、人本性、生态性。

二、改造效果以“四个提前”为要求

“凡事预则立，不预则废”，保持施工的计划性才能保障和提高作业效率。

1. 提前图纸交底

进行图纸会审和技术交流，明确图纸要求，清楚工艺规范、标准及施工内容；施工单位在每班开工前对施工人员进行岗前技术交底并签字存档，要求每位工人熟练掌握施工内容和规范要求，做到“心明手准”。

2. 提前实地放样

在每个工序、关键节点施工前，详细检查核对设计图纸的准确度，对设计图纸与现场不能对应的，或者设计图纸落地可行性差的，及时和设计单位沟通并向监理等单位汇报，避免了返工，减少了居民的误解。

3. 提前部署计划

根据工期要求，制定工程总进度计划表，合理安排布置各工种、工序的施工时序；施工单位还制定了施工周进度计划，并将其张贴于每个单元门口和小区醒目位置，便于居民监督和安排日常工作与生活。

4. 提前公告提示

由于城镇老旧小区改造工程位于住宅小区内，居民出入车辆行驶等情况复杂。所以，工程实施时一切皆以“居民”为中心，尽最大可能减少对居民生活的干扰。一是在每个工作内容施工前，提前2天做好温馨告知，对涉及居民住户晾晒、通行、用水、用电、用气等情况时，做好老弱病残住户的应急和保障工作；二是合理安排施工时间和工序，节假日等时期确定需要施工时做到沟通解释并提前张贴施工通知告示，确保城镇老旧小区改造工程安全、有序地推进。

三、居民诉求以“四个及时”为引领

在新时代的旧改工作中，基层首创精神不容忽视。施工单位为了充分发挥居民的首创精神，坚持以“四个及时”落实旧改工程。

1. 及时做出响应

对居民提出的问题、疑惑、建议和意见等及时给予相应的回应，虚心听取居民意见，设置了居民意见收集箱和居民意见集中响应日，将居民的意见和要求听进耳里，听入心里。

2. 及时反应汇报

现场人员根据居民反映的问题、疑惑、建议和意见等，按照问题的内容和性质，及时向总包单位、设计单位、物业、社区和街道等部门反映汇报，绝不将居民意见和建议隐瞒或推诿，自觉接受居民监督，坚持把居民放在第一位。

3. 及时落实调整

对于居民提出合情合理的意见和建议、居民指出工程施工中的错误等情况时及时做出调整和落实，避免了问题的扩大化而对工程的开展不利。

4. 及时暖心回访

对于居民关心的问题和涉及居民住户的私人问题，及时做好居民定向回访，并进行暖心沟通与交流，对于特殊情况则上门做好沟通协调工作，提升居民的参与积极度、改造认可度、生活舒适度。

四、管网改造以“多管同步”为指导

生锈的管道、悬在半空的电线、时常堵塞的地下水管……在城镇老旧小区中这类现象屡见不鲜。为解决该类管线问题，统一排查排水管沟、地漏、出入口、窗井、风井等地下工程，所有问题均与施工图纸一一对应，统计全面，由杭州地下管网公司牵头，政府引导全面实施零直排工程，查找源头，严格执行雨污分流，并进行清淤、清掏等工作。将自来水管中易腐蚀的铸铁管道换成球墨管，修复破损管网，对于部分外露区域的排水沟采取防冻措施。同时积极响应杭州市海绵城市建设，在旧改工程中大力推广新技术、新理念、新生态，缓解城市排水压力，补充城市景观用水。按照“综合改一次”的目标，在确保安全性和可靠性的前提下，充分考虑未来发展的扩容需求，调整燃气管线。实施弱电架空线“上改下”，将小区内弱电飞线、废线全部清理，实现应修尽修、应改尽改，避免二次开挖。

第五节　社区居民“评”旧改

一、居民全程参与，发挥当家做主作用

改造完成后的城镇老旧小区焕然一新，疏密有致的绿化、干净妥帖的墙面、平坦整洁的道路、崭新节能的路灯、规范有序的停车位、畅通无阻的消防安全通道……居民脸上的笑容透露着舒心和安心，而居民从方案定稿到竣工全程参与，真正做到了“居民的事情，居民自己做主”。

方案设计期间，通过街道社区分发的调查问卷、召开的居民座谈等方式表达改造意愿、改造需求等方面内容；方案公示期间积极提出意见和建议，在设计方认真吸纳可行性意见建议并进行多次完善优化后，通过参加方案联审会等方式，

参与改造方案的制定；成立质量委员会和安全委员会等直接参与旧改工作，起到一定的监督作用；通过组建民间监管会和议事组织等方式，参与议事协商以及“院子”管理，进行“微治理”。

家住杭州拱墅区叶青苑小区的夏阿姨年近七旬，曾就小区内存在的各种问题多次向街道反映。自小区开展改造工作起她便积极参与，不仅自身踊跃提出改造意见和建议，还帮助并带动居民们主动表达需求，小区内的晾晒架就是按居民要求建造的。“我们这小区建成好多年了，那时候造房子没现在这么讲究，房子挨着房子，低层的人家不太能晒到太阳，平时晒衣服被子都是去找楼下树之间的空地，把绳子两端分别系在两棵树上后往上一搭，或者直接晒在矮的灌木丛上，麻烦极了。”设计单位在了解到居民的需求后，和居民进行场地等方面的商讨，后决定在电瓶车停车亭顶的阳台上建晾晒架，居民的晾晒衣物需求得到了很好的满足。

夏阿姨还作为居民志愿者参与小区管理，问起对旧改工作的看法，她是这么说的：“自己年纪大了，房子的年纪也大了，电路都老化了，没办法只能自己拉线，有时候用电心里很慌。一下大雨老房子都开始渗水，修的话要整个翻新，费钱费力，折腾不起，而且小区里也不止我这一户是这样，所以这旧改工作开展得真是及时。而社区治理想要搞好，居民得发挥主动性，毕竟这是我们的家、我们生活的地方，治理好了大伙都能受益。”

夏阿姨的对门邻居王大妈家外墙早些年就有了裂缝，这几年下雨就往屋里渗水，内墙也开始剥落。“梅雨季节简直不要太潮湿，我都是隔天早上拿干拖把往上擦水渍，久了就发霉，一大片的，家里就我和我老头，我们都不知道该怎么办。”王大妈表示对自家外墙这一情况苦恼很久了，而旧改工作开始后，她向上门来询问居民改造意见和建议的旧改工作者反映了自家问题，希望能够得到解决。知道王大妈家需求之后，设计单位到王大妈家实地了解了具体情况，并向王大妈说明了问题症结所在，和她商量了解决办法。“不管是社区人员、设计单位工作者还是施工人员，都很热心认真地帮我家解决问题，方案我不懂的地方都会详细解释，我看着施工者一点点把我家外墙修补好，现在完全不怕下雨了，我家就和新房子一样！”

居民的全程参与既推动了城镇老旧小区综合改造工作的开展和落实，也推进了基层民主的发展。

二、居民“三感”提升，共同缔造幸福生活

城镇老旧小区不仅见证了一代又一代人的成长、一个个家庭的日常生活，也

见证了城市的扩张发展。眼下居住在城镇老旧小区的多为中老年人，他们对小区的情感很深，舍不得离开熟悉的环境和熟络的邻居，但各类基础设施缺失、消防隐患大等缺陷明显的城镇老旧小区没有跟上社会快速进步发展的步伐，已经满足不了居民的需求，旧改势在必行。

城镇老旧小区的综合改造提升是合民意、惠民生的工程。

“以前很多东西就单纯看政府做，当个旁观者而已，这回自己亲身参与了，这感觉是完全不一样的。第一次真实感受到政府工作的不容易，挨家挨户上门访问，耐心细心听我们讲自家的困难和需求，还向我们详细解释工作内容，我们想到的、没想到的都替我们想到了，就像单元楼门口的雨罩，我们虽然都感受到天气不好的时候需要边打伞边开门的麻烦，但都没想到这个问题，旧改是真的在为老百姓做实事、做好事的。同时因为这次改造，邻里之间的交流变多了，关系融洽了不少，对以后我们小区的后续治理也更有信心和动力了，‘小区是我家，建设靠大家’这话没错。”参与了这次城镇老旧小区改造工作的拱墅区左家新村居民张先生这么说到。

因出行不便而住到儿子家的李大爷在德胜新村改造完成后搬了回去。“我爸年纪大了，腿脚不是很方便，以前德胜这边没有电梯，也没什么无障碍建设，出门对他来说太折腾了，所以后来商量了一下就决定让他和我们一起住。但我们工作忙，晚上有时候还要加班，没时间陪他。这次改造真是帮了大忙了，小区里增加了不少无障碍通道，出了房门就有电梯，我爸知道后就和我们说要回来住，要找他棋友下棋。回来一看，小区大变样，还建了老人活动中心和社区服务中心，老年人是要有人陪的，我们做子女的放心不少。”李大爷的儿子对德胜新村的改造工作十分满意，“小区里还建了‘孝心车位’，停车多了选择，子女回家看望爸妈更方便了”。

通过城镇老旧小区综合改造，居民既能继续生活在自己的舒适圈，又满足了需求，实现“幼有所育、老有所养、学有所教、住有所居”，同时对美好生活建设的“参与度”得到了提升，对政府工作的“认可度”得到了提升，邻里相互之间的“亲密度”得到了提升，增进了获得感、幸福感、安全感。

第六节 加装电梯“助”旧改

一、“电梯公交”助力城市老旧小区有机更新

依据《杭州市老旧小区综合改造提升四年行动计划（2019-2022年）》的通

知，杭州市住宅小区约4300个，200万套，6万幢，2亿m^2。其中，2000年前建成老旧小区约2000个，2万幢，60万套，4300万m^2；2000年后建成保障性安居小区约600个，1万幢，47万套，6000万m^2。

2020年杭州市累计2356台加梯立项项目，其中1060台完工，642处正在施工，惠及住户大约1.7万户。西湖区政府积极推进电梯加装工作，2020～2022年，计划投入资金约27.4亿元，改造老小区87个，6.9万套、1701幢、676万m^2。

1. 当前电梯加装痛点

电梯加装是国家对老旧小区提升的重要环节，又是一个“百万级”的规模需求，在近几年的实际操作中存在几大痛点：

一是改造技术方案无法统一，受户型、建筑结构、小区空间、设计单位等因素影响；

二是加装费用、维保费用高。安装阶段需45万～65万元的投入，运营阶段7600元/年的支出；

三是居民征询工作难做。低楼层与高楼层使用率、遮光、自住与出租等个体诉求的不同。须满足“双三分之二”条件，才能进行申报。

2. “电梯公交”系统解决方案

民营资本助力电梯加装符合《杭州市老旧小区住宅加装电梯管理办法》（杭州市人民政府令第324号）的文件精神（第八条：鼓励老旧小区住宅加装电梯工作探索代建租赁、共享电梯等市场化运作模式，研究应用新材料、新技术、新方法推进工作）。以社会力量打造创新模式、共享模式，切实解决电梯加装痛点，解决民生问题，积极推进电梯加装工作的有序展开。实行三“零”解决方案：

一是“零”投入。设备由加装电梯单位一次性审批，规模化安装。让居民无投入资金压力。

二是“零”维护。设备由加装电梯单位持有，统一管理维护。让居民无日常维护、维修费用支出；

三是“零”烦恼。加装电梯运营单位提供丰富的便民措施。居民自愿有偿使用。

3. “电梯公交”的业务生态

智慧互联应用解决民生问题，以科技赋能电梯物联网发展。“智慧化、数据化、精准化”解决政府监管、公安联网、物业管理等问题。

（1）大数据平台

建立电梯使用的数据模型，大数据辅助优化运营，挖掘电梯出行及消费的商业价值。

（2）人脸识别

安全级别认证基于当前成熟的人脸识别技术。共享人脸数据作为公共安全的接入口，并与公安、物业公司联网。

（3）产业互联网

旧改小区已加装电梯的智能化提升，存量电梯更换的刚性需求，重构基于加装电梯全新场景，赋能安全管理、物业管理、新零售等场景。

4. “电梯公交”的经济效益和社会效益

一方面通过小区住户自愿有偿使用，回收“电梯公交”的投资；另一方面通过物联网大数据平台为居民提供增值服务，有效落实国家旧改政策，开辟新零售新路径，同时降低居民的乘梯成本。

（1）打造社区新零售入口

有效利用居民乘梯时间、便捷化使用、社区新零售交易接入。

（2）乘梯消费习惯的回馈

建立新的乘梯消费模式，乘梯消费次数可以提升用户的等级、次数转化为消费积分，摊薄用户使用费用。

（3）公益服务

针对经认定享受政府补助的低收入居民、残障人群、“失独”老人等，可享受免费使用电梯。

5. “电梯公交”应用案例

（1）项目地址

杭州市临安区碧桂苑小区。

（2）小区情况

经济适用房，总用地面积333亩，住宅总套数1849户，2000年动工新建，于2002～2003年分批竣工。均为6层建筑。

（3）电梯加装量

共有约150个单元，原有加装电梯4个单元。因沿街商铺原因不可加装电梯的约26个单元，可新增加装电梯约120台。

（4）“电梯公交”项目实施情况

由浙江欧姆龙电梯有限公司负责116台电梯的投资安装，由临安区锦北街道统筹小区业主与“电梯公交”实施单位签订改造协议。项目于2020年10月11日启动，第一批75台于2021年1月30日交付使用，剩余41台2月底前全部交付，项目从启动到交付使用共用时4个月。

（5）“电梯公交”使用情况

首批75台电梯已经投入使用，小区全部注册用户613户（含已安装未投入使用的用户）。

临安碧桂苑小区“电梯公交”项目的启动和投入使用，受到杭州市领导高度重视，杭州副市长缪承潮、临安区委书记卢春强、杭州市旧改办多次到现场调研，希望“电梯公交”模式能全市范围内推广。

民营资本为加装电梯赋能，通过科技创新和模式创新，结合互联网、大数据打造全新的电梯物联网新生态。通过技术迭代更新，将原有的380V电压升级为民用220V电压，可为政府节省约2万元/台的电力改造成本；高效推进老小区旧改、电梯加装及周边配套改造的规模化、系统化，可降低小区环境污染、工程扰民等因素；同时节省改造费用，提高效率及居民满意度。“电梯公交”模式将规模化推进加装电梯业务，也是民营资本积极参与政府民生工程改造的典型案例，有望成为城市更新中老旧小区升级改造的“杭州经验”。

二、做优“关键小事”

老旧小区加装电梯一直是社会热点和民生焦点，连续三年纳入国务院政府工作报告。杭州市委市政府积极贯彻落实中央和省部署，主动顺应人民群众的期盼向往，2017年起一直将加装电梯列入全市十大“为民办实事”项目。经过全市上下的共同努力，老旧小区加装电梯这项群众自愿发起、自行筹资、自主实施的民生工程已在杭州真正落地，基本形成“业主主体、社区主导、政府引导、各方支持”的“杭州模式”，取得了明显的阶段性成效。

1. 总体进展情况

杭州自2017年7月在上城、江干两区率先开展加装电梯试点以来，将覆盖面从主城区拓展到市域范围。尤其是2020年起，紧密结合杭州市全面铺开的老旧小区综合改造工作，大大推动老旧小区加装电梯进程。截至2020年底，累计加装电梯量突破1800台，“业主主体、社区主导、政府引导、各方支持”的加梯模式获得《人民日报》《焦点访谈》《中国建设报》《中国改革报》等权威媒体的高度肯定和社会各界的广泛好评。

2. 主要做法

老旧小区加装电梯工作“麻雀虽小、五脏俱全”，是国内诸多城市共同面临的“民生难事”，牵涉面广、技术性强，没有成熟经验可借鉴。杭州在充分调研基础上，准确把握老旧小区加装电梯推进“堵点”和“关键难点”，从突破瓶颈“装得上”和扩面提质“装得好”双向发力，加速推动加装电梯由“盆景”变“风景”。

（1）政策引路破瓶颈

一是完善政策顶层设计。2020年，杭州及时贯彻落实《民法典》的必然要求，出台全国第一个老旧小区政府规章——《杭州市老旧小区住宅加装电梯管理办法》，调整原先“双三分之二以上”的表决条件，明确老旧小区住宅需要加装电梯的，申请人应当征求所在单元全体业主意见，经本单元“双三分之二以上”业主参与表决，并经参与表决的“双四分之三”业主同意后，可签订加梯项目协议书。同时，针对民意统一难等问题，该办法除了引导当事人先行通过友好协商的方式解决加梯过程中的利益平衡、权益受损等事宜，更明确属地社区、街镇的调解职责。该办法充分体现了老旧小区民主协商在加装电梯工作中的作用。

二是加大资金扶持力度。出台《杭州市区既有住宅加装电梯与管线迁移财政补助资金使用管理办法》，明确20万元/台的财政资金补助政策，并由政府承担管线迁移费用，打通业主提取住房公积金和住房补贴的渠道，联合中国银行推出低利率“加梯贷”，切实减轻业主资金筹措压力。各地也进一步做好老旧小区改造与加装电梯的政策叠加文章。如拱墅区和江干区通过老旧小区改造项目带动，帮助加梯业主一揽子解决了设计、监理、管线迁改等问题，加装电梯的基础工程一并纳入了旧改实施范畴，结合老旧小区楼道改造和细节处理，大大降低加装电梯的成本支出，提升加装电梯楼道的生活品质。

三是创新审查机制。对标“最多跑一次”改革要求，创新建立由区住房和城乡建设部门牵头、多部门参与、专家指导咨询的联合审查机制，管线先行，无缝衔接，有效解决多头审批、程序繁杂、耗时过长等问题，切实为老百姓减轻项目审批负担，提高审批服务效率。如杭州上城区，政府组织联审后一般7个工作日内即可出具联合审查意见，成功压缩审批时间80%以上。

（2）基层自治促和谐

探索建立了一套“街道社区搭台、楼道长牵头、居民共议”的加装电梯基层自治体系，通过搭建各类沟通平台，帮助协调低楼层居民意愿、资金分摊、日常管理等民意统一难题，形成基层民主协商的有效机制，为打造共建共治共享的社会治理格局贡献加梯智慧。如上城区清波街道依托“清波话坊”平台，为业主讲政策、析利弊，促成全市首台加装电梯项目顺利落地；拱墅区通过搭建红茶议事会、百姓圆桌会等沟通平台，给居民搭建议事协商桥梁，大大促进加装电梯民意的统一。

（3）项目结合增质效

一是全面部署，摸清底数。对列入年度老旧小区综合改造计划的项目全面摸底，摸清在物理空间方面具备加梯条件的楼幢单元数量及加梯位置。

二是明确原则，做好预留。对无须进行地下管线和绿化迁改即具备加梯条件的加梯位，在老旧小区改造过程中明确不得占用加梯场地，做好预留；对老旧小区改造项目本身需要进行管线迁改的，可根据现场情况对邻近加梯范围内的地下管线及绿化提前一并迁改，做好预留；对同一多单元楼幢中部分单元因加梯需进行地下管线及绿化迁改的，将同一楼幢其余单元加梯位范围内的相关迁改工作提前一并实施，做好预留。

三是无缝衔接，协同推进。按照统筹规划、同步推进的原则，推动加装电梯与老旧小区水、电、气等基础设施改造和绿化、无障碍等完善类改造相结合，实现“综合改一次”，避免重复建设，努力实现旧改与加梯同步实施、同步交付。

（4）创新技术解难题

一是制定出台《既有住宅加装电梯技术规范（试行）》，不断提高工程实施的规范化和标准化水平。结合项目实际，因地制宜采取贴墙式、廊桥式、植入式等多种加装方式，并在设计、施工、产品研发上不断推陈出新。二是针对部分项目底坑空间不足的技术难题，主动对接国家质检总局推动浙江省首批“浅底坑”加装电梯试点项目落地见效，解决了一大批同类技术难题。三是大力推动整体装配式电梯加装技术研究应用，基本实现加装电梯主体结构装配式安装，达到“8小时主体吊装，48小时整体完工，7天交付使用”的电梯加装新速度。

（5）夯实服务促保障

推出“加梯服务”手机端小程序，对老旧小区实现全覆盖宣传引导，为业主提供政策咨询、民意调查等便捷服务，准确及时掌握居民的加梯意向；编印、分发《杭州市既有住宅加装电梯指导手册》，为业主提供资金分摊方案、企业备选名录、协议参考模板等关键信息，做到精准帮扶；推动成立加装电梯便民服务中心，为居民提供加装电梯政策、申请条件及流程、方案设计、价格评估、后期维保等一站式咨询服务。

2021年1月29日，住房和城乡建设部印发了《城镇老旧小区改造可复制政策机制清单（第二批）》，拱墅区加装电梯在运营维护阶段引入保险机制的工作经验入选清单，在全国推广。

拱墅区以电梯“养老”保险为切入点，全国率先探索“保险+”管理模式，运用保险事前预防、事中管控和事后赔付风险管理机制，为加装电梯提供全生命周期综合保障，逐步形成资金筹措有落实、维保质量有保障、日常管理有监督、意外事故有赔偿的长效管理机制。

2019年1月，全国首份既有住宅加装电梯“养老”保险在拱墅区上塘街道天时苑7幢4单元落地，将电梯设备本体的维保、维修、检验、整梯置换和人身财产损失纳入保险赔付范围。保险公司通过专业技术团队主动参与电梯生命周期安全管理，承保前对电梯进行风险查勘，全面评估电梯“健康”状况，承保后对维保质量进行监督、对零配件修换进行定损和理赔，对意外事故进行赔偿，建立“一年一签，一年无忧”的保险模式。在此基础上，2020年加装电梯保险模式再升级，以拱墅区大关街道西四苑8幢1单元为例，首创将电梯、土建、钢结构等部分一揽子纳入保险赔付范围，除电梯之外，增加了井道、连廊、幕墙、底坑等维修保险服务，一站式、一体化解决电梯设备本体及相关联结构的安全监管、维护、赔付问题，同时居民通过“15＋2”的模式一次性签约缴纳17年保险费用，费用总体再降25.6%，为加装电梯提供长周期保障。2020年，拱墅区已有85台加装电梯纳入保险受益面。

拱墅区会同中国人保公司推出的长达17年的电梯综合服务保险，成功破解加装电梯后续长效管理难题；余杭区推出的加装电梯服务地图和AR实景展示功能，方便了业主直观了解加梯信息、感受加装效果。

（6）强化示范营氛围

连续举办两届“最美加梯人（项目）”的评选活动，从加装电梯提升宜居性、邻里关系和谐的角度，联系媒体广泛宣传、正面引导，挖掘了一批涵盖业主、社工、志愿者、管线建设者等不同行业的“最美加梯人”，打造了锦园90号等一批“幸福邻里”，积极传递社会正能量，助力加梯工作赢得更多理解和支持；联系督促各地及时总结推广好的经验、好的做法，发挥典型引路、示范带动作用，推动老旧小区加装电梯顺利开展。

第七节 媒体记者“报”旧改

一、杭州：老旧小区以“心”焕新 老房子“改”出新生活[①]

——来源《中国建设报》（编辑：王志帆）

2019年6月，国家提出加快改造城镇老旧小区。随即，杭州市进一步加大老旧小区改造力度，《杭州市老旧小区综合改造提升工作实施方案》正式出台。

一场涉及“950个老旧小区、改造面积达3300万m^2，受惠居民上百万人”的老旧小区改造提升行动，迅速在杭州全市落地。

截至2020年底，杭州已有456个小区开工实施改造，334个小区完成改造，改

① 编辑：王志帆．老旧小区改造进行时㉗|杭州：老旧小区以“心”焕新 老房子“改”出新生活［EB/OL］.［2021-1-6］. https://mp.weixin.qq.com/s/Ax-QS5iYwI9ezn8ElMyicA.

造面积达2380万m^2，受益住户约27万户。

1. 综合改一次，一揽子解决民生痛点

曾经，老旧小区单项改造由各个部门分头进行、串联改造，往往项目一个个实施，持续时间较长。而这次，杭州创新实施“综合改一次”，将管线整治、停车泊位、电梯加装、养老托幼、安防消防、长效管理等通盘纳入老旧小区改造内容，努力实现“十年内最多改一次”。

为一揽子解决民生痛点，杭州市构建“市、区、街道、社区、业主”五级联动机制。市级层面抓统筹，对多个职能部门的单项工程进行统筹实施；区级层面抓落实，在《杭州市老旧小区综合改造提升技术导则（试行）》等15个政策文件的支持下，明确标准和流程，稳步推进旧改工作。

杭州市下城区旧改办就根据实际情况，锚定“一次改到位”目标，定制了一份“旧改套餐”——“10+X”，其中“10”指管线入地、立面整治、屋顶补漏、楼道修补、电梯加装、车棚改造、绿化彩化、环境美化、停车扩容、雨污分流十项改造项目；“X”指美丽小巷、口袋公园、N个生活场景。

2. 改不改居民说了算，从“政府配菜”变成“居民点菜”

你愿意重新规划绿化开辟停车位吗？你希望在小区里增设哪些公共设施？这是滨江区缤纷小区在改造前期，逐家逐户发放的征求意见表中的内容。

改不改、改什么，老百姓说了算。以政策支持、党建引领，发动居民力量广泛参与，杭州市老旧小区改造的重要实践，正为推进国家治理体系和治理能力现代化提供“杭州方案”。

和缤纷小区一样，杭州市拱墅区和睦新村在旧改正式启动前，方案的征求意见稿在居民的脑袋里，翻滚了三次：第一次，始于民意，掌握问题，形成项目清单；第二次，源于民意，政府护航，委托设计单位编制正式改造方案；第三次，再征民意，由区住房和城市建设局牵头，区城管局、区民政局等单位进行方案联审。

“政府配菜”变成了“居民点菜”。通过制定出台《杭州市老旧小区综合改造提升技术导则（试行）》，杭州明确83个基础改造项内容，48个改造提升项内容，引导居民全程参与，让居民“看菜单点菜”；同时设立全程参改机制，建立改造前民主协商、改造中全程监督、改造后居民满意度作为验收标准的基本程序。

打造好一个包容和谐的社区，不仅需要“硬功”“软功”，更需要练好“内功”。

为此，杭州探索构建了“纵向到底、横向到边、协商共治”的社区治理体系，通过基层党组织、党员，发动居民共同参与到老旧小区改造后的管理中来，引导居民协商制定《居民公约》，实现居民自我管理，充分保障群众在小区治理中的参与机会和权利，加快推动全市老旧小区改造的进度和质量。

3. 内部挖潜、居民出资，因地制宜补齐配套短板

以居民最关心、最迫切的问题为突破口，补齐老小区基础功能，提升公共设施服务水平，是杭州老旧小区改造的基本策略。

公共活动及配套服务空间从哪里来？杭州创新鼓励行政事业单位、国有企业将老旧小区内或附近的存量房屋，提供给街道、社区用于老旧小区养老托幼、医疗卫生等配套服务。据统计，杭州市级机关事业单位已盘活86处存量房屋，无偿提供给所在社区用于公共服务。

在下城区麒麟街，杭州警备区腾挪出300m^{2}共建房屋提供给社区使用。很快，这里将成为社区文化家园、老年食堂以及为民服务支援站等，成为社区老幼的另一个“家”。

在拱墅区德胜新村，杭州水务集团也将空置的水泵房免费提供给社区使用。如今，一个崭新的百姓学堂即将完工，小区居民很快就可以到这里休息、看书，未来还有各式活动将陆续举办。

空间有了，钱从哪里来？

围绕资金筹措这个“老大难”问题，杭州坚持多元筹资方式，建立健全政府与居民、社会力量合理共担机制，通过盘活社区资源，激活小区“造血功能”，以市场化方式吸引更多社会力量参与改造、共建和运营。

杭州提出，原则上居民要出资参与本小区改造提升工作。这条看似难以实现的创新举措，经过一年多时间的推进，有了破冰实践：下城区河西南38号院的改造，每一户居民都出资参与。

硬件与空间短板的补齐，为小区改造完成后建立市场参与机制，引入专业公司参与物业管理、养老、抚幼、助餐等服务奠定了基础。

目前，在杭州市已完成的老旧小区改造试点中，涌现了一批有完善设施、有整洁环境、有配套服务、有长效管理、有特色文化、有和谐关系的“六有”样板小区。

4. 探索智慧建设老旧小区融入未来场景

在智慧城市、“互联网＋”的概念下，杭州老旧小区改造，也融入未来社区体系，并为更多公共项目建设带来可能。

结合智慧安防小区建设，江干区所有老旧小区改造方案均进行“智慧社区”设计，做到“安防一次性完善”，提升小区门禁系统、车牌抓拍系统、视频监控设备、智能充电桩、智能烟感报警器等智慧化设施，实现小区和单元门禁全覆盖，主要出入口和道路、周界、主要公共区域等重要点位监控无死角。

而在拱墅德胜新村，一场普惠大众的旧改创新，也在进行中。通过软硬件改

造，残障人士将在德胜新村这个老小区享受到无障碍生活圈。

海绵城市建设，亦被融入老旧小区改造。家住杭州上城区南班巷的居民们发现，以前一场暴雨就容易积水的路段，如今很少出现这种状况了。这得益于老旧小区在“微更新”中融入海绵城市理念，通过“见缝插针”式的海绵举措，实现了环境美。

据了解，在老旧小区改造中，杭州积极融入未来邻里、建筑、交通、能源、物业和治理等场景，健全老旧小区公共服务体系，目前已有10余个改造项目较好地融入了未来场景。

与此同时，杭州还在创新探索长效管理机制，推动老旧小区成立业委会或自管小组，引导居民自治，鼓励引入专业物业管理，探索物业管理打包连片、区域性管理的模式，降低物业管理成本，促进小区治理持续规范，实现从“靠社区管”到“自治共管”。

实施老旧小区改造工作，是稳增长、促民生、提高基层治理能力、提升城市品质的重要抓手，是“百姓得实惠、企业得效益、政府得民心”的民生工程、发展工程。下一步，杭州将系统谋划好杭州市老旧小区改造“十四五”规划，提升项目设计标准和建设品质，及时总结提炼杭州市旧改工作特色和改造经验，努力争创全国标杆和样板。

二、8位摄影师，数万张照片！记录拱墅老旧小区蜕变轨迹①

——来源：拱墅区融媒体中心（记者：黄冰；摄影：廖雄，王戈，池长征，吴军荣，毛志良；编辑：俞柯萍）

镜头里的“它们”，是迫切求变的小区原貌，是争分夺秒的艰难施工，也是历经蜕变的幸福生活……2020年，在全区“旧改”内外兼修抒写精彩之时，拱墅区摄影家协会8位摄影师踏遍14个精品小区，用镜头捕捉旧改之变、用事实记录改造之美，为拱墅“旧改”增添色彩。

“旧改是民生大事，能用镜头记录下来，多有意义。”“平时没空就双休去，工地需要反复跑。”回忆起参与拍摄的经历，池长征难掩激动，这位有着30年摄影经验的老师，自启动“旧改”专题拍摄以来，深入小区用镜头紧跟改造的另一种“美”——施工。从开挖管道、铺设沥青、粉刷墙面，到门头改造初具雏形等，镜

① 记者：黄冰，摄影：廖雄，王戈，池长征，吴军荣，毛志良，编辑：俞柯萍 .8 位摄影师，数万张照片！记录拱墅 14 个老旧小区蜕变轨迹［EB/OL］.［2021-1-2］. https://mp.weixin.qq.com/s/WlPENphxpDIyPwW1wkjNFg.

头里的工人们辛勤劳作，或顶着炎炎烈日，或深处满是泥泞的环境。“镜头不只是记录变化，还能带来共鸣。”池长征说，看到这些体会到这场“以旧换新”太不容易，背后承载了各方的努力和汗水，但同时也感受到了拱墅的旧改速度（图4-2）。

图4-2 塘河新村改造后文化角

“咔嚓”一声，贾家弄新村的休憩公园改造完成没几天，老摄影人吴军荣立马就拍摄了居民玩乐的照片。2020年4月，作为专题拍摄的参与者，他走了很多小区，令他印象最深刻的就是“老年人的执着”。“老年人都喜欢围坐着在小区公园聊天，有很多自己带着小凳子的。”改造启动以后，公共场所的提升成了必选项，看到公园变样，吴军荣也十分开心。“老年人太需要这样一个场所了，可以话话家常，排解寂寞，甚至还能解决邻里矛盾，记录这些很有意义。”吴军荣说（图4-3、图4-4）。

图4-3 儿童活动场地改造后效果

图4-4 公共休憩空间改造后效果

“这些照片可能‘不美’，但绝对真实。”区摄影家协会副主席兼秘书长廖雄告诉记者，纪实摄影与普通摄影有区别，不仅在于追求画面的美感，更在于发现生活、表现人与人之间的关系。“能够参与这项大事，每个摄影师都深感责任重大，希望这些照片可以成为拱墅‘旧改’宝贵记忆，让大家感受到这项民生工程是如何一点一滴惠及百姓幸福生活的。”廖雄说道（图4-5、图4-6）。

图4-5　小区出入口改造后效果

图4-6　老旧小区改造中加装电梯后的效果

三、一对老姐妹 两个热心人 担当四大员

——来源《今日中国》（作者：蒋叶花）

叶青苑小区紧邻大运河，是杭州市拱墅区米市巷街道辖区规模不大的一个小区。于1999年交付使用，占地面积约5700余平方米，共计房屋205套，建筑总面积15579.39m^2。

由于周边房屋建设、年久失修等原因，小区产生了围墙破损，屋面、屋顶渗漏，自来水管道破裂渗水等问题。在此次老旧小区改造过程中，以完善基础设施和解决困扰居民多年的墙、屋面渗漏水问题为切入点，统筹考虑“水、电、路、气、消、垃”等内容，适度提升公共空间，增强小区的通透性，增加配套设施，营造平安、整洁、舒适、绿色、有序的小区环境。

“徐主任，大门改造好之后，这边建议摆一个活动的小房子，可以当作传达室，这里刚刚好弄个窗户，与新的大门配套……”正在旧改现场的夏彩荷阿姨、李婉莹阿姨看到街道徐晓主任来了，马上就拉住徐主任打开了话匣子。

自从2019年9月10日该项目开工以来，两位阿姨每天都会出现在旧改现场。两位阿姨一位叫夏彩荷，今年69岁了，从杭州齿轮箱厂单位退休；另一位阿姨叫李婉莹，今年67岁，从拱墅区住房和城乡建设局退休。两人一直居住在叶青苑小区，对自己居住的小区有着深厚的感情。

从旧改“三上三下”征求意见开始，这对老姐妹就参与了整个叶青苑小区的旧改工作，她们把旧改当成自己的事，“阿姨辛苦啊！”“不辛苦不辛苦，街道、社区的干部都在跑来跑去地忙，我们自己小区的事情自己不操心叫谁去操心？”两位阿姨如是说。

在叶青苑改造设计方案公示征求意见的时候，夏阿姨和李阿姨做了有心人，估算出叶青苑小区60岁以上老龄人口数占了总人口的近30%，提出了老人活动场地的配套建议。街道、社区和设计单位一起对设计初步方案进行了调整，根据居民的入住面积和年龄分布情况，增设了老年人休憩场所。针对小区范围小、活动空间有限的现状，对小区最南端围墙边的杂草灌木进行优化，景观上结合运河文化，延续城市特色风貌，整体色彩和色调与城市色彩相呼应。从杂草灌木丛中专门辟出了居民的散步小道，这样，居民不出小区就可以在自己小区内"荡一圈"。

为满足儿童和儿童看护的需求，设置了全龄综合活动区，将色彩运用到极致，在尊重原场地现状的同时，增加儿童趣味滑滑梯等儿童游戏设施，创造儿童的乐享天地，布置休憩座椅，方便居民看护儿童、阅读报纸、聊天、下棋，在夏日里新添一份色彩和美丽。

叶青苑改造已经持续了近7个月，这对老姐妹只要施工，把每天到现场当作工作一样，动员发动、帮助宣传、楼道的线路整理、加梯工作、施工现场的电瓶车停放等等都能看到她们的身影。除此之外，老姐妹俩还主动参与、主动为旧改建言献策，以小区"主人翁"的姿态和热情参与其中，不知不觉当起了旧改工作的"四大员"，在推进旧改进程中积极发挥作用。

夏阿姨、李阿姨一直是社区的热心人，得知小区要旧改后，立即参与动员和民调，使小区居民关心关注旧改，对居民的意见问题进行协调及汇总，对个案进行一对一的联系，自觉担当起旧改项目的宣传员。

在社区业委会的共同参与下，在每栋楼都选出了热心旧改的志愿者，对施工质量及进度进行全程跟踪，并对施工中碰到的水电等设施设备的迁移、改造等问题多次联系各相关职能部门，不管高温下雨，都到各部门进行拜访，发挥居民群众的力量，使小区脆弱的自来水管道得到了无偿的全面改造。对小区配电箱存在的危险，拍图片、看现场、摆事实，多次将电力部门工作人员请来现场查看，也让电力部门为小区改造增添力量。"业委会在政府、街道、社区、施工方中起到了一个桥梁作用。有什么事情我们都会在街道、社区的组织下沟通协调，毕竟我们自己住的小区，我们更了解。"夏阿姨、李阿姨说。这个时候她们就是旧改志愿队伍的引导员。

下楼、上楼、走东家、跑西家做楼道居民工作，跑市加梯办，联系电梯公司，带居民参观其他小区的已加装电梯，对20余套单位公房的产权单位进行产权明晰和加装电梯的情况说明，使四台电梯的前期预埋工作顺利施工完成。这个时候她们当仁不让当起加梯工作的联系员。如屋顶补漏、更换雨棚、绿化布置，现场的施工安全和行人安全。晚上进行巡逻，发现不安全因素及时处理。如发现建筑材料堆放不整齐，会让老人小孩摔跤，及时联系施工方进行整改。对雨棚晾衣架提出质量异议的居民，让他们查看现场实物，打消这些人的疑虑。他们又化身为矛盾纠纷的协调员，积极发挥居民自治作用，解决施工中的矛盾纠纷，成功调节项目施工中的“肠梗阻”，有力助推项目进程顺利推进。

在两位阿姨的带动下，该小区的其他热心居民纷纷参与进来，为小区的旧改贡献各自的力量。有的会拍照就把旧改前后变化拍下来发到小区业主群里，制作成视频，留作纪念，也供全体居民观赏；有的有文化就建议利用中庭休息区的白墙绘制“二十四孝图”倡导美好家风；有的空闲时间多就担任“义务卫生员”巡查小区卫生；有的听取其他居民意见建议，把小区其他居民合理化建议及时与设计单位沟通，将小区居民的意见直接与施工方设计方无缝对接，在现场直接解决问题，加快了矛盾解决速度，使旧改工作顺利进行。目前，该小区已完成总工程量的95%，计划于4月底完工。

在两位老姐妹的热心带动下，面对旧改使小区日益变好的环境，小区的居民自豪地将完成旧改的叶青苑称为“运河畔的雅舍”。原来有疑惑的居民也开始关心小区的建设和发展了。热心居民们和社区、街道开始考虑养老、后续长效管理等问题。在两位阿姨的热心助力下，得到相关企事业单位的帮助，腾出140多平方米空间给叶青苑作为养老服务用房。目前，该事宜正在推进中……

像夏阿姨、李阿姨这样的“民间四大员”，在拱墅区旧改工作中有243位，两位阿姨是这些人中的典型。他们以“民间四大员”的身份忙碌在拱墅旧改的大小社区、在项目现场、在居民家中，成为顺利推动旧改这项民生实事工程高质量落地、高品质管理的有效“助推器”，成为旧改以“旧”换“新”更换“心”的有效“引擎”，成为促进基层综合治理良性发展的有效“胶粘剂”。

四、杭城上演“变脸记”

——来源《浙江日报》

当你穿行在杭州这座历史文化名城之时，除却湖光山色、小巷街弄，一座座老旧小区，定然也是与你时时照面的城市主角之一……

经过20年的大规模商品住宅开发，经过城中村改造的全面推进，杭州中心城区社会结构发生了较大改变，老旧小区的老年人群比例不断攀升。同时，伴随着房屋渗水、设施失修、环境脏乱、配套落后等问题的出现，更让老旧小区成为各类矛盾积聚之地。

如何破题这一矛盾丛杂、体量庞大的改造难题？杭州拿出了自己的办法。不久前，《杭州市老旧小区综合改造提升工作实施方案》正式发布，提出至2022年底，杭州全市将实施改造老旧小区约950个、居民楼1.2万幢、住房43万套，涉及改造面积3300万m^2。

究竟杭城这场盛大的老旧小区“变脸记”将如何上演？与过去的改造有什么不同？又能给居民带来什么？

面孔之变：“老破小”成了样板房

你是否看到过这样的场景：路过闹市区的一个老旧小区，只见里头杂草肆意生长，地上有了年岁的路砖碎成了小块，有车路过便会发出咯噔咯噔的声响。

你是否碰到过这样的苦恼：晚上开车回家，绕着小区里的小道找了一圈又一圈，眼看着一块块草坪上都停满了车，怎么也找不到一处还能落脚的空位。

……

这是一张张杭城老旧小区的旧面孔，而如今，一场老旧小区改造正在快速打破人们的刻板印象。

青砖白墙，灰色雨棚，整齐划一的防盗窗、晾衣架、花架、空调架镶嵌其间，在初秋蒙蒙的细雨中，眼前的五层楼房别有一番江南韵味。

下城区潮鸣街道小天竺社区回龙庙前4弄，这里是杭州最先揭开面纱的老旧小区改造样板房。

刚到回龙庙前时正下着雨，下车后记者顺势躲进了一座古色古香的凉亭避雨。“这个凉亭是新建的，旁边的小公园也是新修的。以前一下雨，地上就一塌糊涂了，哪有这样的好地方能避雨。”知道记者是来采访老旧小区改造的，二单元203的住户王美华和记者聊开了。

“走，我带你去我们楼里看看去。”只见王美华推开崭新漆就的铁门，眼前的路面上是新铺设的地砖，进门转角是一处全新的报箱和牛奶箱，楼道门换上了现代化的智能门禁系统，随扶梯而上，墙面雪白敞亮，两侧都挂上了小区的老照片，楼层高的走累了还能打开可收缩座椅坐下小憩。

“怎么样？是不是和一个新小区一样了。”边走边介绍，王美华脸上满是掩藏不住的笑意。

小天竺社区居委会主任刘国芬闻声而来。“这段时间的改造虽然忙，但却很有盼头。”刘国芬记得那些焦头烂额的日子：由于屋顶老化风化，顶层居民常来找她解决屋顶漏水问题；由于小区年代久远，没有设计洗衣机污水管，下层居民又常常因为楼上自接的洗衣机水管脱开懊恼不已；老年居民抱怨活动场所不够，中青年居民抱怨电瓶车、自行车库不足……“这一切问题非一场综合性的改造来解决不可。”刘国芬意识到。

所幸的是，2019年初，“小天竺、知足弄社区综合整治工程”入选2019年杭州市13个老旧住宅小区综合改造提升试点项目，两个社区近8000户居民受益。据介绍，这次项目的具体改造内容包括与居民沟通协商最终确立的“10＋X”：10指管线入地、立面整治、屋顶补漏、电梯加装、停车扩容等共10项旧改内容；X指两条美丽小巷、四个口袋公园、五个生活场景等。

而在拱墅区上塘街道瓜山社区，另一个刚亮相不久的样板房也引起了人们的关注——杭州首个未来社区样板房。破旧的城中村转身变成了洋气的公寓：雪白外墙，暖黄色木窗，种满植物的小阳台，走进公寓大厅，更有现代化的会客厅、水吧台、咖啡吧和简易料理区……

接连亮相的样板房只是开始，这场面孔之变正在带动城市之变。

城市之变：单点突击到综合改造

这次改造不也就是把墙刷刷白，把地铺铺平吗？面对新一轮的老旧小区改造，不少人会有这样的质疑。

诚然，平改坡、背街小巷改善、危旧房改善……过去，似乎每隔几年政府就会实施针对老旧小区的单项整治工程。不可否认，这些工程解决了许多老旧小区面临的困扰；但同时，每一次施工必然会较长时间阻碍居民日常生活，噪声，灰尘，来来往往的工程车和施工人员，不少居民感觉受了“折腾”。

能不能系统规划，一次整改到位？

“这一次我们做的不再是单项改造，而是把这些年亟需改的，例如污水零直排、消防安防、房屋本体修复等‘必改’项目，以及加装电梯、停车泊位、中心景观、养老幼托等居民改造意愿强烈的‘可改’项目，统一规划，综合改造。”杭州市建委相关负责人介绍。

在上城区小营街道南班巷社区9幢，20世纪50～90年代的老屋迎来了整体改造。“这次我们请了浙江省城乡规划设计研究院来帮我们系统规划。”小营街道城管主任沈琪告诉记者，这次规划中他们不仅把海绵城市的概念带入了小区，以解决雨天小区内涝等问题，更重点针对老年人普遍反映的公共空间缺乏问题做了系统性改善。

“社区把办公室让了出来，为老年人办起了居家养老服务中心，还准备在小区里规划300m的健身步道，更打通了小区与隔壁小公园之间的障碍，方便老年人进出锻炼。”沈琪带记者走进刚刚落成的养老服务中心，门口的小黑板上写满了健康义诊、猜灯谜等各类活动，亮堂的大厅里，82岁的居民瞿华章正在教老邻居们写书法，彼此有说有笑，气氛融洽。

“我们正在告别补丁式的，涂脂抹粉式的改造。”上城区建委相关负责人告诉记者，记得在“三改一拆”住宅区改造的时候，市区两级资金仅1000多万元，分到6个街道后更是形不成气候，不可避免地会出现“撒葱花”等现象。

“今年我们打算规划成熟一个实施一个，做成真正的精品，让老百姓有实实在在的获得感。”拿出一本厚厚的规划手册，他告诉记者，仅仅是紫阳街道新工社区的方案他们就反复调研修改了两个多月，将开展从设施提升、社区服务，到环境打造、文化建设等全方位综合改造。

这样的综合改造工程将惠及杭州市的多少个小区？根据实施方案，此次重点改造的是2000年以前建成、近5年未实施综合改造且未纳入今后5年规划征迁改造范围的住宅小区。至2022年底，杭州全市实施改造老旧小区约950个，涉及改造面积3300万m^2，即33km^2。

33km^2是什么概念？记者查询了一下，澳门特别行政区的陆地面积为32.8km^2。如此庞大的工程，这几乎是在潜移默化间为杭州“换脸”。

模式之变：从要我改到我要改

您希望小区增加哪些公共设施内容？针对“停车难”，您是否同意将部分绿化改造为植草砖停车位？……

这是上城区清波街道劳动路社区“微更新”综合整治规划设计前的一份民意问卷调查。

“这次改造要求满足‘双三分之二’原则，即2/3以上的业主同意改造并对初步改造方案和长效管理方案认可。”社区主任告诉记者，居民的参与度很高，更多的是他们意识到，这次的改造不再是从看的角度，而是真正从用的角度来进行。“比如我们做了很多工作，打通了小区周边的两堵围墙，让居民到南山路、吴山广场休闲出行缩短了半刻钟，让大家真正感受到了住在西湖边的幸福感。”

由居民决定“改不改”“改什么”“怎么改”“如何管”。以人为本，居民自愿是这一轮老旧小区改造的第一原则。而除了“双三分之二”原则，更让记者惊讶的是实施方案中的另一条：原则上居民要出资参与本小区改造提升工作。

居民出资靠谱吗？带着疑问，记者来到了拱墅区湖墅街道青莎阁小区，根据介绍，这个小区的改造就是由居民自发出资完成的。

“最初只是我们一幢的几个人想改造小区，可是直接让每家每户出钱太难了，我们合计着和每户居民做完沟通以后，先出方案，做预算，垫资改造起来，最后改造成型了，大家看到成果了，再以各家平摊或者捐款的形式把钱收回来。”设想最终变成了现实，这两天，青莎阁小区最后一幢的改造已经接近收尾。小区业委会主任告诉记者，目前正在改造的这幢55户居民中只有4户不愿意出钱，可对他们来说，这样的结果已经很理想了。

“报道这件事情可以，千万别出现我的名字，不能让居民误会我是为了名气来做这些事情。”有意思的是，虽然事成了，但从这位业委会主任的低调中，记者也感受到社区工作的不易，需要用巧劲儿，更需要有魄力有担当的能人。而当被问及是否还有可能再找到这样的例子时，湖墅街道负责人尴尬地摇了摇头：“太难了。”

杭州市建委相关负责人告诉记者，目前来看，让居民出资确实不容易，需要一步步引导，最初可以通过动用维修基金参与的方式，慢慢地可以以捐款等形式推动。“最主要的是要让居民意识到，小区改造与每个人都息息相关，只有一起参与其中，共同守护家园，才更能珍惜来之不易的社区环境。”

正如社区规划建设的先行者新加坡建屋发展局所倡导的，要打造好一个包容和谐的社区，不仅需要硬件、软件，更需要“心件”。老小区改造既是为民办实事，更应在居民全程参与的过程中，提升社会基层治理能力，齐人心，出能人，做能事。

五、戴上这个手表，眼睛不方便也可以放心逛！①

——来源《杭+新闻》

钱先生是一名视力残疾一级患者。今天上午，他兴冲冲地从江干特地赶到了拱墅德胜新村。

来干嘛？见一位“芯”朋友。

“当前位置是德胜新村88栋与75栋之间的十字路口，面向我，往左边80m到达西出入口，往右走150m到达德胜公园，往背后走70m到达‘阳光老人家’……”这个“芯”朋友，其实是德胜新村作为杭州老旧小区改造无障碍建设的样板，在小区主要通道与公共配套处增设的电子导盲系统。

眼下，德胜新村老旧小区改造已基本完工，该电子导盲系统正处于调试阶段。钱先生今天应邀前来作为无障碍使用者亲身体验。

建设信息化无障碍生活圈

“我当前在哪个位置？前方有哪些信息？如何走到想去的地方？”钱先生说，这是视障人士独自出门难的“三座大山”。

而今，只要打开手机无障碍地图App，或是戴上为不太会用手机的老人专门设计的智能手环，一靠近该视障辅助提示器5m内，就会自动触发，根据布点语音提示视障人士所在位置、附近公共服务点与行进路线。“语音会自动循环3

---

① 记者：吕烨珏，通讯员：李东立，李汝方，编辑：吕烨珏．戴上这个手表，眼睛不方便也可以放心逛！杭州老旧小区试点智慧导盲［EB/OL］.［2021-3-4］. https://apiv4.cst123.cn/cst/news/shareDetail?id＝552211417617399808.

遍。”钱先生想将此反应给自家社区去借鉴，“确实方便！”

建成于20世纪80年代的德胜新村，毋庸置疑是一个“老”社区，体量大，人口多。小区住户近万人，其中老年人占比20.6%，残障比率也较高，肢残51人、视障25人。

随着城市发展，无障碍环境的现实需要备受关注，其贯穿每个人的全生命周期，是老、弱、病、妇、幼、残等弱势群体的共同需求。2020年6月，杭州打响全市无障碍环境建设大会战，无障碍改造纳入老旧小区综合改造提升、未来社区建设，为亚残运会顺利召开提供坚实保障，努力成为全国城市无障碍环境建设的“重要窗口”。

同年，德胜新村启动老旧小区改造，其中一块重要内容正是建设信息化无障碍生活圈。

除了建设公共空间、小区交通、休憩场所、服务配套等无障碍设施，本次改造最大的亮点在于引入全龄化无障碍理念，打通老人活动区、全龄活动区、邻里活动区，统筹考虑各类使用人群特点，形成了无障碍全龄环线。

为助力建设无障碍生活圈，除了电子导盲系统，德胜新村还有两员新增的“门将”居功甚伟。其一在南门，是一块无障碍明盲对照导览示意图。钱先生“读”过不少类似明盲对照导览示意图，却对此赞不绝口，“这里的明盲对照很标准，而且设计的图例形象生动，比如用一个小马桶代表公共卫生间，一目了然。”

另一则在社区西出入口，是一块无障碍地图电子屏，不仅能触屏实现位置索引，还能为有需要者规划轮椅可通行路线。

打造全市首家社区护理中心

“真正的‘无障碍’，从来不是单一、分散的无障碍点位建设，而是能打通点位，形成无障碍环线。”住房和城乡建设部科技委社区建设专委会委员、泛城设计股份有限公司城市更新研究院院长王贵美说，德胜新村之所以能打造为全市老旧小区无障碍建设示范工程，是因为它实现了完整居住社区的构建过程。他解释，“社区一要体量够大，二要功能配套够全。”

而德胜新村旧改正是二者结合的一个实践。改造中，除了道路整治、楼道修整、管线“上改下”、强弱电整治、停车序化及挖潜等内容之外，还加强了功能设置与服务配套。

比如，建设满足老年人集“健养、乐养、膳养、休养、医养”于一体的社区乐龄养老生态圈。此次改造将原有废弃的非机动车库改造成供社区居民居家养老的“阳光老人家”中心，一层设置康养中心、阳光餐厅和慈善超市；二层设置了12张护理床位，并为社区老年居民全部建立了健康档案，及时提供居家健康养老服务，还专门设置了心理咨询室。

德胜新村还通过原先社区用房的退让，建成了全市首家社区护理中心“乐龄家护理中心”，配备了内科、中医科、康复科等科室，并提供20张床位以接收具有拱墅户籍的失能和半失能老人，预计2021年5月正式开放床位预约。

再如，重点打造了一条390多米长的便民商业服务圈，配备了理发、修鞋、开锁、餐饮、农贸市场等店铺，满足居民生活所需。

另如，通过打造社区文化家园、“百姓学堂”、幼托中心等，建设社区文化教育学习圈。

此外，保留升级小区居民自题的8处特色微景观，融入“德”文化，新增口袋公园，串珠成链，拓展公共休憩空间，打造休闲娱乐健身圈。

此前由于长期没有维护而杂草丛生、灌木茂盛、光线暗淡，被居民戏称为“原始森林”的德胜公园也焕然一新，不仅提升了公园绿化品质，还新建了居民休息凉亭、儿童活动场地、社区疏散广场、百姓舞台、居民健身等功能场所。

如今的德胜公园视野开阔，凉亭矗立一角，一条人工小溪穿流而过。在这儿住了20多年的赵奶奶看着溪边芦苇摇曳，不远处的人造沙滩上传来5岁小孙儿的童声笑语，“以前陶渊明写的桃花源里‘黄发垂髫，并怡然自乐’，我们这也差不多啦!”

专家声音：

住房和城乡建设部科技委社区建设专委会委员、泛城设计股份有限公司城市更新研究院院长　王贵美

如何构建完整居住社区？应从五要素出发：安全智慧的基础设施、友邻关爱的居民关系、绿色生态的科学发展、教育学习的人文环境、管理有效的治理体系。

随着人们对美好生活需求的不断提高，要构建完整居住社区，改变现有小区单一居住功能、改造城镇老旧小区是必经之路。

城镇老旧小区的改造过程其实也是完整居住社区的构建过程，二者有着共同目标，是相辅相成、相互促进的整体。这是城市更新和建设韧性城市的必要过程和措施，也是我国今后很长一段时间内城市发展的方向。

六、杭州市拱墅区“四化引领”打造全国旧改样板[①]

——来源 浙江城乡建设（编辑：蔡璟瑾）

2019年6月，李克强总理视察杭州市拱墅区和睦新村时指出，建设宜居城市

① 编辑：蔡璟瑾.杭州市拱墅区“四化引领”打造全国旧改样板［EB/OL］.［2021-3-10］. https://mp.weixin.qq.com/s/J3DO039ClZAO1EEfl4nj6A.

首先要建设宜居小区，老旧小区改造一定要让老百姓感到生活幸福舒适。一年多来，拱墅区按照李克强总理视察时提出的要求，提高站位、拉高标杆、蹄疾步稳，迅速启动实施新一轮老旧小区改造提升计划，坚持“标准化、特色化、功能化、民主化”四化引领，高水平推进老旧小区综合改造提升工作，努力争创全国样板。截至目前，全域131个老旧小区改造项目全部实现开工（涉及楼房1798幢、585万m^2，总投资22.8亿元，受益群众超过20万人），已累计完成改造项目73个，涉及楼房907幢、38000余户、面积248万m^2，剩余项目预计2021年底前全部完成，启动速度、改造规模居各城区之首，赢得了老小区居民普遍好评。拱墅老旧小区改造提升经验在中组部、住房和城乡建设部全国培训班上进行专题交流并获住房和城乡建设部推广，和睦新村二期入选住房和城乡建设部第一批旧改试点案例，董家新村被评为省级旧改样板工程（图4-7）。

图4-7 董家新村改造后效果

坚持标准化

打造样板示范项目

加强统筹领导，坚持科学论证、规范设定，以改造全过程标准化，确保改造有章可循、有标可依，建立可复制可推广的综合改造体系。

改造内容标准化。立足当前城市更新标准和未来小区改造趋势，按照“先地下后地上”“先里面后外面”“先雪中送炭后锦上添花”的“三先三后”原则，制定拱墅“24＋12”项（必改24项、提升12项）改造内容标准，必改项保基本，一揽子解决小区功能问题，确保“一改管十年”，并在资金富余或有其他来源的情况下，视情况增加提升项，满足居民美好生活需要。

改造流程标准化。为全面指导辖区各单位实施旧改，编制《拱墅区老旧小区综合改造提升操作手册（试行）》，优化分解11道工作流程，建立“12345”管控体系，即一套实施流程，预审、联审两次方案审查，“三上三下”三次民意征求，街道、总包、监理、居民四方工程监管，估算、概算、预算、结算、决算五次资金把关，做到改造流程规范统一，确保改造资金安全可控。

改造技术标准化。在省、市老旧小区改造技术导则基础上，针对屋顶漏水怎么解决、楼道怎么敞亮、地下管网怎么改、架空线如何整治、养老托幼等功能设施如何植入等问题，探索建立符合拱墅实际的专项实施标准。如总结推广广兴新村弱电管线“多网合一”“上改下”模式，成为全市样板；在智慧安防建设中，采取资金统筹，实施单位和方案单独评审的“一区一案”模式，使安防建设更加到位。

突出功能化
建设适老宜居家园

坚持不搞大拆大建、涂脂抹粉，改造中突出实用性，着力一揽子补齐老旧小区功能短板，努力达到“五好五不”效果，即小区公共区域安全保障好、绿化环境好、停车秩序好、养老服务好、特色文化好；居民住宅建筑屋顶不漏、底层不堵、楼道不暗、管线不乱、上楼不难。

统筹改造基础设施配套功能。针对老旧小区基础设施配套先天不足的问题，区旧改办牵头住房和城乡建设、城管、公安、民政、管线等单位，通过方案联审、施工联动等工作机制，统筹实施好加装电梯、污水“零直排”、垃圾分类、智慧安防、居家养老等民生“关键小事”，协调好水、电、气、通信等“最多改一次”事项，实现一步到位解决老旧小区存在的问题和短板，确保“一次进场，十年保持”。

重点突破生活急需使用功能。坚持以居民需求为导向，积极解决老小区停车难、加梯难等“痛点”，创新突破，务求改造实效。如董家新村把缓解停车难作为改造重点，通过拆除433处6000余方违建、规整近50幢房屋围墙，新增停车泊位200余个，目前全区已累计新增车位528个；渡驾新村结合旧改推进加装电梯，成为杭州市首个“老旧小区提升＋整村加梯”项目，共涉及7幢多层共23个单元电梯加装工作。目前，全区已落地加装电梯227台（图4-8）。

图4-8 渡驾新村改造后效果

着力完善“一老一小”服务功能。针对养老服务供需矛盾和低龄儿童托育难题，在旧改中重点打造“阳光老人家”“阳光小伢儿”养老、托幼平台，打造“没有围墙的养老院”和“家门口的好幼托”，构建15分钟公共服务圈。如和睦新村一期改造中引入社会资本近1000万元，与杭州全日医康合作成立全省首家社区级医疗康复中心，二期改造中引入社会资本350万元，与杭报集团下属华媒维翰学前教育集团合作，打造中计协0～3岁托幼全国试点。

彰显特色化
提升小区人文魅力

坚持把“有特色文化”作为总要求，在改造中充分挖掘并融入拱墅运河文化、工业文化，“一小区一方案”实施“个性化”特色改造。

展示运河文化。运河文化是拱墅文化最深厚的底色，大多老旧小区分布在运河沿线，改造中充分结合运河沿线风貌特征，融入名人典故、非遗项目等元素，打造一批独具运河韵味的特色小区。如仓基新村在改造前广泛征求民意，确定了“运河人家”的主题风格。公共区域景墙上绘有“湖墅八景”、仓基知名历史人物，巧妙地传承历史，展现“十里银湖墅”运河盛景。

挖掘工业文化。拱墅是曾经的杭州城北老工业基地，大多老旧小区由工厂职工宿舍、家属院楼演变而来，工业遗存丰富、工业文化浓厚。在改造过程中，坚持挖掘并结合工业文化遗存，保留老厂风貌，还原集体记忆。如荣华里小区为原浙江麻纺厂职工宿舍，改造中充分挖掘浙麻文化打造“浙麻历史文化长廊”，小区居民自发捐款一万余元用于购买浙麻纺织机，并积极为设计单位提供浙麻历史资料，共同参与文化长廊打造。

留住市井文化。深入挖掘和提炼小区背后的市井风貌、文化故事，通过专业的设计、细节的展示，凝练并体现在改造工程中，形成每个小区独具特色的“市井老腔调”，努力让旧改小区的广大居民群众记得住过往历史。如和睦新村二期改造中开展“和睦迹忆”征集活动，广泛征集关于和睦的老物件、老照片和老故事，在旧改工程中设置专门空间进行展示，进一步激发小区居民的情怀记忆。

落实民主化
激发居民自治热情

坚持党建引领、以人为本、居民参与，把构建党组织领导小区微治理机制与推进老旧小区改造提升同步推进，全覆盖选派164名在职社工下沉老旧小区担任专员，团结带领居民共同决定“改不改、改什么、怎么改、如何管”，深化“三治融合”，提升基层治理水平。

改造前采取“三上三下”。即一次征求意见，汇总居民需求，形成改造清单；编制初步方案，二次征求意见，明确改造计划；编制正式方案，三次征求意见，确定最终方案。同时，9个旧改街道均搭建如“小河红茶议事会”“米市巷民主协商铃”“和睦议事港”等议事平台，邀请热心居民代表参与议事，激发居民自治活力。如勤丰小区组建居民议事会，全程参与旧改前期调研、资料搜集、方案制定、施工监管等环节，变居民被动参与为自觉参与。

改造中坚持“四问四权”。即“问情于民”，“改不改”让百姓定；“问需于民”，“改什么”让百姓选；“问计于民”，“怎么改”让百姓提；“问绩于民”，“好与坏”让百姓评，全面激发群众主体意识。如湖墅街道在改造前召开“墅邻圆桌会”、党支部会议、小组长会议等20余次，并在各社区设置现场意见征询点，收集居民意见近2000条，吸纳并完善施工方案，真正做到“群众的事和群众商量着办”。

改后管依靠“三方协同”。出台《拱墅区老旧小区综合改造后续长效管理指导意见》，深化居委会、业委会、物业三方协同治理，通过指导老旧小区成立业委会、引进专业物业等方式加强改后管理，构建具有拱墅特色的老旧小区治理模式。目前，全区已有83个老旧小区成立准业委会性质的居民自管会，86个老旧小区制定居民自治规约和议事规则，89个老旧小区已引进专业化物业服务。

第八节　文化人士“说”旧改

留得住记忆，看得见未来，是老旧小区改造中文化传承的核心。留住居民生活的记忆和城市发展的痕迹，让居民有更多的幸福感和获得感，增加对未来美好幸福生活的憧憬，老旧小区改造中的文化传承不可缺失。中国作家协会会员、运河文化研究者任轩对老旧小区改造中如何彰显和传承文化特质也有独到见解，并有专篇文章对文化传承进行了论述。

浅谈旧改对文化特质的彰显与传承

任轩

近年来，拱墅区老旧小区改造硕果累累、成就辉煌。老旧小区改造，不仅关系到当下的民生福祉，而且关系到城市文明的未来发展。由于个人学识、视野有限，本文仅以本人的有限认识和观察到的文化现象以及有限的参与经历，就老旧小区改造提升中文化特质如何彰显和传承谈些不成熟思考和粗浅体会。敬请大家批评指正。

一、老旧小区文化的四个立面

（一）不是老旧小区需要文化

文化是一种综合性因素的呈现，人类社会中，一切事物都是由文化决定的，所有文化都有其相应的展示载体。在讨论老旧小区改造中文化特质如何彰显和传承之前，我们不妨先问自己几个问题：新建小区是否就不需要文化了？公园建设就不需要文化了吗？道路景观设置难道就不需要文化了吗？统统都需要文化，差别是有的做得比较有文化，有的做得比较没文化。由此得到启示就是，并非老旧小区改造需要文化，而是因为文化是生活方式，是底色也是航标，最终是一种归宿。

（二）不是好看的建筑才有文化

建筑是能鲜明地体现和展示人类文明发展的载体。唐代有唐代的建筑，宋代有宋代的建筑，明清有明清的建筑。所有的建筑都是生活方式的体现。然而，人们在谈论文化传承，谈论历史建筑保护的时候，有时候会出现“灯下黑”的情况，只是向远处看，而忽略了身边发展中的文化。人们会去思考100年以前的文化形态究竟是怎样的，却往往忽略掉当今社会发展过程中所存在的文化。诚然，当今老旧小区的建筑并不是最具艺术性，甚至也不美观，但也不能否定它们不是时代的痕迹和烙印。中国的老旧小区，大多是新中国成立之后、改革开放初期的中国文化特色的印记。所以，我们应该意识到，在中国历史文化的长河中，老旧小区同样也是建筑形态发展过程中的一个片段。

（三）不可忽视的社区居民心态

就老旧小区的文化而言，从小的方面来说，是建筑文化、环境文化、行政文化等；往大的方面讲，整个社区居民的心态，也是一种文化。每一个人所接受的教育，成长的环境、家风，组成了他的世界和文化内核。所有居民的心态，构成了丰富多彩的社区文化。小区的建筑形象由于居民的不同心态而出现了不同的使用意象。不同居民的心态，不仅渗透到小区的各个角落，也深刻影响着小区治理工作的各个方面。

（四）不能割裂的历史地理文化

即社区或小区所处地方的历史地理文化和地缘文化。处于不同地理方位的老旧小区，其产生、发展历程、文化底蕴和特色也各有差异。我们经常说中国大运河是活着的文化遗产，为什么？因为他是不同时期、不同时代的文化的叠加和累积，最终形成了现在的形态，并且不断地在进化。而作为京杭大运河南端的拱墅区的老旧小区，在文化层面的意义上，也与此相况。小河街道在做老旧小区改造时有一个理念很好，即“她会慢慢生长成最好的样子”，其意义也是在于让历史的、现在的，以及未来的各种不同的文化，在这里获得不断的叠加、累积，不断得到融合与再生。

拱墅区的大多数老旧小区，与拱墅区因运河而兴的诸多大厂有着密切的联系。例如荣华里与浙江麻纺织厂，华丰新村与华丰造纸厂。有的老旧小区甚至是多厂融合的居民区，例如董家新村与杭州灯泡、张小泉剪刀等厂，和睦新村与杭州油漆、杭州热水瓶、杭州民生医药等厂。许多老旧小区，更是在运河干道或支线之畔。可以说，拱墅的老旧小区是大运河文化在拱墅区的历时性变迁的产物，见证了大运河文明的工业时代和由工业时代向生态文明时代转变的历史进程。而老旧小区所在的地域，又与大运河在历史上的农耕文明、商贸文化有着深层的联系。因此，在谈论拱墅区的老旧小区文化的时候，既要看到老旧小区本身的文化历史，也要看到其所在地块的历史文化。以董家新村、和睦新村二期的文化策划为例，我们既讲述了“多厂一区”的工业文化，也讲述了各自的历史文化。董家新村展示了从南宋董家巷到现代董家新村的历史脉络，和睦新村二期我们则提出“塑造具有‘活态博物馆’质地的老旧小区新时代文化景象，打造没有围墙的‘迹忆秀带’”的建议，使之成为大运河南端工业遗产从锈带到秀带的窗口式载体。同时以“南宋遗韵、花漾和睦”为主题，表现了此地从南宋后花园到现代工人住宅的文化底蕴。

基于上述，笔者提出对老旧小区改造的三大愿景：环境功能的改变和提升、社会化服务的提升和介入、人文情怀的修复和改善。与此同时深感确立老旧小区文化地位，对于老旧小区改造的工作具有十分重要的意义。为此，多次向拱墅区旧改相关单位提出建议：拱墅区的老旧小区文化，应得到重视，应将老旧小区的文化保护与传承，视为拱墅区建设运河沿岸名区及大运河文化带“两区”建设的重要内容。时至今日，拱墅区的老旧小区改造，已经结出了有目共睹的从“迹忆锈带”变成“迹忆秀带”的美好而丰硕的果实。

二、老旧小区为何要去保护

这个问题涉及老旧小区改造的价值和保护对象。

（一）老旧小区的价值何在？

1. 有原生态居民的场域

老旧小区为什么应该成为文化保护的重点？因为里面有原生态的居民。这才是关键所在。任何一个老旧小区是否有文化，取决于是否有原生态的居民在老旧小区居住和活动，是否有自己的生活习惯和生活气息。早些年，杭州运河两岸历史文化街区保护的时候，允许居民回迁，也是这个道理。如果没有部分原住民的回迁，那么这个历史街区便成为一座盆景，就只是一个没有精神内核的建筑外壳。

因此，在董家新村与和睦新村二期的老旧小区改造的文化工作中，我们通过居民走访，追根溯源，对社区的多元文化进行挖掘，将文化要素体现在小区的城市家具、景观小品，乃至融入外立面的改造中，为小区带回一定的历史感和时代感，同时通过“保留＋修缮”的形式，打造具有小区文化特色、时代特色的公共区域，通过专属场景的营造，将工业文化、城市底蕴和居民成长记忆融入改造中，努力实现传承地方历史文化和改善人居环境二合一的目的，为城市留下有迹可循的记忆。

2. 举世无双的文化现象

中国的老旧小区与时代的发展紧密相连，是中华民族共有精神家园的缩影。从社会形态上而言，是一个具有中国特色的小社会。因而，中国老旧小区的概念和国外贫民窟的概念有着本质区别，两者不可相提并论。以精神家园之载体为视角，老旧小区就是中国人传统精神家园的一种承载形式。这种精神家园，新小区比较难建，但大量的老旧小区的存在，就让中国拥有独特于西方任何国家，乃至是世界上任何国家的文化现象。换言之，老旧小区就是凸显中国特色，使中国独特于世界上任何国家的一种文化现象。因此，老旧小区改造中的文化保护，也是坚定文化自信的抓手。

（二）老旧小区保护什么？

1. 精神内核

老旧小区的改造提升中，人的因素是最重要的，人的文化传承是老旧小区保护的精神内核之所在。居住在老旧小区里的居民，他们有自己的生活习惯，有自己的传承方式，有自己的群体行为。那么这些人的生活习性和习惯，是不是也存在保护、传承和发展的问题？答案是显然的。要保护老旧小区里熟人社会中有价值的，充满人情味的部分；要发展老旧小区随着时代的步伐跟社会时代发展接轨的部分：一种新型的人际关系和社会形态；要改变他们原有的生活习性或习惯中的陋习部分——通过环境的改变、沟通平台的搭建、文化活动的举办去引导、去逐步促进陋习向好的地方转变。当然，这么做是一个比较漫长的过程。因为对文化的感知是一个长期的过程。进入一个小区有文化，进入另一个小区没有文化，是一种直观感受的问题。除内在之外，文化还有外在的表现形式。例如人们评价一个小区有文化，就是文化的外在形式的表现。这种外在形式，需要审美能力。倘若缺乏高水平的审美能力，那么外在形式的保护，就会出现偏差，例如千篇一律写着诗词或画着“八景”“十景”的墙绘。实质上，这样的文化表现形式，只是一种简单的传递，而难以搭建起有感受度、有温度的心桥，没有让文化的外在形式发挥出应有的作用。实际上，文化呈现和实用性设计，不是矛盾关系，但现在很多改造，文化的呈现往往与实用性设计割裂，变成为了文化而文化的设计，顶多算一种景观，可有可无，这是一种慵懒做法。由于老旧小区在环境、基础设施等硬件上的天然不足，在设计改造中，文化和实用性的融合设计更显重要，例如和睦新村二期将有关小区发展的旧报纸和景观座椅结合融合设计做法就挺有借鉴意义。

精神内核的东西，需要用“做”表达出来，而不是靠“说”。但是，如今，我们现在往往更重于形式，更重于说，而非通过个体的或集体的行为传递出来。为此，我们做过一种尝试，即在和睦二期的改造提升中，建议邀请原住民在青砖上写或画出个人对小区的情怀，然后择小区道路旁的绿地开辟集中展示空间。

2. 时代烙印

老旧小区改造不是城镇棚户区改造，不应凡旧皆翻新。诚如前面所述，在中国历史文化长河中，老旧小区也是建筑形态发展过程中的一个片段。所以，从建筑形态上来说，尽量不要做太多的改变，而忽略掉它原本的样子。

这里面有一个平衡度的问题，即建筑风貌最小干预原则。并非把所有的墙刷新一遍，就是改造提升，也不是所有失去实际功能的东西，都要拆除。因为，那些东西虽然已不再实用，但很可能正是凝聚着居民们勤劳奋斗、团结友爱的共同记忆。人文是什么？人文就是人心。有共鸣自然就会有风景，是人心就要将心比心。那些承载时代的烙印的东西，就是人心的外化。保护他们，就是保护某一群体在特定区域里生活、生产的共同记忆和情怀。

因此，这个平衡度的把握和做历史街区的道理是一样的。要树立做好老旧小区改造提升同做历史街区一样的理念，把握好“保护、传承、发展”的关系。既有修旧如旧的部分，也有功能形态改变的部分，还有为了适应时代发展而融入的新的部分。功能形态上的转变和变化，就是文化的保护、传承、利用。建筑形态上是如此，公共空间上也是如此。当然，如果能制定相关文化指导方针来指导老旧小区的改造和提升，那再好不过。

三、老旧小区需要什么文化

（一）做文化是为了干什么

这一点首先要弄清楚。老旧小区的改造提升，最重要的不是呈现怎样的结果，而是能否引导和创造出一个好的过程，能否得人心，有了这个过程，自然就知道文化如何去做。否则就会延续过去的通病，就是为文化而文化，为了改造而改造。是否有意识地思考过，结果截然不同。例如对一面墙的文化提升，有意识地思考过，就会知道为什么要画这面墙，如果没有，就只是知道要美化那面墙，而不知道为什么要做这种文化。因此，未经有意识的思考的做法，便如小孩子画画，画到哪里算哪里。

那么，为什么在老旧小区改造提升过程中要重视文化？为什么要建立这种文化？简而言之，就是为了能够获得一种统整性的思路，以避免为文化而文化。实际上，当一个人一旦考虑到老旧小区的文化应该如何去做时，他在本质上就已经是运用统整性思维在做事。但在过去很多此类工作中，却存在一种明显的通病，即陷入两个极端：“从细节思考问题”和“有上面没有下面”。前一个问题，太过于着急解决某个局部问题，比如一面墙怎么做，门头怎么做。后一个问题，只注重形式，说的比做的多，关注外在比关注内在多，有上面没下面，貌似有顶层思维，实际上没有深度调研和基于现实而通盘谋划的基础，顶层思维不过是海市蜃楼。如果能有整体性的统整思考，有意识、有目标、有策划地去做，那么整体地解决了，怎么做自然也就解决了。

与新小区不同的是，老旧小区的原有建筑缺乏整体规划，存在功能不全、配套不完善等情况，无法满足居民与时俱进的高品质的生活需求。因此，老旧小区的文化挖掘，其价值不仅仅在于梳理老旧小区的文脉，不仅仅在于让老旧小区展示出可供表现的内容。没有整体的统整思考，一切都会显得散乱无序，不用统整思维去做的东西都只是就事论事，头痛医头，脚痛医脚，都是零敲碎打。但不能说这些做出来的东西是完全没有价值的，对原来的东西也没有起到改善的作用。应当说，价值是有的。但是我们会发现，这些东西，在原来历次的改造中，老百姓还是会不满意。为什么？因为没有做到老百姓的心里去。举例来说，改造时做了一个广场，但这个广场没有相应的活动去盘活，那么这个广场，只是一个空壳。增设了设施，却没有文化活动的介入和引导，就只能是一个空的实施。所以，在做一个空间的时候，事先就要思考，做这个空间是为了什么?这点想好了，那么怎么去做，做成什么样的问题也就迎刃而解了。

（二）凝聚共识为何如此困难

老旧小区改造过程中，最困难的一步，或许就是凝聚共识。为什么会存在这样的困难？人们自然对美好生活充满了向往，进行老旧小区改造也是为了改善老百姓的居住环境，让老百姓的生活更有品质，更加美好。客观上存在着一致性的指向基础，却为何在如何改造上难以达成共识？面对这个问题，首先要思考的是，老旧小区改造，本质是在改变什么？简而言之，本质上是在改变人的思想。整个老旧小区的人的心态、人的行为等，都是文化。他们在他们的文化中形成根深蒂固的思想观念，一旦生活面临变化，那么不安全感也会油然而生。而要破除他们的担忧，就需要重新凝聚共识。

城市发展进程太快的弊端，就是大把抹去了历史的痕迹。这和搬家一个道理。搬一次家就会丢弃很多保存已久的东西。生活环境的确改变了，但是相应的，值得回忆的东西也失去了。所以，老旧小区改造中的文化工作，实际上是一个唤起记忆的过程。而唤起记忆的目的，是为了凝聚共识，实现认同。换言之，改造老旧小区，最重要的一点，就是要唤起认同度。要唤起认同度，就得触及人的情感。居住在小区里的人的情感、心态、行为，都需要合理有效地去转化、去触动，这就是老旧小区的文化该怎么做的问题。

老旧小区改造的重要性，远远不是改造成一个怎样的外壳或增加哪些功能的诸如解决此类问题的简单改造。其本质上是一个文化如何渗透，并使之能持续为小区的长久和谐治理发挥效力的问题。因为民意的底色，也是文化。文化的底色决定了相应的意识和行为举止。只有通过沟通，才能对本土的文化更了解、更理解，从而有益于实现认同。拱墅区近年在老旧小区改造过程中创新出的尊重民意的沟通机制，例如小河街道红茶议事会、和睦街道和睦议事港等，已充分说明了此项工作的重要性和有效性。这种机制，就是一种文化渗透，就是一种文化的传承、保护和发展的思维。

（三）文化活动为何重要

老旧小区改造提升过程中，如果对文化进一步分类，可分为硬文化和软文化。

多维度的文化挖掘、差异性的文化剖析、恰当的文化概念提炼，此三者是独特性文化空间和景观设计的基础，可归为硬文化，是外在的形式，比较容易做到。软文化，则是对硬文化的盘活和持续运用，形成文化品牌效应。为了让硬文化真正发挥作用，需要通过活动的策划和搭建一些能够跟居民交流沟通的平台去展示、去传递，去让人感知。

以董家新村为例，小区里改造提升后，有了一个“益术馆”，该馆很小，却最大限度地将承载居民共同记忆的老物件集中展示，同时承载着小区阅览室的功能，成为一个日常性的居民文化活动平台，流淌着小河人旧改的初心：“传承之路、现实之路、未来之路，代代的接力，只为了一条有益之路。”益术馆的边上，也改造出了一个中心小广场，天气晴朗的夜晚，这个小广场会放露天电影。放电影这个活动，让中心小广场成为小区居民亲密而友善的公共空间，有力地证明了文化活动在老旧小区改造中的重要性。为什么这么说?

首先，放电影本身是一种很具象的文化传递的形式，因为他能唤起老旧小区里相对年长者的记忆，这是一种熟人社会的体现。其次，给小朋友创造了一个看电影的交流空间，这不同于在电影院里看电影。电影院里观影是不允许交流的，声音稍微大一点，行为就会受到限制。但是在广场上看电影，小朋友可以跑来跑去——这是一种开放式的环境，也是社区的特色。第三，露天看电影能增进当下人与人之间的交流。现代文化程度之高，也让更多的人自我封闭。人们可以足不出户就了解天下事，外卖服务代替了亲自下厨，通过手机操作就能让社区便利店配送到家，从而满足各种购买需求。老旧小区改造中，通过类似的活动，可以克服现代文明在人与人的沟通交流方面带来的某些弊端。第四，露天电影这种形式，体现了老旧小区独特的文化行为，是一种独特的文化符号——这对于新小区而言难以企及。因为新小区里的居民相对而言都比较注重个人空间，注重个人的隐私，注重个人的感知度，外面稍微有些许吵闹，就会感到对他有影响。

因此，类似这种放映电影活动的举行，就是一种勾连居民的共同情感，推动睦邻友好社区建设，彰显与传承老旧小区文化特质的做法。

（四）亲和力能否一视同仁

挖掘老旧小区的独特文化，是一种常识，也是老旧小区改造中对文化工作的普遍期待。但客观现实中，当行政服务空间都是统一的一种模式，是千篇一律的行政风格的时候，其本身便也与挖掘老旧小区独特文化的要求相悖。因此，在老旧小区改造过程中，行政服务空间的改造，不仅是整体独特文化彰显和传承的需求，也是维护公信力的需求。道理很简单，行政服务空间做不到的事情，凭什么要求居民去做?

怎样的社区办公和服务空间，就有怎样的社区环境。小河街道董家新村在老旧小区改造的时候，对这一问题十分重视。老旧小区通过改造环境改善了，对社区办公及服务空间进行了改造。在社区的办公房间和社区服务房间的设置上，适当地去行政化、去模式化，增加了地域元素、社区元素、家庭元素，提高了亲和度，为打造和谐的社区、和谐的社会环境、和谐的人际关系营造了和谐的空间，呈现出和谐的氛围。

四、八十公分基准的观照理念

在文化工作过程中，笔者有一个以离地八十公分高度为基准的观照理念，并以此为文化针线开展相关工作。例如景观和公共设施建设方面，建议避免绿化带变成隔离带，不用汀步铺装，多用弧角收边等；在文化记忆的记录和表达问题上，建议注重引导和孵化新乡愁，建议活化利用失去旧有功能的老物件——让它们获得新生。例如建议在老旧小区改造中，要预见到居住人口结构的变化将可能带来的影响。这些考虑主要围绕两个方面：一是围绕居民生活的便捷与安全的问题，二是围绕城市文化如何更有生命力的问题。城市文化的生命力，落实在老旧小区的改造提升这一问题上，也是如何理解和想象一个城市的明天的问题。

老吾老以及人之老，幼吾幼以及人之幼。这是中华民族的传统美德。老旧小区里老人多的现象，同时体现的也是小孩子多的现象。这是由当前的国情所决定的。因此，对于有条件的小区而言，社区养老和婴幼托的问题也成为老旧小区极其重要的社会化服务工作内容，考验着该老旧小区改造提升是否具有前瞻性、可持续性。与此同时，老旧小区的改造提升，已经进行了一些年头，而未来社区已经来临。以拱墅的老旧小区为例，大约有三分之一是租房户，这些人的诉求与原住民不同。出租户在老旧小区里居住的趋势是否会上升，或会形成怎样的趋势，应加以持续关注和研究。因此，在未来的老旧小区改造中，更应提前谋划如何对接未来小区的功能需求。

在统整思维下，对八十公分以下的角角落落的事情能心怀敬畏，文化的落地自然也会有温度。总而言之，老旧小区改造，既是民生工程、文化工程，也是乡愁工程、未来工程。老旧小区改造的成功，除了要让当下的老百姓满意，更在于这些从小区走出去的小孩子长大后，对这些小区是否还乐意提及，是否会主动书写。因此，建议每一个老旧小区改造都能有一个凝聚居民共同记忆的“益术馆”或一条具有小区文化特质的“迹忆秀带”，在保护老记忆的同时，更要培植新乡愁，让时空穿梭，让邻里互动，让情感交融，让新老辉映，让过去和未来一脉相承！

第九节 杭州经验“在”旧改

一、住房和城乡建设部推广“杭州经验”

杭州市城镇老旧小区改造的“杭州经验”得到住房和城乡建设部的肯定，分别以文件和专报的形式对“杭州经验”进行全国推广。

住房和城乡建设部推广杭州经验（一）：以“六有”宜居社区为目标，扎实推进城镇老旧小区改造

近日，住房和城乡建设部印发第154期《中央城市工作会议精神落实情况交流》，以“浙江省杭州市以‘六有’宜居社区为目标，扎实推进城镇老旧小区改造”为题，详细介绍了杭州市在推进老旧小区综合提升改造过程中建立的一些工作机制和创新举措。

浙江省杭州市紧紧围绕居民需求，深入推进城镇老旧小区综合改造，打造一批有完善设施、有整洁环境、有配套服务、有长效管理、有特色文化、有和谐关系的“六有”宜居社区。2020年，全市改造老旧小区302个，受益居民近15万户。

一、建立“一套体系”，形成全市一盘棋机制

一是建立统筹机制。建立50余个部门参与的老旧小区综合改造提升协调小组，将停车泊位、电梯加装、养老托幼、安防消防、长效管理等内容通盘纳入老旧小区改造内容，努力实现“综合改一次”。二是健全政策体系。出台老旧小区改造实施方案、资金管理、绩效评价、开竣工管理、现场管理、管线迁改等14个政策文件，夯实工作基础。三是统一工作标准。出台技术导则和工作指南，制定老旧小区改造的内容与评判标准，明确项目生成、审批、施工、验收等各阶段工作流程。四是优化审批手段。落实“最多跑一次”要求，创新“不见面”审批、“云招标”等方式，简化流程、提高效率。

二、整合“三块资源”，提升老旧小区服务功能

一是优化小区资源。腾挪置换小区内的边角地和碎片地，增加小区公共服务设施。截至2020年底，全市改造小区内新增停车泊位11442个，拓展健身场地约12.1万m^2，加装电梯608台（预留加梯位1427个），新增无障碍及适老设施3591处、养老托幼等公共服务设施约9.2万m^2。二是共享城市资源。创新“小区短板城市来补”理念，实施相邻小区及周边地区联动改造、社区公共空间协同开发。如临安区锦城街道一号区块共有109幢楼、总建筑面积21.4万m^2，通过街区式改

造实现区块内公共服务、公共空间、公共资源共建共享，打造“15分钟”生活圈。三是挖掘存量资源。鼓励行政企事业单位将老旧小区内部或周边的存量房屋提供给街道、社区，用于发展养老托幼、医疗卫生等配套服务。截至2020年底，已盘活存量用房86处、约2.7万m^2。

三、坚持“三个原则”，激发居民“主人翁”意识

一是坚持“三分之二”原则。设置“两个2/3”条件，要求改造项目的居民同意改造比率、方案认可率均达到2/3，做到“改不改”“改什么”由居民说了算。二是坚持“三上三下”原则。“一上一下”汇总居民需求，形成改造清单；“二上二下”居民勾选清单内容，确定实施项目；“三上三下”邀请代表会商，编制设计实施方案。通过“三上三下”环节，促进小区居民意见落到实处。三是坚持“三方协同”原则。坚持党建引领，构建“业主委员会、物业、居民三方协同”的基层治理模式，引入物业服务、引导居民自治，推动小区治理动能转换。如江干区“居民议事团”、拱墅区“红茶议事会”和西湖区“家园自管小组”，成为基层协同共治的实践范例。

四、争取“三个一点”，共同破解资金筹措难题

一是财政补助一点。按照不超过400元/m^2的改造标准，分地区给予不同比例的资金补助。截至目前，已拨付市级补助资金约5.8亿元，争取中央、省级各类资金约34.4亿元（包括中央和省级补助资金约8.2亿元、中央预算内投资约3.04亿元、抗疫特别国债2.9亿元、专项债和一般债20.31亿元）。二是居民出资一点。出台《杭州市老旧小区综合改造提升资金管理办法》，明确居民出资原则上不超过改造成本的10%，探索通过专项维修资金、公共收益、个人捐资等多渠道落实。如下城区河西南38号小区改造项目总投资250万元，发动每户居民出资500元，共筹集改造资金13.75万元。三是国有企业支持一点。引导市移动、电信、联通、电力、水务、燃气等国有企业积极参与、支持老旧小区改造工作。如拱墅区和睦新村改造项目，国有企业共支持资金约2000万元。

五、聚焦“三个方面”，建立老旧小区管理长效机制

一是引入社会力量提升社区功能。通过盘活社区资源、明确投资建设者权属、减免税费和房租等手段，形成稳定盈利点吸引社会力量参与，既分担资金投入压力又补齐社区设施和功能短板。如拱墅区和睦新村以租金减免吸引杭州全日医康入驻，打造全省首家社区级医疗康复中心。二是建设数字赋能社区。统一建设小区内部宽带网络，推行移动、电信、联通等弱电管线“多网合一”，支持将大数据、云平台、AI技术嵌入老旧小区治理，提升社区智慧管理能力，目前已打造智慧安防小区291个。三是完善物业服务机制。在制定改造方案时，同步制

定长效管理方案，引导物业服务企业延伸社区生活服务，创新物业管理模式，提升居民自治共管意识。如江干区探索物业管理打包成片、区域性管理模式，有效降低物业管理成本；拱墅区成立业主委员会或自管小组，联合物业服务企业共同维护改造成果，实现从“靠社区管”到“自治共管”。

住房和城乡建设部推广杭州经验（二）：杭州市盘活国有存量房屋，提升城镇老旧小区公共服务水平

住房和城乡建设部信息专报2021年第28期，以“杭州市盘活国有存量房屋，提升城镇老旧小区公共服务水平”为题，详细介绍了杭州市针对老旧小区养老、助餐、托育等配套设施短缺、空间不足的问题建立的工作机制和创新举措。

杭州市针对老旧小区养老、助餐、托育等配套设施短缺、空间不足的问题，2019年8月以来先后出台《老旧小区综合提升工作实施方案》《关于进一步规范市级存量房屋提供用于老旧小区配套服务的指导意见》，优先将行政事业单位、国有企业存量房屋用于老旧小区配套服务。截至2020年底，杭州市已盘活省、市、区三级行政事业单位、国有企业存量房屋86处，约2.78万m^2，提升了老旧小区公共服务水平。

一、坚持问题导向，统筹利用资源盘活改造空间

杭州市的老旧小区大多建设时间较早，缺少相关配套设施规划。同时，由于小区及周边开发又相对成熟，受现有规划和相关法规约束，小区及周边可增各类设施的空间资源十分有限，普遍存在公共服务设施“零、小、散”的问题。为此，杭州市力改以往“零敲碎打、单项改造”的做法，2019年8月出台《老旧小区综合提升工作实施方案》，全面推行“统筹整合、综合改造”，鼓励行政事业单位、国有企业将老旧小区内及周边的存量房屋，优先提供给街道、社区用于老旧小区养老托育、医疗卫生等配套服务。按照“建设补缺、综合达标、逐步完善”的原则，全面摸清老旧小区现状情况及公共配套服务需求，着力补齐老旧小区功能短板，通过盘活省、市、区三级行政事业单位、国有企业存量房屋方式，共配置养老服务配套用房33处、8362m^2，邻里中心、党群服务中心等53处、19466m^2，并将此纳入居住区级公共空间及配套设施规划。比如，在浙江省住房和城乡建设厅指导协调下，省文化厅将下属原招待所辅助用房提供给下城区环北新村社区，改造为邻里中心（包括儿童活动区、文化活动室等）使用。杭州市民政局和市场监管局分别将太平巷15号1400余平方米和南瓦坊3幢6单元近280m^2的

存量房屋，提供给上城区紫阳街道新工社区，打造成了街道级养老服务中心和社区卫生服务站。

二、坚持制度保障，规范老旧小区存量房屋使用

为进一步规范存量房屋提供和使用管理，消除行政事业单位、国有企业对国有资产有偿使用的顾虑，同时避免出现权责不清问题，2020年12月杭州市建委、财政局、住保房管局、机关事务管理局、国资委联合印发《关于进一步规范市级存量房屋提供用于老旧小区配套服务的指导意见》，明确支持政策：

一是明确工作原则。房屋产权或管理权属于行政事业单位或国有企业的房屋或建筑物，当前用途非本单位职能工作必须保留的，可提供给所在街道、社区用于老旧小区的配套公共服务。按照“谁使用、谁负责”的原则，街道社区负责存量房屋管理职责。

二是规范提供方式。由老旧小区所在街道、社区全面排查小区及周边配套用房现状和市级存量用房情况，结合改造需要提出用房需求，并与产权（管理）单位协商。在产权不变的前提下，产权（管理）单位将存量房屋以租赁方式提供给街道、社区使用，租金参照房产租金评估价由双方协商确定，并签订租赁合同或使用协议。

三是加强使用管理。市建委会同相关部门加强对市级存量房屋提供使用工作的统筹协调和服务指导，区县政府负责日常监督，避免使用单位将房屋挪作他用。市财政局、住房保障局、国资委、机关事务管理局等根据部门职责，在资产管理、房产管理、审批手续和考核指标核减等方面予以支持。

下一步，杭州市还将探索国有企业和社会力量共同参与的混合所有制模式，以市场化运作，吸引更多社会力量参与老旧小区改造、管理和运营。

二、专业学术期刊交流“杭州经验”

杭州市城镇老旧小区改造的经验还通过专业学术核心期刊进行全国传播，2021年2月份第4期的《城乡建设》以专题报道的形式刊登了住房和城乡建设部科技委社区建设专委会委员、泛城设计股份有限公司城市更新研究院王贵美院长的两篇文章：《城镇老旧小区改造中构建完整居住社区的探索》与《构建完整居住社区的实践——以浙江省杭州市德胜新村老旧小区改造为例》，两篇论文从专业学术的角度对杭州市城镇老旧小区改造的“杭州经验”进行了总结，也为全国的城镇老旧小区改造提供了理论参考，更为全国高校、科研机构及相关行业研究“杭州经验”提供了学术参考。

城镇老旧小区改造中构建完整居住社区的探索[①]

王贵美

习近平总书记在十九大报告中指出："中国特色社会主义进入新时代，我国社会主要矛盾已经转化为人民日益增长的美好生活需要和不平衡不充分的发展之间的矛盾。"当前，居住社区存在规模不合理、设施不完善、公共活动空间不足、物业管理覆盖面不高、管理机制不健全等突出问题和短板，与人民日益增长的美好生活需要还有较大差距。

城镇老旧小区改造不仅能改善民生，更能拉动内需、带动投资、促进制造业和服务业发展，推动城市品质提升和城市转型发展，是扎实做好"六稳"工作、全面落实"六保"任务的有力保障。

一、我国城镇老旧小区的现状

我国城镇老旧小区大多建于20世纪八九十年代，由于当时的建筑规范标准偏低，小区的基础设施配建不够合理，小区服务配套功能不够完备，加之长期以来缺乏有效的维护管理，老旧小区普遍存在房屋建筑漏水、基础设施老化、人居环境较差、配套功能不全、安全隐患较多等诸多问题，已不能满足人们对美好生活的需求，城镇老旧小区改造成为很多人的期盼。

（一）基础设施陈旧老化，安全隐患较多

城镇老旧小区普遍存在房屋地下管网老化、管容变小、排水不畅、给水管道生锈、自来水水质不佳，严重影响居民生活；小区内消防设施设置不完善，消防系统落后，消防通道堵塞，小区宅间道路狭窄，消防应急救援车无法通行造成安全隐患；单元电表后入户电线多数没有穿管保护，线路老化裸露在外，安全隐患大；小区安防监控设施不完善，主要出入口未设置车辆出入管理系统，小区内人车混流，影响居民安全。小区内房屋屋顶渗漏，屋顶防雷设施缺失或损坏，墙面空鼓和饰面脱落，墙面渗水；小区内照明系统长时间无人维护，破损严重，照度无法满足居民日常照明需求，同时存在安全隐患。

（二）服务配套功能缺失，人本关怀不足

根据国家统计局数据显示，2019年末，我国60周岁及以上人口达到25388万人，占总人口的18.1%，我国老龄化进程加快。随着人口老龄化的增长，老旧小区中老年人的占比越来越大，同时还有一定比例的残障人士。由于历史原因，老旧小区基础设施大多没有考虑上述人群的特殊需求，无障碍设施的缺失给部分居

① 王贵美. 城镇老旧小区改造中构建完整居住社区的探索［N］. 城乡建设，2021-4.

民的日常生活造成了不便。小区内居家养老、托幼服务中心、社区食堂等公共配套服务性场所缺失，严重影响社区服务功能的实现。多层住宅无电梯，老年人下楼难的问题普遍存在，老年人得不到民生保障，缺乏服务供给。休闲健身场地不足，无法满足居民邻里互动需求，老人无处纳凉，孩子无处玩耍，也使得居民无法在日常生活中获得幸福感。

（三）公共空间环境较差，绿色发展不够

城镇老旧小区基本没有专业的物业管理公司，很多绿化常年得不到维护、管理和修建，很多灌木、地面被小区内停车以及居民活动等破坏，有些地方私搭乱建、破坏严重，老旧小区绿化面积明显不足，中上层乔木遮挡居民采光，下层植被破坏严重，地表裸露现象屡见不鲜，仅有的绿化空间无人养护管理。有些高大乔木没有修剪，既存在安全隐患，又影响小区的通透性，还影响底层住户的采光，小区公共空间环境脏乱差。

有些老旧小区污水管道混乱，雨污混流造成水体污染，对环境危害较大。同时由于老旧小区整体建筑在建设时受当时的条件限制，较少考虑节能设计。小区内垃圾分类相关设备配备不齐，垃圾桶随意摆放，加之居民的环保意识薄弱，垃圾分类普及率低，实施不彻底，既影响了小区环境，又不符合绿色发展要求。

（四）教育学习氛围不浓，文化建设欠缺

教育学习不但关乎着全年龄段人们，还伴随着每个人的全时段。老旧小区内基本没有专门的供居民学习的场所，没有为居民提供技术技能培训的服务。小区内的托幼中心、四点半课堂等社区配套服务普遍缺失，公共活动空间狭小，孩子们没有集中活动地方，缺少寓教于乐、快乐成长的场地。同时在小区内没有历史文化传承的阵地，文化建设欠缺，居民的精神生活得不到满足。

（五）社区物业收益甚微，长效管理缺乏

老旧小区的物业收益基本来自居民的物业费收入和小区停车收益，未改造前的老旧小区物业费严重低于市场价格水平且居民缺乏主动缴费意识，物业费的收缴率很低。老旧小区没有规范的停车管理系统，没有规范停车管理服务，居民的停车缴费率也很低。老旧小区由于社区物业收益甚微，导致无法聘请专业的物业管理企业，长此以往恶性循环，小区缺失长效管理。

二、构建完整居住社区的要素

2020年7月10日，《国务院办公厅关于全面推进城镇老旧小区改造工作的指导意见》（国办发〔2020〕23号）中提出：“坚持以人为本，把握改造重点。从人民群众最关心最直接最现实的利益问题出发，征求居民意见并合理确定改造内容，重点改造完善小区配套和市政基础设施，提升社区养老、托育、医疗等公共服务水平，推动建设安全健康、设施完善、管理有序的完整居住社区。”

2020年8月18日，《住房和城乡建设部等部门关于开展城市居住社区建设补短板行动的意见》中指出：“当前，居住社区存在规模不合理、设施不完善、公共活动空间不足、物业管理覆盖面不高、管理机制不健全等突出问题和短板，与人民日益增长的美好生活需要还有较大差距。为贯彻落实习近平总书记关于更好为社区居民提供精准化、精细化服务的重要指示精神，建设让人民群众满意的完整居住社区。”

构建完整居住社区，完善城市居民和城市治理的基本单元，打通党和政府联系、服务人民群众的“最后一公里”，应从“安全智慧、友邻关爱、绿色生态、教育学习、管理有效”五要素出发，实现人民对美好生活的向往，从而不断提升人民群众的安全感、获得感、幸福感。

（一）安全智慧的基础设施

安全智慧的基础设施是构建完整居住社区的第一要素，通过对基础设施的完善改造，利用数字化的手段，运用物联网、互联网技术，为社区居民提供安全、舒适、便捷的智能化生活环境，形成基于信息和智能化管理与服务的社区管理新形式。它是一个以人为本的智能化管理系统，使人们的工作和生活更加方便、舒适和高效。

其中涉及安全方面包括：房屋安全、道路安全、消防安全、治安安全；智慧方面包括智慧社区、智慧管理、智慧交通、智慧安防、智慧检测、智慧导航，通过配置各种智能技术和方式，整合社区现有的各类服务资源，为社区群众提供政务、商务、娱乐、教育、医护及生活互助等多种安全便捷服务（图1）。

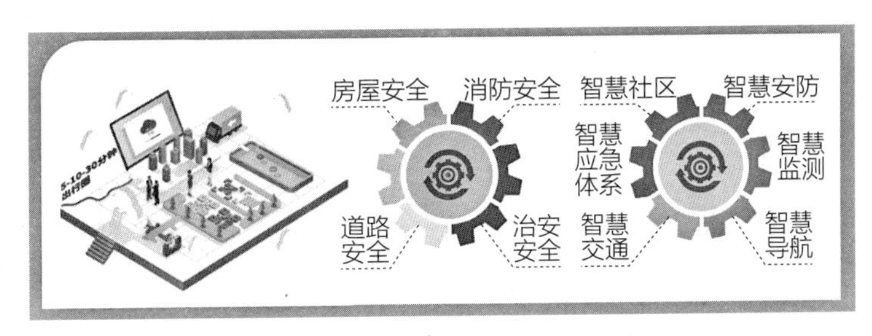

图1 安全智慧的基础设施包含内容

（二）友邻关爱的居民关系

和谐的邻里关系直接关乎居民幸福感，构建以人为本的社区环境、织密一张友邻网，建立社区友邻点，通过对活动空间的打造为邻里互动提供物质基础；通过对养老托幼等设施的打造和加装电梯等手段为邻里关系提供人文关怀；力求实现“睦友邻，传关爱，小家大家一家亲”，营造“一碗汤”的友邻关系和“扬州炒饭”式的立体交流空间，将扁平化的社区邻里关系变成立体化的邻里人文交流关系。

主要包括社区邻里空间、社区配套设施、休闲健身场地、全龄活动场地等服务功能的配置以及无障碍设施、公共服务设施、养老托幼设施、多层建筑加装电梯等人文关怀。通过对邻里空间的打造以及对老年、残障人士的人文关怀，为友邻关爱型社区提供物质基础和精神保障（图2）。

图2　友邻关爱的居民关系包含内容

（三）绿色生态的科学发展

绿色生态的科学发展是不断满足人民最美好生活需要的保障。遵循生态发展原则，以节约资源、保护环境、减少污染为目标，为居民提供健康、适用、高效的生活空间，最大限度地实现人与自然和谐共生，降低对各种资源的消耗。

主要包括具有生态环保的居住环境、有完备的垃圾分类设施、节能的外墙保温措施和完善的雨污分流系统等。通过对社区户外环境的改造，打造舒适宜人生态的生活社区，促进生态可持续发展，让生活隐于自然，让自然藏于家中，让家园赋予生活，最大程度实现人与自然和谐相处（图3）。

图3　绿色生态的科学发展包含内容

（四）教育学习的人文环境

建设“人人皆学、处处能学、时时可学”的社区人文环境，在老旧小区改造工程中按提升类标准实施时，尤其要注重存量挖掘与社会力量参与，集社会之力共谋共享社区建设。建设教育学习型社区一方面是提供教育学习的物质基础，另一方面需要把终身学习的理念转化为每个社区成员的内在需求，这是构建社区教育学习人文环境的内在动力。

主要包括托幼中心、幼儿园、四点半课堂、便民书苑、基础技能培训等有声教育，还包括道德模范、非遗传承、历史文化展示、文化家园、知识共享等意识形态方面的教育（图4）。

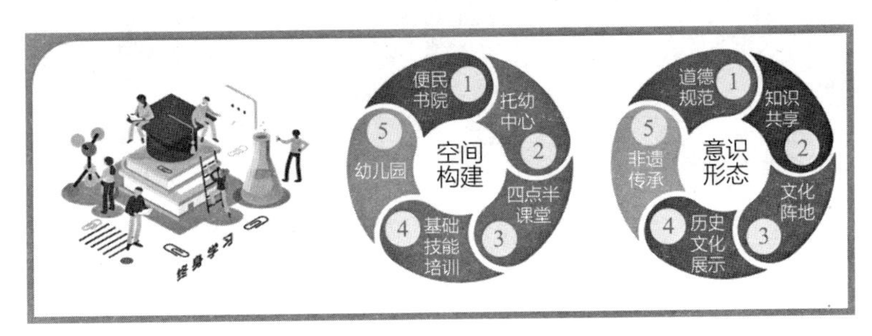

图4　教育学习的人文环境包含内容

（五）管理有效的治理体系

“三分建、七分管”，只有建立管理有效的治理体系，加强后期的长效管理，才能保证长期的成效。同时，构建管理有效的社区治理体系需充分挖潜社区的存量资源，最大化保障社区收入和支出的平衡，建立党建引领下的政府引导、三方协同、专业物业“三位一体”的治理模式。

主要包括挖掘存量资源、公共文化宣传、停车泊位收费、便民餐厅和老年食堂等居民购买服务的可持续性收入，以及政府引导、居民自治、专业物业和社区、居民、物业三方协同的管理模式，大力推进美好环境与幸福生活共同缔造，充分发挥居民主体作用，实现共建、共治、共享（图5）。

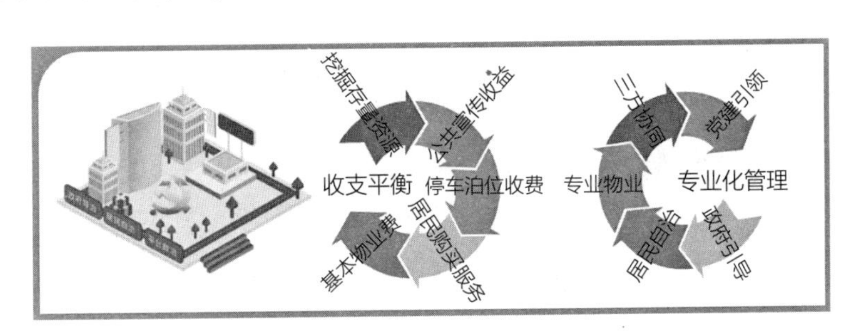

图5　管理有效的治理体系包含内容

三、城镇老旧小区改造与构建完整居住社区的关系

（一）两者的目标和意义相同（图6）

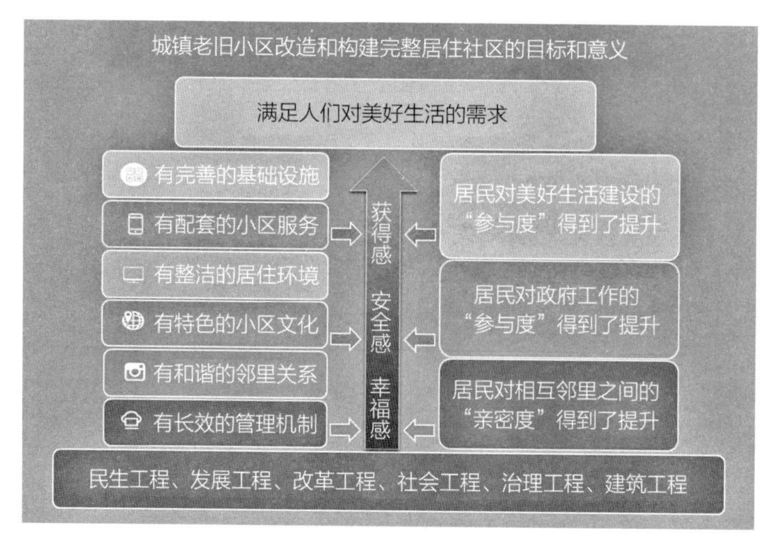

图6　城镇老旧小区改造和构建完整居住社区的目标和意义

1. 两者的目标

城镇老旧小区改造是以打造有完善的基础实施、有配套的小区服务、有整洁的居住环境、有特色的小区文化、有和谐的邻里关系和有长效的管理机制的“六有”为目标；完整居住社区，是以完善城市居民和城市治理的基本单元，打通党和政府联系、服务人民群众的“最后一公里”，构建“安全智慧、友邻关爱、绿色生态、教育学习、管理有效”社区人居环境。两者的目标相同，都是为了满足人们对美好生活的需求，促进民生改善和城市升级，进一步增加人民群众获得感、幸福感、安全感。

2. 两者的意义

随着按照党中央、国务院决策部署，坚持以人民为中心的发展思想，坚持新发展理念，按照高质量发展要求，大力改造提升城镇老旧小区，改善居民居住条件，推动构建“纵向到底、横向到边、共建共治共享”的社区治理体系，让人民群众生活更方便、更舒心、更美好，建设完整居住社区，补齐社区建设的短板，完善社区配套设施，能够增强基层社会治理能力，提升居住社区建设质量、服务水平和管理能力。城镇老旧小区改造和构建完整居住社区两者不仅是民生工程、发展工程，还是改革工程、社会工程、治理工程和建筑工程，不仅能够积极拉动服务业和制造业发展，还能够有效促进内循环。两者都能够使居民对生活的“获得感、安全感、幸福感”得到提升，居民对小区家园建设的“参与度”得到了提升，居民对改造工作的“认可度”得到了提升，居民邻里之间的“亲切度”得到了提升。

（二）两者的实施内容和路径相同（图7）

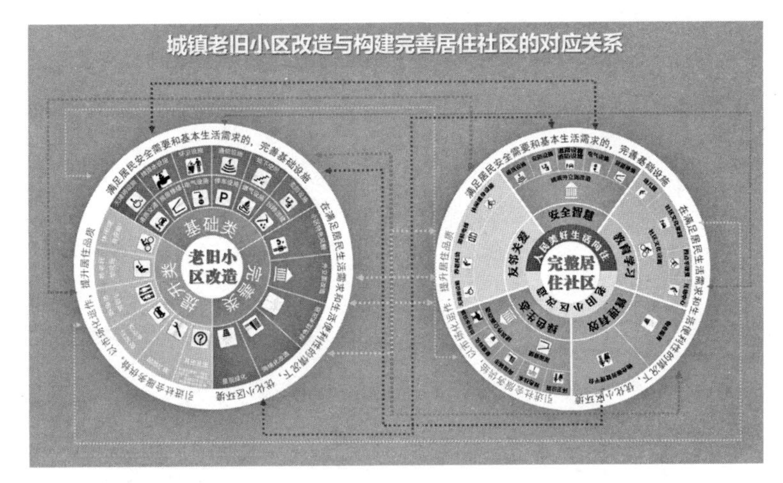

图7 城镇老旧小区改造和构建完整居住社区的对应关系

1. 两者的实施内容

城镇老旧小区改造内容分为基础类、完善类、提升类3大类。主要是市政配套基础设施改造提升、环境及配套设施改造建设、小区内建筑节能改造、有条件的楼栋加装电梯等。完整居住社区也是以补齐功能短板，完善基本公共服务设施、便民商业服务设施、市政配套基础设施和公共活动空间建设内容，两者的实施内容是一致的。

2. 两者的实施路径

城镇老旧小区改造和构建完整居住社区，在实施过程中都需要完善顶层设计，强化区域统筹。需要实行标准引领，明确规范程序，完善建设流程，更需要拓宽资金渠道，强化多方参与，突出共同缔造，同时需要健全长效机制，实现建管同步。近三十年来我国城市建设高速发展，随着我国城镇化率的不断提高，注重城市建设应向注重城市管理和城市运营的城市更新方向发展，城镇老旧小区改造和构建完整居住社区是城市更新的必要过程和措施，也是我国今后很长一段时间内城市发展的方向。

四、结语

城镇老旧小区改造需进行全域统筹规划，按照完整居住社区的要求，在存量里做增量，提高土地的集约化复合利用程度，发挥土地的价值优势，做到优地优用。这样既不会造成过度改造和资金浪费，又有利于改善民生与城市升级的双向同步发展。同时可以提高社会资本参与城市更新的积极性，还能将后期的长效管理和城市治理融入再规划中，逐步引导建立小政府、大社会的城市治理模式，探索城市运营商的城市开发建设模式，建设绿色生态、友邻关爱、安全智慧、教育学习、管理有序的完整居住社区，有序推进城市更新，建设韧性城市，逐步实现建设未来城市。

构建完整居住社区的实践[①]

——以浙江省杭州市德胜新村老旧小区改造为例

王贵美

随着人们对美好生活需求的不断提高，构建完整居住社区，改变现有小区单一居住功能，城镇老旧小区改造是构建完整居住社区的必经之路，同时构建完整居住社区也是致力于满足老旧小区改造的要求。城镇老旧小区的改造过程其实也是完整居住社区的构建过程，二者是相辅相成、相互促进的整体。城镇老旧小区改造和完整居住社区构建有着共同目标，都是以基层居民的切身利益为根本出发点，都是以居民为中心，提升人民群众的安全感、获得感、幸福感。

如何在城镇老旧小区改造中构建完整居住社区，本文以杭州市德胜新村老旧小区改造为例，具体阐述完整居住社区的构建实践，为城镇老旧小区改造构建完整居住社区提供借鉴。

一、项目概况

浙江省杭州市德胜新村东临上塘河、南沿德胜路、西邻上塘路、北靠胜利河，总用地面积16.34万m^2、总建筑面积22.46万m^2，共105栋建筑，其中居民住宅85栋、公共配套用房20栋，小区住户3558户、9945人，其中肢残51人、视障25人，老年人2055人，老年人占比20.6%，入住居民中老年人比例较高，残障比率较高。小区建成于1988年，基础设施陈旧，消防安全隐患较大，绿化损坏严重，无障碍建设、安防建设、社区文化建设缺失，居民的改造愿望十分强烈。

此次老旧小区改造按照基础设施改造、服务配套完善、社区环境与服务提升的要求，构建五分钟、十分钟、十五分钟生活圈，立足“万物育德，人以德胜”理念，建设满足老年人集“健养、乐养、膳养、休养、医养”于一体的社区乐龄养老生态圈，满足居民生活的便民商业服务圈，满足居民教育学习的文化教育学习圈，满足老年人及残障人士的无障碍生活圈，满足居民就近休闲健身娱乐的社区公共休闲圈；打造“安全智慧、绿色生态、友邻关爱、教育学习、管理有效”的完整居住社区，打造老旧小区综合改造的样板、老旧小区改造无障碍建设的样板、老旧小区改造构建完整居住社区的样板。项目于2020年5月开工，同年12月完工（图1、图2）。

---

① 王贵美 . 构建完整居住社区的实践［N］. 城乡建设，2021-4.

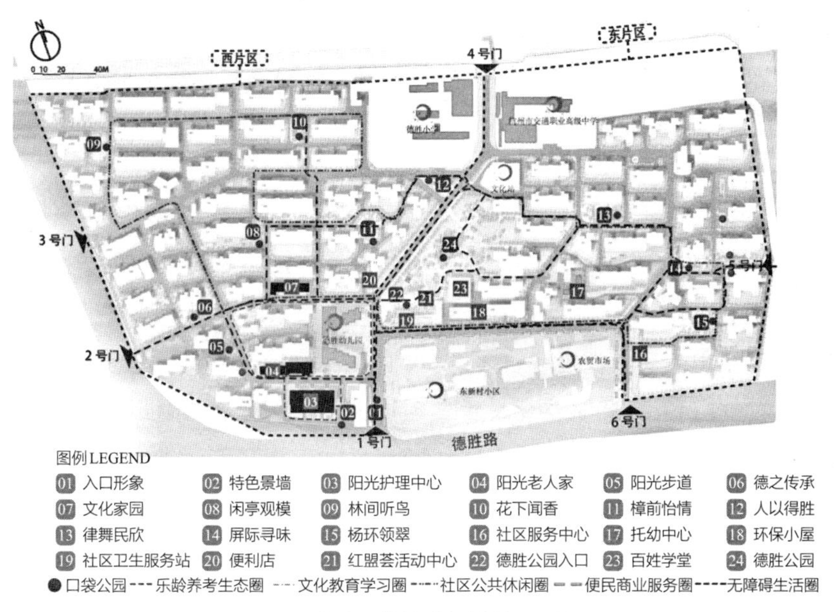

图1 改造后的德胜新村总平面图

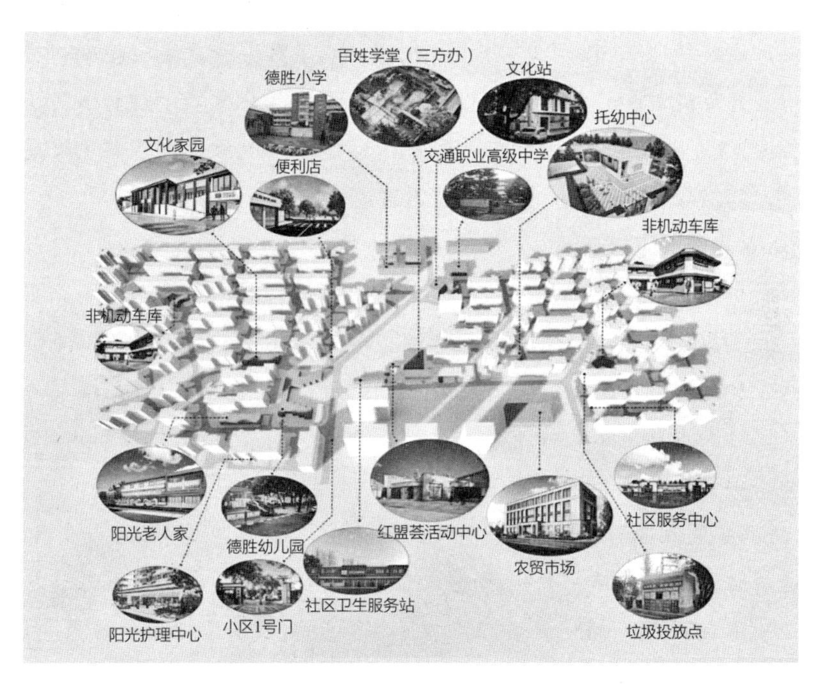

图2 改造后的德胜新村服务配套平面图

二、改造建筑本体及基础设施

1. 屋面及墙面渗漏改造

德胜新村原有房屋为七层平屋面，在2004年进行了“平改坡”，由于当时标准较低、使用材料的耐久性较差，很多屋面漏水严重，屋面木望板腐烂。此次改造中对小区105幢房屋共33000m^{2}的顶面进行全面修缮，采用防腐木作为木望板，用SBS进行屋面防水处理，并用轻质饰面瓦进行屋面统一铺设，确保了第五立面的整体效果。同时对屋面的防雷设施进行了完善和维修，确保防雷设施的完好和有效。

由于德胜新村房屋的建筑墙面渗漏较为严重，此次改造中对墙面渗漏、空鼓的部位进行铲除至砌体基层，并用钢筋网片进行外墙面加固，采用防水抗裂砂浆进行粉刷，彻底解决了困扰居民多年的墙面渗漏问题。

2. 单元楼道及管线改造

类似“蜘蛛网”式的架空管线、单元楼道昏暗等问题在德胜新村同样存在，既产生了严重安全隐患又影响了小区环境。此次改造中采用“三网合一驻地网模式”，对架空管线进行“上改下”，集中设置通信机房，光纤入户，后期居民更换运营商时只需要在机房控制端进行转接跳线就可以了，不需要再重新布线。环境整洁了，居民也方便了。

改造中对204个单元楼道墙面脱落、空鼓的部位进行铲除至砌体基层，并用抗裂砂浆耐碱玻纤网格布进行墙面加固处理，采用防霉涂料进行粉刷；对楼道的照明设施进行节能灯和声控改造，按照每层设置消防应急指示灯和消防应急照明灯，隔层设置2个3公斤灭火器的标准配齐消防设施。既做到彻底解决楼道破旧脏乱的问题，又消除了安全隐患，同时提升了居民消防救援的能力。

3. 地下管网及市政改造

德胜新村此次改造中充分调动产权单位积极性，对燃气管道、自来水管道由产权单位出资500多万元进行了彻底改造提升；对地下排水管网采用CCTV管道排查，清理和疏通淤堵53处，并对35处破损的管道进行更换，保证了管道的完整和通畅，还对雨水和污水的分流进行改造，全面实行小区雨污分流和零直排区建设，推动了小区绿色生态质量改善。

4. 道路拓宽及消防改造

打通消防通道，保障“生命通道”的畅通是德胜新村老旧小区改造中的必改项，改造中遵循民意，拓宽道路1235m^2，拓宽后既保证了“生命的宽度”，消除了安全隐患（图3），又增加了机动车停车位147个，缓解了停车难问题。同时，对小区的消火栓进行了改造，并为每个室外消火栓配备了消防器材箱。对社区电瓶车集中充电库、社区公共服务中心等重点公共区域安装了31个独立式光电感烟、感温、可燃气体三种火灾探测报警器，设置了525个消防喷淋装置；在小区独居老人或残疾居民家庭安装了消防报警装置13户，建立了一套全域消防报警系统，确保24小时监测与预警。

5. 安防改造及智慧建设

德胜新村改造中对小区安防设施进行了改造提升，采用小区出入口人车分流（图4）、小区出入口人脸抓拍、高清周界摄像监控系统、小区全域高清摄像监控、主要重点区域高清摄像监控、单元门禁等“五级布防”的措施，并利用杭州“城市大脑”平台建设智慧化社区。此次改造共安装周界高清摄像头41个，出入口人脸识别高清摄像头26个，新增车辆监控摄像头4个，车行道闸3台；公共区域安装枪式高清摄像头238个，主要交通路口、小区人口密集的德胜公园等重点区域安装了广角高清红外视频监控摄像机12处，部分区域采用360°全景云台控制系统；安装单元门禁204套，人行闸机12套，并与小区智慧管理平台无缝对接，确保居民安心。

不仅如此，此次改造还安装了小区入口体温红外检测设备5处，建设社区隔离室2处、小区应急疏散广场1处以及基于新冠肺炎疫情防控的体温红外检测系统和自然灾害应急救援体系，保障了应急救灾数据采集与信息城市平台及卫健防控管理系统实时对接。

图3 改造后的德胜新村小区道路

图4 改造后的德胜新村南大门

三、完善功能设置及服务配套

1. 建设标准化社区卫生站

在德胜新村改造中，将原先社区出租出去的房屋收回，按照社区卫生服务站的标准，改造了$478m^2$的卫生服务站，配备了全科、中医科、空腔科、药房、护理、健康管理等科室，并由街道卫生服务中心负责运营。同时德胜新村还以卫生防疫为载体，针对社区需求，建立了社区卫生防疫卫生应急体系，既能完善社区的便民服务功能，又为居民提供舒适温馨的看诊环境，解决了居民看病难的问题。

2. 改造社区综合服务中心

为丰富社区服务供给、提升居民生活品质，德胜新村立足小区及周边实际条件，提高现有社区配套用房利用率，赋予其新功能，积极推进公共服务设施配套建设。位于小区德新路东侧6号门东北侧的20号楼为大关街道的国资用房，原布局为单间店面，此次改造将其打通整合成建筑面积397m^{2}的社区综合服务中心，主要由社区服务大厅、社区居委会办公室、警务室等功能组成。

德胜新村社区与杭州市水务集团成功签约占地300m^{2}的泵房使用，使用期限三年，并达成水务集团、区旧改办、街道党建共建的长期战略合作协议，制定三方单位长期服务大关居民的相关方案计划，解决了困扰社区多年的配套用房问题。还对其进行提升改造，设置了德胜百姓学堂、社区服务中心、红盟荟活动中心等公共服务性配套场所。

3. 建设社区乐龄养老生态圈

德胜新村改造过程中，充分挖掘小区的存量资源，通过折整结合、国有资产的退让、引进专业养老机构等多种形式，建设满足老年人的社区乐龄养老生态圈（图5）。

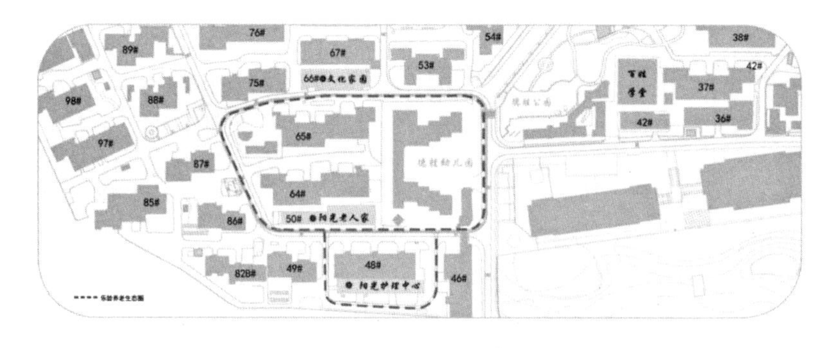

图5　改造后的德胜新村乐龄养老生态圈平面图

改造中将小区内原有废弃的自行车库改造成1030m^2、供社区居民居家养老的“阳光老人家”中心，在一层设置了130m^{2}的康养中心、90m^{2}的阳光客厅、80m^{2}的阳光餐厅和60m^{2}的慈善超市；二、三层设置了18张护理床位，并为社区老年居民全部建立了健康档案，为居民及时提供居家健康养老服务（图6），还专门设置了心理咨询室。改造后的“阳光老人家”由第三方专业机构运营，同时该机构还投资600余万元参与内部改造，为街道减轻了资金压力。

德胜新村改造中通过原先社区用房的退让，建设了340m^{2}的“阳光护理中心”，为浙江省“首个社区级护理中心”，为居民提供“全托养老、日托养老、居家养老、康复养老和专业护理”等多种养老服务（图7）。同时还建设了590m^{2}的“社区文化中心”，专门为健康老人提供健身、娱乐、文化交流的活动空间（图8）。

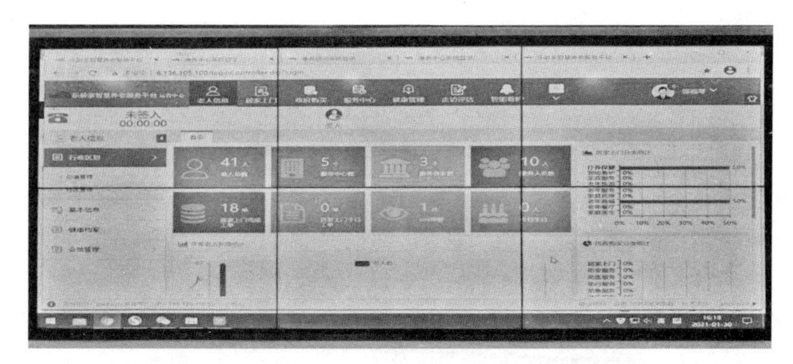

图6 德胜新村社区健康养老综合管理平台

图7 德胜新村社区乐龄家护理中心

图8 德胜新村社区文化家园

4. 建设社区便民商业服务圈

德胜新村从居民基本消费需求出发，充分考虑各类使用人群特点，统筹集中配置场地及设施，与十五分钟生活圈相衔接，建设满足居民生活的便民商业服务圈（图9）。

便民商业服务圈

图9 改造后的德胜新村乐龄养老生态圈平面图

重点打造了一条390多米长的便民商业服务圈，配备了理发、修鞋、开锁、五金店、社区餐饮、水果店、农贸市场等居民日常生活必需的场所，力争做到最大限度地满足广大消费者的各种需求。店招按照设计风格统一改造提升，增加小区的人间烟火气，使小区成为特色鲜明、文化气息浓郁的文化艺术交流和文化产品流通的平台，商业圈成为小区的一道靓丽风景线（图10）。

图10 德胜新村社区便民服务商业

5. 建设社区文化教育学习圈

德胜新村老旧小区改造中立足居民的切实教育学习需求，整合闲置资源，建设满足居民教育学习的文化教育学习圈，重构社区内的社会关系，提升社区认同感和归属感（图11）。

德胜新村老旧小区改造中利用原有非机动车停车库，建设了2210m^{2}的社区文化家园。杭州水务集团将德胜公园的300m^{2}水泵房提供给社区建设“百姓学堂”，为德胜新村中青年居民提供学习的场所；德胜幼儿园投资150万元，建立了幼托场所，实现居民、社区、幼儿园共赢；增加德胜文化家园和非遗传承人纪念景墙，传播德胜文化，展示非遗技艺。同时通过挖掘小区的发展历史、地域特点、特色建筑、文化共识等元素，为公共空间确定文化艺术主题，形成贯穿小区的设计语言，并将其融入小区改造设计，打造了德胜文化教育圈，增进居民对社区的认同感、归属感和自豪感。

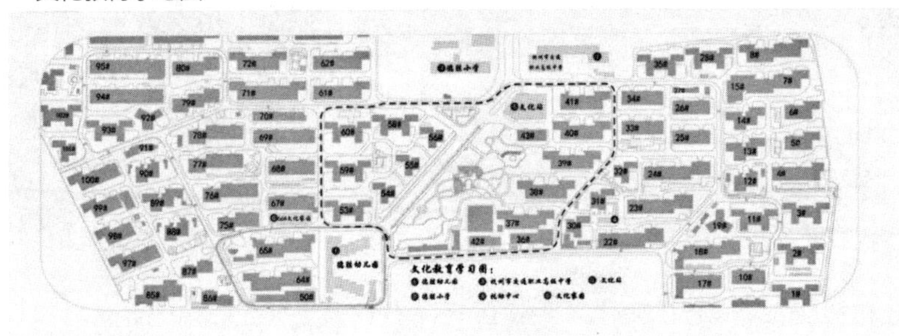

图11　改造后的德胜新村文化教育学习圈平面图

6. 建设信息化无障碍生活圈

德胜新村通过建设公共空间、小区交通、休憩场所、服务配套等无障碍设施，打通无障碍环线，打造环境无障碍、信息无障碍、服务无障碍的老旧小区无障碍改造示范工程，建设信息化无障碍生活圈，体现了社会对残障人士的关爱（图12）。

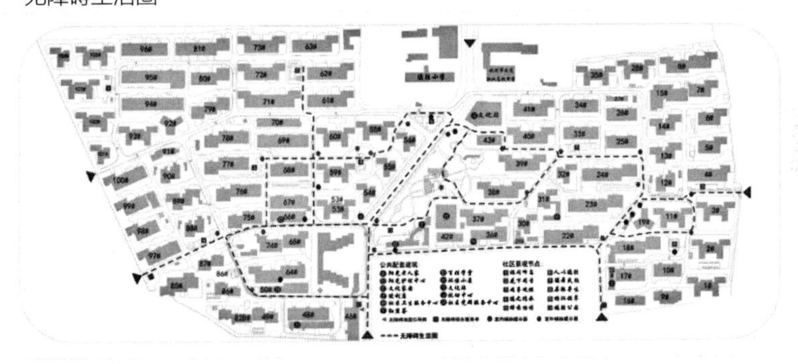

图12　改造后的德胜新村无障碍生活圈平面图

改造时在小区主要通道、十字路口增设电子导盲系统，根据布点语音提示视障人士通行及休憩，并结合电子导盲布点系统，设置无障碍地图（图13），帮助智力下降的老人找到归家之路；在公共服务空间设置无障碍柜台，方便坐轮椅的居民办理业务。本次改造还引入全龄化无障碍理念，打通老人活动区、全龄活动区、邻里活动区，统筹考虑各类使用人群特点，形成无障碍全龄环线，并在无障碍设施建成后对其进行完善的维护和使用指导，配置定期检查设备使用状况等反馈机制和检修机制（图14）。

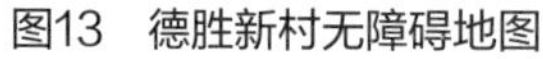
图13　德胜新村无障碍地图

图14　德胜新村无障碍信息导航

街道相关企业赞助50万元用于社区无障碍建设，打造老旧改造无障碍示范小区。此次改造建设无障碍坡道22处、无障碍公共卫生间2处、低位服务台1处、残障健身设施1套、残障关爱活动场所3处、无障碍地图引导牌2处、无障碍综合信息服务亭2处；室内室外视障辅助提示器共计45处，满足了小区内及周边2km范围内残障人士独立自主出行及生活需求。

四、提升人居环境及人本关怀

1. 拓展公共休憩空间

德胜新村在此次改造中充分拓展公共休憩空间，原先的7800多平方米的德胜公园由于长期没有维护，无法满足居民室外公共休憩。此次改造在公园内新建了居民休息凉亭、儿童活动场地、社区疏散广场、百姓舞台、居民健身等功能场所，提升公园绿化品质。同时为满足居民日常晾晒的需求，整个小区新建了110处晾晒点，建设了全年龄休憩活动场所2处，建设和改造了以“德胜八景”为主题的休息凉亭8处和口袋小公园3处，并设置了残障健身设施1套、残障关爱活动场所3处，做到了让老人和残障人士能够正常自由地进入小区每个公共休憩节点，推进了品质社区建设（图15～图19）。

图15　改造后的德胜公园入口

图16　改造后的德胜公园周边

图17　改造后的德胜公园儿童活动区

图18　改造后的休息凉亭

图19　改造后的托幼中心

2. 提升绿化生态环境

德胜新村老旧小区改造还对小区绿化进行了全面的整治提升，完善了绿化互补性，达到四季互补、层次分明的效果。改造后的小区通透性得到了显著提高，居民期盼的“望得见星空、看得见绿色、闻得见花香”得以实现。

首先，整治小区绿地，纠正各类私自侵占绿地行为，拆除占绿毁绿的违章建筑物（构筑物），恢复绿化功能。其次，坚持“集中与分散、大小、点线面相结合”的原则，优化绿地布局。最后，兼顾场地条件、居民综合需求、易于管理、不易侵占等因素，对小区绿化进行合理改造。在本次改造中，坚持贯彻合理选择植物配置、种植形式，注重美化彩化效果；按照“适地适树”原则，重点选择乡土树种，呈现地域植物景观风貌，注重绿化空间的可进入性和完整性。

同时，按一定比例配置新能源专用充电桩，提倡和促进新能源的应用及发展。根据杭州的垃圾分类规定，封闭式定时定点投放，促进小区环境提升。

3. 建设居民公共休闲圈

德胜新村因地制宜，合理集中配置场地和设施，重点保障儿童、青少年、老年人和残疾人的娱乐休闲需求，建设居民公共休闲圈，推进居民享受美好环境与幸福生活（图20）。

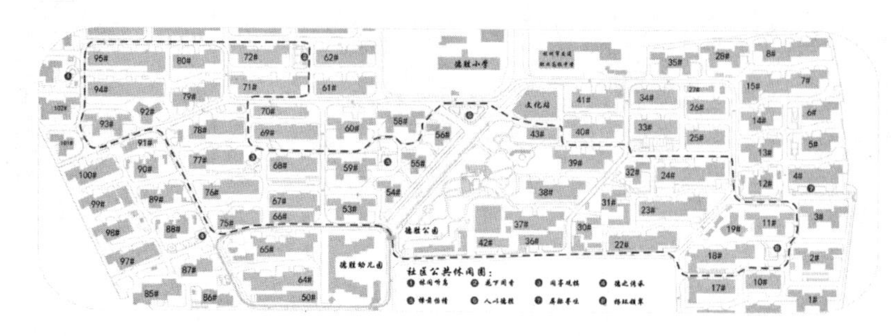

图20　改造后的德胜新村社区公共休闲圈平面图

通过绿化等隔离设施，减轻健身活动对附近居民的影响。儿童与老年人的健身活动场地的地面材料宜采用专业环保的户外塑胶等柔性材料。同时结合小区道路设置健身步道，用颜色醒目的透水材料加以区别，新建和改造社区游步道3800m。积极推进休闲社区化，加快打造娱乐休闲、运动休闲、文化休闲的社区。

五、建立长效管理和治理机制

1. 建管同步找准后期收益点

“三分建、七分管”，老旧小区改造后的运营管理是最困扰大关街道和居民的难事，持续有效的管理是需要资金支撑的。德胜新村改造中采取建管同步的模式，充分找准后期的收益点，为后期物业管理提供必要的资金来源保障。在项目改造过程中，德胜社区聘请专业物业来管理。改造后居民的物业缴费率达到90%以上。同时社区通过免费提供给物业公司部分门面房，作为物业为社区居民提供线上线下经营服务，用于物业对居民提供有偿维修收费服务，并且小区内广告宣传栏也能为物业提供一部分收入，让物业公司在项目管理中能够真正有利可取。改造后新增机动车停车位147个，全小区共980个机动车位，还有部分经营用房、食堂等能为社区提供一部分维护资金。通过充分挖掘维持后期管理的收支平衡，让老旧小区改造长效管理能够落到实处，确保了稳定持续运行。

2. 专业物业抓准管理着力点

德胜新村在后期的长效管理上，建立专业物业管理模式，由专业物业对小区进行专门管理。物业公司采用网格化管理，对社区基础设施、公共空间、居民服务、安全维护等实行“定人、定岗、定责”管理制度，并组织引导居民参与“院子”管理，贯彻“幸福生活与和美好环境共同缔造”理念，实现决策共谋、发展共建、建设共管、效果共评、成果共享。

3. 党建引领发挥居民核心点

德胜新村在改造中始终坚持“党建引领”，做好“聚心、聚力、聚智”三道

“民心”加法题，发挥“聚人心、暖人心”六字乘法效应，贴心打造一支居民志愿者组成的“360美好家园监督团”，助推党建引领凝聚人心、凝聚众智、凝聚合力，构建各方共建机制。2020年6月，在拱墅住房和城乡建设局党委的强力指导下，街道联合社区、地下管网公司、项目总包单位、物业公司、居民等各方合力成立“旧改红盟荟”，做到了把“支部建在旧改项目上”。

六、结语

改造后的德胜新村小区，房屋不漏了、道路变宽了、设施完备了、绿化漂亮了、小区通透亮堂了、居民生活环境变美了，安全隐患消除了，居民可以在小区内实现看病、养老、休闲、健身、学习，还可以在小区享受生活圈的各种便民服务。同时，通过老旧小区改造，小区的建筑本体和基础设施得到了全面改造，功能设置和服务配套得到了全面完善，人居环境和人本关怀得到了全面提升，长效管理和治理机制得到了有效建立，构建了“绿色生态、友邻关爱、安全智慧、教育学习、管理有序”的完整居住社区，既有效地改善民生又推动了城市升级的双向同步发展。

《建设科技》杂志2020年第24期上刊登了魏建东《关于老旧小区改造结合未来社区建设的思考》和夏冰洁《杭州市老旧小区综合改造提升资金筹措情况及问题分析》的两篇文章，分别从不同的视角对杭州城镇老旧小区改造的“杭州经验”加以解读。

关于老旧小区改造结合未来社区建设的思考①

魏建东

未来社区建设是浙江省大湾区、大花园、大通道、大都市区四大建设在微观层面的交会点，是新时代浙江高质量发展高品质生活的新平台。而老旧小区改造是一项“百姓得实惠、企业得效益、政府得民心”的民生工程、发展工程。如何在老旧小区改造过程中贯彻落实未来社区理念，结合改造切实满足人民群众日益增长的美好生活需求，其重要意义不言而喻。

一、基本情况

1. 未来社区试点情况。2019年1月，浙江省两会将未来社区建设写入政府工作报告，3月，省政府印发《浙江省未来社区建设试点工作方案》，提出“139”为核心的顶层设计。3是指人本化、生态化、数字化三维价值坐标，9是指构建未

① 魏建东．关于老旧小区改造结合未来社区建设的思考［N］．建设科技，2020-24.

来邻里、教育、健康、创业、交通、低碳、建筑、服务、治理等九大场景，并开展省级试点申报创建。8月，省发展改革委发布首批24个未来社区试点创建名单，杭州市7个试点，其中改造重建类4个、规划新建类3个。同年12月，杭州市政府印发《关于高质量推进杭州市未来社区试点建设的实施意见》，明确了创新规划管理、集约土地利用、强化资金保障等六方面政策支持。2000年以来，杭州市未来社区改造工作有序推进。

2. 老旧小区改造情况。从2019年初的全国两会，到国务院常务会议、中央政治局会议，均要求大力推进城镇老旧小区改造工作。特别是6月12日，李克强总理在调研拱墅区和睦新村改造项目时强调："老旧小区改造不仅是民生工程，对于拉动投资、促进消费都有好处，也是应对中美经贸摩擦的重要一手。要在杭州开展老旧小区改造试点，同步跟上居家养老包括托幼、助残、助行、助医、助浴等民生服务，为全国创造可复制、可推广的经验。"同年8月，杭州市政府印发《杭州市老旧小区综合改造提升工作实施方案》，提出以提升居民生活品质为出发点和落脚点，结合未来社区建设和基层社会治理，积极推动老旧小区功能完善、空间挖潜和服务提升。计划至2022年，全市改造老旧小区950个、43万套、3300万m^2。

2019年试点先行以来，杭州市率先提出实施老旧小区综合改造，围绕居民需求，标准引领、改革先行，扎实推动社区功能优化和城市持续有机更新，打造一批"有完善设施、有整洁环境、有配套服务、有长效管理、有特色文化、有和谐关系"的宜居小区。2019～2020年杭州已累计开工改造456个小区，改造面积达2380万m^2，受益住户约27万户。

二、存在的主要问题

2020年7月，浙江省委常委、杭州市委书记周江勇提出要坚持以人民为中心的发展思想，争创全国样板和标杆；要坚持以"新"换"心"，推动改造设施和完善服务相结合，打造15分钟居家服务圈；要坚持以人文化、数字化、生态化为价值导向，高水平打造未来社区应用场景，努力构建新型城市功能单元；要坚持政府主导、群众自愿、立足宜居，强化协商民主和物业管理等"四个坚持"工作要求，结合省委"创建未来社区是贯彻落实党中央、国务院城镇老旧小区改造重大决策的具体抓手"的指示，笔者认为在当前老旧小区改造过程中，实施未来社区建设仍存在以下难题：

1. 改造局限性较大。未来社区建设明确分类推进改造更新和规划新建项目实施未来社区建设，以改造更新为主，统筹推进未来社区建设与老旧小区改造提升。目前，杭州市列入未来社区试点的上城区始板桥社区、采荷荷花塘社区均属于改造更新类拆除重建项目，拆建后有足够的空间满足“九大场景”设计需要。

现实情况是我市老旧小区总体上存在着居住功能不足、配套设施短缺、小区管理薄弱等问题。尤其是老旧小区居住的老年人比例较高，对配套服务设施的需求较为紧迫，但受老小区本身土地空间和资源所限制，既有的养老托幼、医疗卫生、体育休闲等配套服务设施无法满足老年居民的需求。因此，本轮老旧小区综合改造提升工作明确实施基础设施、居住环境、服务功能、小区特色、长效管理等五方面改造，可整合利用周边碎片化的土地，并对既有设施实施改建、扩建，增加配套服务设施，其主要目的是补足老旧小区存在的短板，解决人民群众最基本的生活所需，且并未涉及房屋本体拆除改造，这与未来社区试点项目“九大场景”设计要求相差甚远。

2. 百姓改造意愿难以协调。杭州市本轮老旧小区综合改造提升强调充分尊重居民意愿，凝聚居民共识，变“要我改”为“我要改”，由居民决定“改不改”“改什么”“怎么改”“如何管”，从居民关心的事情做起，从居民期盼的事情改起。原则上申报项目需符合物权法规定的“双2/3”条件，且业主对改造方案（内容）的认可率达2/3。浙江省未来社区试点创建评级指标体系要求满足“九大场景”涉及33个内容的约束性和引导性指标，尤其是低碳、创业、未来建筑等场景，要求实现集中供热（暖）供冷、引入综合能源资源服务商等内容，短期内与居民需求不匹配，也很难被老旧小区居民关心和认同，协调较为困难。

3. 改造资金筹措难度加大。目前杭州市老旧小区综合改造提升工程投入资金按照400元/m^2计，则本轮改造资金约132亿元左右。改造资金主要依靠市区两级财政以及国家层面给予补助，原则上居民要出资参与改造。但从当前情况看来，改造后小区几乎无收益，改造后小区社会力量参与运营服务也处于探索阶段，导致旧改成为属地政府一次性的高强度资金投入。若按照未来社区试点创建的要求实施改造，则更加剧属地政府改造资金筹措压力。

三、有关建议

笔者以为，鉴于老旧小区本身既有条件，可以在改造中根植或融入未来社区建设理念，借鉴世界城市同行的做法，以功能性、安全性、舒适性为前提，开拓创新思路，打破既有条框限制，从项目理念定位、技术前期、过程实施、后续运营等方面精心打造杭州老旧小区改造未来社区化样板工程。

1. 重塑老旧小区未来社区化样板工程指标体系。在既有的浙江省未来社区试点创建评级指标体系基础上，结合老旧小区自身特点，经相关部门论证评价后，选择医养结合、绿化与停车泊位、无障碍和适老化设施等部分指标作为老旧小区改造未来社区化工程指标体系，以此作为全省、全市老旧小区改造项目创建未来社区化样板的标准和指引。

2. 适时设立容积率奖励机制。杭州市建设用地容积率调整机制主要侧重于有效管控，在指标的科学优化方面尚缺乏系统的规范引导，如没有明确容积率调整受理范围、可调整幅度及差异化的容积率调整程序，目前按照建设单位申请、专家论证、公示或听证、部门建议、政府批准、规划审批等程序实施。建议借鉴上海、深圳等地在城市更新方面奖励、转移容积率的做法，在统筹考虑控规单元建筑总量的基础上，给予老旧小区改造未来社区化项目实施容积率奖励、转移等优惠政策，如可通过部分拆除重建、加层等技术手段增加老旧小区建筑面积，用于补足未来社区有关场景物理空间，吸引更多的社会力量参与老旧小区改造和未来社区试点建设，从而减轻各级财政资金负担，也有利于维持改后项目正常运营。

3. 探索适合老旧小区未来社区化合作开发模式。目前杭州市老旧小区改造主要采用"业主主体、政府引导"的模式实施，由街道或区县（市）政府指定相关建设单位作为建设主体负责实施，改造后由街道、社区及小区业主委员会落实长效管理，该模式有利于集中政府资源和力量办成改造大事，值得关注的是改后小区能否通过小区自身管理（不需街道资金支持）保持正常运营，有待进一步检验。建议可选择部分商品房性质或基础条件较好的老旧小区，尝试由小区业主委员会牵头，委托社会力量介入改造方案设计、施工、后续运营等全过程生命周期的建设和运营，政府和相关专业部门进行业务指导和把关，业主、企业、政府共同打造未来社区治理场景，真正实现业主自治。

4. 加大宣传力度。老旧小区改造是一件涉及广大居民居住和生活品质的大事，未来社区建设更加丰富了改造内容，拓展了改造外延，是综合改造的升级版，必须得到居民群众的高度认可方可顺利实施。建议进一步发挥各类新闻媒体作用，加大对老旧小区改造过程中引入未来社区理念的宣传和引导，营造良好的舆论氛围，让更多生活在老旧小区的居民发出"我要改，改成未来社区"的声音。

杭州市老旧小区综合改造提升资金筹措情况及问题分析①

夏冰洁

老旧小区改造是一项"百姓得实惠、企业得效益、政府得民心"的民生工程和发展工程。杭州市上下对标"范围全覆盖、水平全提升，努力争创全国样板和

---

① 夏冰洁．杭州市老旧小区综合改造提升资金筹措情况及问题分析［N］．建设科技，2020-24.

标杆”的总体目标，坚持“防疫情、抓推进”双向发力，积极稳妥推进老旧小区综合改造提升工作，以打造更多“有完善设施、有整洁环境、有配套服务、有长效管理、有特色文化、有和谐关系”的宜居小区。

一、杭州市老旧小区改造概况

杭州市坚持问题导向、需求导向，全面启动、有序推进，2019～2020年已累计改造456个小区，改造面积达2380万m^2，受益住户约27万户，连续两次入选市委重大改革任务和试点任务“红榜”。

1. 坚持“以人为本”理念，注重功能补齐和服务提升。一是优化利用小区资源。新增停车泊位9655个、无障碍及适老性设施3591处、健身场地约12.1万m^2、养老托幼等服务设施约8.59万m^2。二是统筹共享城市资源，打造“15分钟”居家服务圈。三是鼓励贡献国有资源。鼓励机关、企事业单位将老旧小区内部或周边的存量用房，提供给街道、社区用于配套服务，已盘活存量用房86处、约2.7万m^2。

2. 坚持“有机更新”理念，构建因地制宜改造模式。一是分类实施改造。按照老旧小区不同的资源禀赋和人员结构，因地制宜实施改造。二是注重设计引领。要求设计师全程驻点，编制“一小区一方案”。三是注重文化挖掘。以城市乡愁记忆和社区历史文脉为基础，打造社区文化家园和党群服务中心，建设温暖的精神家园，形成“一社一品”。

二、杭州市老旧小区改造资金筹集途径

杭州市坚持多元筹资，积极争取中央资金支持政策，市区财政资金给予一定的补助，建立健全政府与居民、社会力量合理共担机制，通过盘活社区资源，激活小区“造血功能”，测算好资本投入和收益，通过市场化方式吸引更多社会力量参与改造、共建和运营。2019～2022年，累计获得中央、省、市补助资金，发行债券共计50.24亿元。

1. 中央、省级财政资金支持。一是中央财政专项资金，根据财政部和住房和城乡建设部《中央财政城镇保障性安居工程专项资金管理办法》，老旧小区专项资金主要用于小区水、电、路、气等配套基础设施和公共服务基础设施改造，小区内房屋公共区域修缮、建筑节能改造，支持有条件的加装电梯。杭州市累计获得67961.03万元。二是国家发展改革委中央预算内投资，根据国家发展改革委《中央预算内投资保障性安居工程专项管理暂行办法》，预算内投资可用于小区相关配套基础设施，包括：小区内的道路、供排水、供电、供气、供暖、绿化、照明、围墙、垃圾收储等基础设施，小区的养老抚幼、无障碍、便民等公共服务设施，与小区直接相关的道路和公共交通、通信、供电、供排水、供气、供热、停车库（场）等城镇基础设施项目。杭州市累计获得30421万元。三是浙江省政府财政资金，省财政每年拿出2亿元用于城镇老旧小区改造以奖代补。杭州市累计获得13985.93万元。

2. 发行地方债券。财政部《关于加快地方政府专项债券发行使用有关工作的通知》明确政府专项债优先用于党中央、国务院明确的“两新一重”、城镇老旧小区改造、公共卫生设施建设等领域符合条件的重大项目。杭州市2020年发行抗疫特别国债2.9亿元、专项债和一般债20.31亿元。

3. 市级财政投入。杭州市建委联合市财政局联合印发《杭州市老旧小区综合改造提升专项补助资金管理办法》，明确安排市级资金按照不超过400元/m^2的改造标准，对2000年前建成且列入改造计划的老旧小区实施改造提升给予补助，上城区、下城区、江干区、拱墅区、西湖区范围内实施的老旧小区改造项目，市级财政补助比例为50%；滨江区、富阳区、临安区、钱塘新区范围内实施的老旧小区改造项目，市级财政补助比例为20%；其他区、县（市）补助比例为10%。已累计拨付14亿元。

4. 专营单位出资。杭州市移动、电信、联通、电力、水务、燃气等国有企业大力支持老旧小区改造工作，承担了管网改造、弱电线路割接等费用1.7亿元。如拱墅区和睦新村改造项目，国网杭州公司、杭州市地下管道公司、市自来水公司、市燃气公司等共计给予约2000万元的资金支持。

5. 居民和社会资本投入。上城区紫阳街道新工社区通过引进1500万元社会资本建设停车楼，并通过建造停车楼、立体机械车库、社区会客厅架空层停车位等方式，将社区的停车泊位增加到600多个，切实解决社区“停车难”。下城区河西南38号小区改造项目总投资250万元，发动居民共同出资（每户500元），共筹集改造资金13.75万元。

三、存在的问题

1. 资金需求量大。国务院办公厅印发的《关于全面推进城镇老旧小区改造工作的指导意见》（国办发〔2020〕23号），要求到2022年，基本形成城镇老旧小区改造制度框架、政策体系和工作机制；到“十四五”期末，结合各地实际，力争基本完成2000年底前建成需改造城镇老旧小区改造任务。经估算，杭州市“十四五”期间老旧小区改造资金需求约100亿元。

2. 居民出资意愿低。居民作为改造主体，参与意识越来越强，但“百人百条心”，要将居民之间的意愿协调一致非常难，同时居民的出资意识依旧十分薄弱，出资的意愿偏低，大部分居民还是认为应该由政府包办。

3. 吸引社会参与较难。老旧小区普遍存在物业费标准低、收缴率低，很多小区仅依靠0.15元/m^2的物业费、100元每月的停车位管理费及极少量的植入广告等，难以支撑后续物业管理公司的日常开支和维护投入。而小区内的闲置（低效）资产等资源受历史因素制约难以有效利用，企业希望通过获取部分配套服务用房、提高经营性收入及盘活低效资产以弥补后续的物业管理支出，由此导致社会力量投资意愿不强，迟迟难以形成可持续的市场机制。

四、对策建议

老旧小区改造涉及面广，是一项系统工程。为做好改造资金筹措工作：

1. 建立多元化融资机制，加大改造资金筹集力度。一是丰富融资主体，缓解政府资金压力。发挥市场在公共资源配置中的决定性作用，同等对待各类投资主体。利用特许经营、投资补助、政府购买服务等方式，吸引民间资本参与老旧小区改造项目。二是强化金融支持，优化金融供给。应强化政策性金融作用，加强对国开行、农发行的融资对接，为小区整改提供成本较低、期限较长的稳定资金来源；鼓励和引导商业银行设立专门的服务机构，制定多层次的信贷服务机制，为更多老旧小区改造提供更具实用性的信贷服务。

2. 完善融资配套措施，吸引更多资金投入老旧小区改造。一是加大融资政策制度保障。发挥财政对金融资源配置的引导作用，通过财政补贴、税收优惠、风险补偿等方式，规范和引导金融机构及民间融资将更多资源投向老旧小区改造。二是做好资金的全程监管。按照落实主体责任的要求，明确项目资金的责任主体，即“谁实施、谁负责”的原则，做到使用必问效、低效必问责、违规必追究，确保从资金划出到落实到老旧小区改造的一砖一瓦，必须有严格细致的监管，不允许出现缩水、打折扣等腐败现象。

3. 引导企业和居民出资。一是鼓励社会资本参与。因地制宜通过新建、扩建、改建等方式，完善涵盖生活服务、医疗保健、照料看护等内容的服务设施，积极引入养老、托幼、家政等社会资本改造建设和运营；鼓励通过新增设施有偿使用、落实资产权益、物业置换、结构加层等方式，充分挖掘存量资源；通过老旧小区公共资源的二次开发利用，特别是停车场、便民市场和便利店、电梯加装等有现金流的项目，建立产权主体与市场主体共建共享机制，实施市场化运作、物业增值服务等模式，努力形成长效收益回报机制。二是提高居民参与老旧小区改造的出资比例。要加大对老旧小区综合改造提升工作的宣传引导，强化居民的主人翁意识，积极引导居民通过直接出资、申请使用（补建、续筹）住宅专项维修资金、申请使用住房公积金、让渡小区公共收益、投工投劳等方式，出资参与老旧小区综合改造提升。三是拓宽社会投资渠道，鼓励以企业投资、捐资冠名等方式吸引社会力量捐资或捐赠文体设施等；鼓励原产权单位通过捐资捐物等方式支持老旧小区改造；还可设立爱心基金会，鼓励社会爱心人士自由捐助等。

三、培训论坛会议开讲“杭州经验”

杭州市城镇老旧小区改造的“杭州经验”还通过培训、论坛、会议等形式在全国传播，分享杭州市城镇老旧小区改造的成效，助力全国城镇老旧小区改造工作坚实迈进。

2019年9月24～28日，由中共中央组织部委托住房和城乡建设部主办、全国市长研修学院承办的“美好环境与幸福生活共同缔造专题研究班”在厦门开班。拱墅区委副书记、区长章燕代表杭州市拱墅区应邀参加，从“产业转型的样板之区、都市中的江南水乡、运河文化的示范窗口、品质生活的和谐之区”四方面简要介绍了拱墅区情，重点从改造背景、主要做法、典型案例、实践体会等方面展示了拱墅区城镇老旧小区改造工作的特色做法和实践探索，并针对城镇老旧小区改造中的“居民参与、共同缔造”等旧改经验进行了交流分享。

受全国市长研修学院（住房和城乡建设部干部学院）邀请，住房和城乡建设部科学技术委员会社区建设专业委员会委员、泛城设计城市更新研究院王贵美院长，分别对浙江省住房和城乡建设系统和海南省住房和城乡建设系统进行城镇老旧小区改造工作专题授课，就城镇老旧小区改造工作中存在的问题、工作如何推进、如何构建完整居住社区等进行专业指导，并对杭州市城镇老旧小区改造的“杭州经验”进行分享。同时，王贵美院长还在浙江省内的宁波市、金华市、绍兴市、丽水市和衢州市等地进行城镇老旧小区改造工作专业技术指导。2020年8月18日，王贵美院长受邀参加在北京举行的“第十二届全国既有建筑改造大会”，发表以“城镇老旧小区改造工作推进研究——以杭州为例”的主题演讲，王院长以杭州市城镇老旧小区综合改造提升工作为例，重点从组织保障、多方参与、资金共担、资源共享、项目推进、长效管理等六方面出发，深入探讨城镇老旧小区改造的推进工作。2020年8月31日，浙江省美丽城镇办，邀请王贵美院长在“美丽讲堂”开展专题授课，王贵美院长围绕“城镇老旧小区改造工作推进研究”深入探讨城镇老旧小区改造工作，为浙江省城镇老旧小区改造工作出谋划策，全省各级美丽城镇办、乡镇（街道）有关人员在线同步观看学习。2020年10月，2020（第五届）中国（杭州）智慧城市暨人工智能产业峰会上，王贵美院长发表了《XOD模式下的城市更新及城市建设方式研究》的主题报告，并在同年10月底举行的第三届中国与“一带一路”国家旅游高等教育研讨会暨浙江省休闲学会2020年年会上，作了《休闲社区化——基于未来社区建设的休闲场景构建》的主旨演讲，结合城镇老旧小区改造的“杭州经验”对城市更新、未来城市的发展等进行深度解析。

2020年10月17日，受新疆维吾尔自治区阿克苏地区所邀，浙江省住房和城乡建设厅邀请王贵美院长前往阿克苏地区进行城镇老旧小区改造工作的专业技术指导和专题培训授课。作为“老旧小区改造杭州经验”的“构建者与实践专家”，王贵美院长不仅在阿克苏地区开展理论指导，还将“杭州经验”因地制宜实践到阿克苏地区，带领他的泛城设计城市更新研究院团队对阿克苏小南街社区内18个老旧小区进行改造提升设计和施工指导，将杭州的“三上三下，四问四权”的居民参与机制、“资金共担，共同缔造”的多方参与机制等旧改经验带到了阿克苏市。

阿克苏市的小南街片区改造涉及18个小区，总用地面积141051m^2，总建筑面积229788m^2，40栋建筑2145户。针对小南街社区的“基础项”，如建筑外立面修复、建筑保温系统改造、消防设施改造、安防设施改造、给水排水设施改造、电力设施改造、道路整治、垃圾分类及环卫设施、楼道修整、屋面修缮、无障碍建设等改造内容；对“完善项”，如完善小区绿化、完善室内外照明系统、完善适老设施、完善适幼设施、停车序化及挖潜、新能源车位推广、非机动车充电改造、休闲与健身设施及场所、小区特色文化挖掘、智能信包箱等内容；以及“提升项”，如社区办公用房、综合服务中心、文化家园、阳光体育馆、老年食堂、老年活动室、少儿活动室等公共配套服务设施进行改造提升。本次以民意为导向，对小南街社区进行的“应改尽改”改造提升，得到了政府与居民的一致好评，为此阿克苏项目的主创设计师王鹏还被评为“最美援疆人”。

2020年12月30日，杭州市拱墅区和睦街道党工委书记饶文玖受住房和城乡建设部邀请在“美好环境与幸福生活共同缔造”的全国培训班上做视频交流发言，饶书记结合和睦新村的改造经验以“花钱花在刀刃上，旧改改到心坎里，和睦街道打造‘一老一小’民生服务样板”为主题，首先从“聚焦环境改善新目标，打造‘阳光旧改’新样板”的角度详细介绍了和睦新村改造的三大特色“碎片空间＋口袋公园”“老旧小区＋社会资本”“党建引领＋居民共治”；其次介绍了“聚焦居家养老新期盼，升级‘阳光老人家’新体系”，主要从“硬件”和“软件”的角度介绍了和睦的居家养老体系；再从“聚焦幼儿照护新需求打造‘阳光小伢儿’新品牌”的角度介绍了“阳光小伢儿”和睦托育中心的建设经验；最后总结了“和睦新村旧改工作可借鉴经验”，重点介绍了“改造秩序的排列，把群众最困难、最迫切、最急需的项目优先改造到位；改造方法的选择；施工现场管理方法创新；共建共治共享理念的落地；小区资源的整合方法；旧改项目需求层次的选择”等杭州经验的内容进行了详细介绍和分享。

2021年2月初受云南省昆明市住房和城乡建设局邀请，杭州市拱墅区住房和城市建设局副局长付嘉，住房和城乡建设部科学技术委员会社区建设专业委员会委员、泛城设计股份有限公司城市更新研究院院长王贵美和拱墅区和睦街道党工委书记饶文玖到昆明参加“昆明市城镇老旧小区电视电话专题培训会”。王贵美院长以“城镇老旧小区改造中完整居住社区的构建”为主题进行了技术指导，他从国内城镇老旧小区现状、城镇老旧小区改造的目标和内容、完整居住社区的要素、完整居住社区改造的目标和内容、城镇老旧小区改造与完整居住社区之间的关系、完整居住社区的实践案例与探索等方面出发，详细、系统地讲解了城镇老旧小区改造的工作新方向、新思路、新措施。杭州市拱墅区和睦街道党工委书记饶文玖将和睦街道老旧小区改造工作中的改造方法、先进经验、工作亮点向各参训人员进行了详细介绍。

通过王贵美院长与饶文玖书记对杭州市城镇老旧小区改造的“杭州经验”介绍与分享，帮助昆明市各城镇老旧小区改造的相关单位了解最新政策和成熟经验，有力地促进了昆明市高质量有序推进城镇老旧小区改造各项工作。

第五章

展望城镇老旧小区改造未来

全国政协常委、住房和城乡建设部副部长黄艳在2021年全国“两会”上指出：持续推进老旧小区改造，加快解决群众“急难愁盼”，并明确将重点从8个方面全力实施城市更新行动。一是研究制定城镇体系建设方案，构建以中心城市、都市圈、城市群为主体，大中小城市和小城镇协调发展的城镇格局。二是实施城市生态修复和功能完善工程，合理确定城市规模、人口密度，优化城市布局，提升人居环境质量。三是强化历史文化保护，塑造城市风貌。四是加快建设安全健康、设施完善、管理有序的完整居住社区。五是加快推进基于数字化、网络化、智能化的新型城市基础设施建设。六是全面推进城镇老旧小区改造。七是统筹城市防洪排涝，系统化全域推进海绵城市建设。八是推进以县城为重要载体的城镇化建设①。

纵观全国的城镇老旧小区改造，目前基本都是以单个小区为改造单元，类似原子化的个体改造。这种改造模式，很多配套服务功能无法完善，小区周边或片区内的资源不能共享，改造后的小区仍旧不能满足人们对美好生活的需求，群众的获得感不高。同时现有老旧小区改造没有从城市更新及未来社区发展的维度进行全域统筹规划，不利于促进城市有机更新。

城镇老旧小区改造应开展城市更新全域统筹再规划，逐步推进，条件成熟一个实施一个。城镇老旧小区基本都处于老城区或城市核心区，加之原先建设标准较低，有些城市肌理和住宅建筑已不能满足现代及未来城市的发展，因此要在城市总体规划指导下，与国土空间规划、城市有机更新、公共服务设施、改造小区和未来社区形成规划体系，尤其应开展城市更新再规划，按照城市更新和未来社区的发展要求，对老旧小区及周边配套基础设施进行成片改造，尤其是通过再规划对城市交通道路、市政管网、停车、公共服务等基础设施进行合理布局，补足老旧小区功能配套不全、资源受限的短板。对小区现有条件较好，改造后能满足群众对美好生活需求且改造成效能够保持较久的老旧小区可以先行改造；对存在房屋安全隐患或者是改造必要性不大、改造成效保持不久和价值不高的老旧小区可以实行拆改结合的模式，进行全域统筹规划后有序推进老旧小区改造，在存量里做增量，提高土地的集约化程度，发挥土地的价值优势，做到优地优用。

城镇老旧小区改造工作涉及部门多、范围广，不能片面、孤立、静止地看待和施行，不能由政府唱“独角戏”，不能割裂资金、资产、资源之间的联系，应充分发挥居民主体作用，充分调动各方力量和社会资本，坚持以人为本。居民是

① 记者：余蕊均，编辑：杨欢. 专访全国政协常委 住房和城乡建设部副部长黄艳：城市体检评估机制已初步建立 今年将从八方面全力实施城市更新［EB/OL］.［2021-3-5］. https://www.sohu.com/a/454290823_115362.

城镇老旧小区改造的主体，也是改造成果的最大受益者。通过推动老旧小区改造中共同参与、共同出资，使居民在这项民生工程中既锻炼了参与基层自治的能力，满足了对美好环境与幸福生活的需求，实现了“当家做主”的权利，也让自己房屋自己管，自己环境自己建的理念深入人心，让城镇老旧小区综合改造提升工作成为居民发挥“主人翁”意识的主场地，居民发挥创新活力的建设地，居民依法实现自我管理、自我服务、自我教育、自我监督的实践地。

随着全面小康社会的建成，新型城镇化发展和数智化城市建设将是未来城镇老旧小区改造的新要求和新标准。建设人本化、生态化、数字化的新型社区目标，建设未来邻里、未来教育、未来健康、未来创业、未来建筑、未来交通、未来低碳、未来服务、未来治理的新型社区架构，构建绿色生态、友邻关爱、安全智慧、教育学习、管理有效的完整居住社区，建立“纵向到底、横向到边、共建共治共享”的社区治理体系，这样不但可以提高社会资本参与城市更新的积极性，还可以将后期的长效管理和城市治理融入再规划中，逐步引导建立“小政府、大社会”的城市治理模式，探索城市运营商的城市开发建设模式，又有利于促进改善民生与城市升级双向同步发展。

附件

城镇老旧小区改造杭州实践政策依据

附件一　国务院办公厅关于全面推进城镇老旧小区改造工作的指导意见

附件二　浙江省人民政府办公厅关于全面推进城镇老旧小区改造工作的实施意见

附件三　关于印发《杭州市老旧小区综合改造提升技术导则（试行）》的通知

附件四　杭州市人民政府办公厅关于印发杭州市老旧小区综合改造提升工作实施方案的通知

附件五　杭州市拱墅区人民政府办公室关于印发拱墅区老旧小区综合改造提升工作实施方案（2019—2021年）的通知

附件六　拱墅区老旧小区综合改造提升后续长效管理指导意见

附件七　拱墅区老旧小区综合改造提升工程实施流程

一、国家颁布的城镇老旧小区改造相关文件

附件一：国务院办公厅关于全面推进城镇老旧小区改造工作的指导意见（国办发〔2020〕23号）

二、浙江省老旧小区综合改造提升相关文件

附件二：浙江省人民政府办公厅关于全面推进城镇老旧小区改造工作的实施意见（浙政办发〔2020〕62号）

三、杭州市老旧小区综合改造提升相关文件

附件三：关于印发《杭州市老旧小区综合改造提升技术导则》的通知（杭建村改发〔2019〕246号）

附件四：杭州市人民政府办公厅关于印发杭州市老旧小区综合改造提升工作实施方案的通知（杭政办函〔2019〕72号）

四、拱墅区老旧小区综合改造提升相关文件

附件五：杭州市拱墅区人民政府办公室关于印发拱墅区老旧小区综合改造提升工作实施方案（2019—2021年）的通知

附件六：拱墅区老旧小区综合改造提升后续长效管理指导意见

附件七：拱墅区老旧小区综合改造提升工程实施流程

附件一：

国务院办公厅关于全面推进城镇老旧小区改造工作的指导意见

（国办发〔2020〕23号）

各省、自治区、直辖市人民政府，国务院各部委、各直属机构：

城镇老旧小区改造是重大民生工程和发展工程，对满足人民群众美好生活需要、推动惠民生扩内需、推进城市更新和开发建设方式转型、促进经济高质量发展具有十分重要的意义。为全面推进城镇老旧小区改造工作，经国务院同意，现提出以下意见：

一、总体要求

（一）指导思想。

以习近平新时代中国特色社会主义思想为指导，全面贯彻党的十九大和十九届二中、三中、四中全会精神，按照党中央、国务院决策部署，坚持以人民为中心的发展思想，坚持新发展理念，按照高质量发展要求，大力改造提升城镇老旧小区，改善居民居住条件，推动构建"纵向到底、横向到边、共建共治共享"的社区治理体系，让人民群众生活更方便、更舒心、更美好。

（二）基本原则。

——坚持以人为本，把握改造重点。从人民群众最关心最直接最现实的利益问题出发，征求居民意见并合理确定改造内容，重点改造完善小区配套和市政基础设施，提升社区养老、托育、医疗等公共服务水平，推动建设安全健康、设施完善、管理有序的完整居住社区。

——坚持因地制宜，做到精准施策。科学确定改造目标，既尽力而为又量力而行，不搞"一刀切"、不层层下指标；合理制定改造方案，体现小区特点，杜绝政绩工程、形象工程。

——坚持居民自愿，调动各方参与。广泛开展"美好环境与幸福生活共同缔造"活动，激发居民参与改造的主动性、积极性，充分调动小区关联单位和社会力量支持、参与改造，实现决策共谋、发展共建、建设共管、效果共评、成果共享。

——坚持保护优先，注重历史传承。兼顾完善功能和传承历史，落实历史建筑保护修缮要求，保护历史文化街区，在改善居住条件、提高环境品质的同时，展现城市特色，延续历史文脉。

——坚持建管并重，加强长效管理。以加强基层党建为引领，将社区治理能力建设融入改造过程，促进小区治理模式创新，推动社会治理和服务重心向基层下移，完善小区长效管理机制。

（三）工作目标。

2020年新开工改造城镇老旧小区3.9万个，涉及居民近700万户；到2022年，基本形成城镇老旧小区改造制度框架、政策体系和工作机制；到“十四五”期末，结合各地实际，力争基本完成2000年底前建成的需改造城镇老旧小区改造任务。

二、明确改造任务

（一）明确改造对象范围。城镇老旧小区是指城市或县城（城关镇）建成年代较早、失养失修失管、市政配套设施不完善、社区服务设施不健全、居民改造意愿强烈的住宅小区（含单栋住宅楼）。各地要结合实际，合理界定本地区改造对象范围，重点改造2000年底前建成的老旧小区。

（二）合理确定改造内容。城镇老旧小区改造内容可分为基础类、完善类、提升类3类。

1. 基础类。为满足居民安全需要和基本生活需求的内容，主要是市政配套基础设施改造提升以及小区内建筑物屋面、外墙、楼梯等公共部位维修等。其中，改造提升市政配套基础设施包括改造提升小区内部及与小区联系的供水、排水、供电、弱电、道路、供气、供热、消防、安防、生活垃圾分类、移动通信等基础设施，以及光纤入户、架空线规整（入地）等。

2. 完善类。为满足居民生活便利需要和改善型生活需求的内容，主要是环境及配套设施改造建设、小区内建筑节能改造、有条件的楼栋加装电梯等。其中，改造建设环境及配套设施包括拆除违法建设，整治小区及周边绿化、照明等环境，改造或建设小区及周边适老设施、无障碍设施、停车库（场）、电动自行车及汽车充电设施、智能快件箱、智能信包箱、文化休闲设施、体育健身设施、物业用房等配套设施。

3. 提升类。为丰富社区服务供给、提升居民生活品质、立足小区及周边实际条件积极推进的内容，主要是公共服务设施配套建设及其智慧化改造，包括改造或建设小区及周边的社区综合服务设施、卫生服务站等公共卫生设施、幼儿园等教育设施、周界防护等智能感知设施，以及养老、托育、助餐、家政保洁、便民市场、便利店、邮政快递末端综合服务站等社区专项服务设施。

各地可因地制宜确定改造内容清单、标准和支持政策。

（三）编制专项改造规划和计划。各地要进一步摸清既有城镇老旧小区底数，建立项目储备库。区分轻重缓急，切实评估财政承受能力，科学编制城镇老旧小区改造规划和年度改造计划，不得盲目举债铺摊子。建立激励机制，优先对居民改造意愿强、参与积极性高的小区（包括移交政府安置的军队离退休干部住宅小区）实施改造。养老、文化、教育、卫生、托育、体育、邮政快递、社会治安等有关方面涉及城镇老旧小区的各类设施增设或改造计划，以及电力、通信、供水、排水、供气、供热等专业经营单位的相关管线改造计划，应主动与城镇老旧小区改造规划和计划有效对接，同步推进实施。国有企事业单位、军队所属城镇老旧小区按属地原则纳入地方改造规划和计划统一组织实施。

三、建立健全组织实施机制

（一）建立统筹协调机制。各地要建立健全政府统筹、条块协作、各部门齐抓共管的专门工作机制，明确各有关部门、单位和街道（镇）、社区职责分工，制定工作规则、责任清单和议事规程，形成工作合力，共同破解难题，统筹推进城镇老旧小区改造工作。

（二）健全动员居民参与机制。城镇老旧小区改造要与加强基层党组织建设、居民自治机制建设、社区服务体系建设有机结合。建立和完善党建引领城市基层治理机制，充分发挥社区党组织的领导作用，统筹协调社区居民委员会、业主委员会、产权单位、物业服务企业等共同推进改造。搭建沟通议事平台，利用“互联网＋共建共治共享”等线上线下手段，开展小区党组织引领的多种形式基层协商，主动了解居民诉求，促进居民达成共识，发动居民积极参与改造方案制定、配合施工、参与监督和后续管理、评价和反馈小区改造效果等。组织引导社区内机关、企事业单位积极参与改造。

（三）建立改造项目推进机制。区县人民政府要明确项目实施主体，健全项目管理机制，推进项目有序实施。积极推动设计师、工程师进社区，辅导居民有效参与改造。为专业经营单位的工程实施提供支持便利，禁止收取不合理费用。鼓励选用经济适用、绿色环保的技术、工艺、材料、产品。改造项目涉及历史文化街区、历史建筑的，应严格落实相关保护修缮要求。落实施工安全和工程质量责任，组织做好工程验收移交，杜绝安全隐患。充分发挥社会监督作用，畅通投诉举报渠道。结合城镇老旧小区改造，同步开展绿色社区创建。

（四）完善小区长效管理机制。结合改造工作同步建立健全基层党组织领导，社区居民委员会配合，业主委员会、物业服务企业等参与的联席会议机制，引导居民协商确定改造后小区的管理模式、管理规约及业主议事规则，共同维护改造成果。建立健全城镇老旧小区住宅专项维修资金归集、使用、续筹机制，促进小区改造后维护更新进入良性轨道。

四、建立改造资金政府与居民、社会力量合理共担机制

（一）合理落实居民出资责任。按照谁受益、谁出资原则，积极推动居民出资参与改造，可通过直接出资、使用（补建、续筹）住宅专项维修资金、让渡小区公共收益等方式落实。研究住宅专项维修资金用于城镇老旧小区改造的办法。支持小区居民提取住房公积金，用于加装电梯等自住住房改造。鼓励居民通过捐资捐物、投工投劳等支持改造。鼓励有需要的居民结合小区改造进行户内改造或装饰装修、家电更新。

（二）加大政府支持力度。将城镇老旧小区改造纳入保障性安居工程，中央给予资金补助，按照“保基本”的原则，重点支持基础类改造内容。中央财政资金重点支持改造2000年底前建成的老旧小区，可以适当支持2000年后建成的老旧小区，但需要限定年限和比例。省级人民政府要相应做好资金支持。市县人民政府对城镇老旧小区改造给予资金支持，可以纳入国有住房出售收入存量资金使用范围；要统筹涉及住宅小区的各类资金用于城镇老旧小区改造，提高资金使用效率。支持各地通过发行地方政府专项债券筹措改造资金。

（三）持续提升金融服务力度和质效。支持城镇老旧小区改造规模化实施运营主体采取市场化方式，运用公司信用类债券、项目收益票据等进行债券融资，但不得承担政府融资职能，杜绝新增地方政府隐性债务。国家开发银行、农业发展银行结合各自职能定位和业务范围，按照市场化、法治化原则，依法合规加大对城镇老旧小区改造的信贷支持力度。商业银行加大产品和服务创新力度，在风险可控、商业可持续前提下，依法合规对实施城镇老旧小区改造的企业和项目提供信贷支持。

（四）推动社会力量参与。鼓励原产权单位对已移交地方的原职工住宅小区改造给予资金等支持。公房产权单位应出资参与改造。引导专业经营单位履行社会责任，出资参与小区改造中相关管线设施设备的改造提升；改造后专营设施设备的产权可依照法定程序移交给专业经营单位，由其负责后续维护管理。通过政府采购、新增设施有偿使用、落实资产权益等方式，吸引各类专业机构等社会力量投资参与各类需改造设施的设计、改造、运营。支持规范各类企业以政府和社会资本合作模式参与改造。支持以“平台＋创业单元”方式发展养老、托育、家政等社区服务新业态。

（五）落实税费减免政策。专业经营单位参与政府统一组织的城镇老旧小区改造，对其取得所有权的设施设备等配套资产改造所发生的费用，可以作为该设施设备的计税基础，按规定计提折旧并在企业所得税前扣除；所发生的维护管理费用，可按规定计入企业当期费用税前扣除。在城镇老旧小区改造中，为社区提

供养老、托育、家政等服务的机构，提供养老、托育、家政服务取得的收入免征增值税，并减按90%计入所得税应纳税所得额；用于提供社区养老、托育、家政服务的房产、土地，可按现行规定免征契税、房产税、城镇土地使用税和城市基础设施配套费、不动产登记费等。

五、完善配套政策

（一）加快改造项目审批。各地要结合审批制度改革，精简城镇老旧小区改造工程审批事项和环节，构建快速审批流程，积极推行网上审批，提高项目审批效率。可由市县人民政府组织有关部门联合审查改造方案，认可后由相关部门直接办理立项、用地、规划审批。不涉及土地权属变化的项目，可用已有用地手续等材料作为土地证明文件，无需再办理用地手续。探索将工程建设许可和施工许可合并为一个阶段，简化相关审批手续。不涉及建筑主体结构变动的低风险项目，实行项目建设单位告知承诺制的，可不进行施工图审查。鼓励相关各方进行联合验收。

（二）完善适应改造需要的标准体系。各地要抓紧制定本地区城镇老旧小区改造技术规范，明确智能安防建设要求，鼓励综合运用物防、技防、人防等措施满足安全需要。及时推广应用新技术、新产品、新方法。因改造利用公共空间新建、改建各类设施涉及影响日照间距、占用绿化空间的，可在广泛征求居民意见基础上一事一议予以解决。

（三）建立存量资源整合利用机制。各地要合理拓展改造实施单元，推进相邻小区及周边地区联动改造，加强服务设施、公共空间共建共享。加强既有用地集约混合利用，在不违反规划且征得居民等同意的前提下，允许利用小区及周边存量土地建设各类环境及配套设施和公共服务设施。其中，对利用小区内空地、荒地、绿地及拆除违法建设腾空土地等加装电梯和建设各类设施的，可不增收土地价款。整合社区服务投入和资源，通过统筹利用公有住房、社区居民委员会办公用房和社区综合服务设施、闲置锅炉房等存量房屋资源，增设各类服务设施，有条件的地方可通过租赁住宅楼底层商业用房等其他符合条件的房屋发展社区服务。

（四）明确土地支持政策。城镇老旧小区改造涉及利用闲置用房等存量房屋建设各类公共服务设施的，可在一定年期内暂不办理变更用地主体和土地使用性质的手续。增设服务设施需要办理不动产登记的，不动产登记机构应依法积极予以办理。

六、强化组织保障

（一）明确部门职责。住房城乡建设部要切实担负城镇老旧小区改造工作的组织协调和督促指导责任。各有关部门要加强政策协调、工作衔接、调研督导，及时发现新情况新问题，完善相关政策措施。研究对城镇老旧小区改造工作成效显著的地区给予有关激励政策。

（二）落实地方责任。省级人民政府对本地区城镇老旧小区改造工作负总责，要加强统筹指导，明确市县人民政府责任，确保工作有序推进。市县人民政府要落实主体责任，主要负责同志亲自抓，把推进城镇老旧小区改造摆上重要议事日程，以人民群众满意度和受益程度、改造质量和财政资金使用效率为衡量标准，调动各方面资源抓好组织实施，健全工作机制，落实好各项配套支持政策。

（三）做好宣传引导。加大对优秀项目、典型案例的宣传力度，提高社会各界对城镇老旧小区改造的认识，着力引导群众转变观念，变“要我改”为“我要改”，形成社会各界支持、群众积极参与的浓厚氛围。要准确解读城镇老旧小区改造政策措施，及时回应社会关切。

国务院办公厅

2020年7月10日

附件二：

浙江省人民政府办公厅关于全面推进城镇老旧小区改造工作的实施意见

（浙政办发〔2020〕62号）

各市、县（市、区）人民政府，省政府直属各单位：

为贯彻落实《国务院办公厅关于全面推进城镇老旧小区改造工作的指导意见》（国办发〔2020〕23号）精神，结合我省实际，经省政府同意，现就全面推进我省城镇老旧小区改造工作提出以下实施意见。

一、总体要求

（一）工作目标。以改造带动全面提升，实现基础设施完善、居住环境整洁、社区服务配套、管理机制长效、小区文化彰显、邻里关系和谐。到2022年，累计改造不少于2000个城镇老旧小区，基本形成城镇老旧小区改造制度框架、政策体系和工作机制；到“十四五”期末，基本完成2000年底前建成的需改造城镇老旧小区改造任务。

（二）基本原则。

——政府引导、共同缔造。加强政策引导和统筹协调，发挥居民主体作用，充分调动社会力量参与，实现共谋、共建、共管、共评、共享。

——因地制宜、精准施策。科学确定改造目标，尽力而为、量力而行，不搞“一刀切”、不层层下指标。顺应群众期盼，以确保居住安全、改善人居环境、提升配套服务为重点，积极借鉴未来社区理念，合理制定改造方案，建设美好家园。

——系统联动、整体推进。整合各方资源，将城镇老旧小区改造与未来社区建设、美丽城镇建设、海绵城市建设、智慧安防小区建设、垃圾分类、“污水零直排区”建设等有机结合，努力实现“最多改一次”。

——创新机制、优化治理。强化服务监管，推进多元化融资，鼓励以市场化运作方式实施改造。以基层党建为引领，创新社区治理模式，完善小区长效管理机制。

二、明确改造任务

（一）明确改造对象范围。城镇老旧小区是指城市、县城和建制镇建成年代较早、失养失修失管、市政配套设施不完善、社区服务设施不健全的住宅小区（含单栋住宅楼），不包括以自建住房为主的区域和城中村。重点改造2000年底前建成的城镇老旧小区。已纳入棚户区改造计划的，不得列入城镇老旧小区改造计划。

（二）合理确定改造模式。结合我省实际和群众需求，城镇老旧小区改造分为综合整治和拆改结合两种类型。

1. 综合整治型。适用于房屋结构性能满足安全使用要求的城镇老旧小区，改造内容分为基础类、完善类、提升类。

（1）基础类。为满足居民安全需要和基本生活需求的内容，主要是市政配套基础设施改造以及小区内建筑物屋面、外墙、楼梯等公共部位维修等。其中，改造提升市政配套基础设施包括改造提升小区内部及与小区联系的供水、排水、供电、弱电、道路、供气、供热、消防、安防、生活垃圾分类、移动通信等基础设施，以及光纤入户、架空线规整（入地）等。

（2）完善类。为满足居民生活便利需要和改善型生活需求的内容，主要是环境及配套设施改造建设、小区内建筑节能改造、有条件的楼栋加装电梯等。其中，改造建设环境及配套设施包括拆除违法建筑，整治小区及周边绿化、照明等环境，改造或建设小区及周边适老设施、无障碍设施、公厕、停车库（场）、电动自行车及汽车充电设施、智能快件箱、智能信包箱、文化休闲设施、体育健身设施、物业用房等配套设施。

（3）提升类。为丰富社区服务供给、满足居民美好幸福品质生活需求、立足小区及周边实际条件积极推进的内容，主要是公共服务设施配套建设及其智慧化改造，包括改造或建设小区及周边的社区综合服务设施、卫生服务站等公共卫生设施、幼儿园等教育设施、周界防护等智能感知设施，以及养老、托育、助餐、家政保洁、便民市场、便利店、邮政快递末端综合服务站等社区专项服务设施。

2. 拆改结合型。适用于房屋结构存在较大安全隐患、使用功能不齐全、适修性较差的城镇老旧小区，主要包括以下三种：房屋质量总体较差，且部分依法被鉴定为C级、D级危险房屋的；以无独立厨房、卫生间等的非成套住宅（含筒子楼）为主的；存在地质灾害等其他安全隐患的。实施拆改结合改造，可对部分或全部房屋依法进行拆除重建，并配套建设面向社区（片区）的养老、托育、停车等方面的公共服务设施，提升小区环境和品质。坚持去房地产化，原则上居民回迁率不低于60%。

积极推进片区联动改造，统筹实施城镇老旧小区改造与周边高度关联的城市更新、历史文化街区保护等项目，改建、新建基础设施和公共服务设施，完善社区基本服务功能，构建完整居住社区，打造“15分钟生活圈”。

（三）编制专项改造规划和计划。各市县要进一步摸清既有城镇老旧小区底数，建立项目储备库。综合考虑房屋安全状况、小区区位、群众意愿，切实评估财政承受能力，合理确定改造类型，科学编制城镇老旧小区改造“十四五”规划和年度实施计划。

优先对存在C级、D级危险房屋的城镇老旧小区和居民改造意愿强、参与积极性高的城镇老旧小区（包括移交政府安置的军队离退休干部住宅小区）实施改造。涉及城镇老旧小区的各类设施增设或改造计划应与城镇老旧小区改造规划和计划有效对接，同步实施。国有企事业单位、军队所属城镇老旧小区按属地原则纳入地方改造规划和计划统一组织实施。

（四）积极开展未来社区试点。鼓励城镇老旧小区分类开展未来社区试点，探索“三化九场景”体系落地有效路径，形成具有浙江特色的高级改造形态。不断总结经验，加快推进未来社区试点建设，实现城镇老旧小区“一次改到位”，努力打造以人为核心的现代化城市平台。

三、建立健全组织实施机制

（一）坚持党建引领，构建各方共建机制。充分发挥社区党组织在协商、监督、评议等方面的作用，搭建沟通议事平台，统筹协调社区居民委员会、业主委员会、产权单位、物业服务企业等共同推进改造，真正做到改造前问需于民、改造中问计于民、改造后问效于民。

（二）科学制定方案，建立项目推进机制。实施综合整治改造的，由街道（镇）牵头制定改造方案，确定项目实施主体；实施拆改结合改造的，由设区市或县（市、区）政府按照因地制宜、一事一议的原则，确定项目实施主体，编制改造方案。改造方案应符合城镇老旧小区所在地块详细规划要求或能通过调整详细规划得到落实。

健全项目管理机制，落实各方主体质量安全责任。优先推行工程总承包（EPC）、工程建设全过程咨询管理等模式。积极推动设计师、工程师进社区，辅导居民有效参与改造。结合改造同步开展绿色社区建设。改造项目涉及历史文化街区、历史建筑的，应严格落实相关保护修缮要求。

（三）强化基层治理，完善长效管理机制。在城镇老旧小区改造中，发挥小区关联单位和社会力量的作用，完善社（小）区公约、章程。实施综合整治改造的，业主确定改造方案时应同步协商确定长效管理机制，鼓励实施专业化物业管理或准物业管理。鼓励以街道（镇）为单位，成立或明确物业服务企业提供基本的有偿服务。建立健全城镇老旧小区住宅专项维修资金归集、使用、续筹机制，促进小区改造后维护更新进入良性轨道。建立公安、生态环境、建设、卫生健康、应急管理（消防）、综合执法等部门联合执法机制，加强城镇老旧小区日常监管。实施拆改结合改造后宜实行专业化物业管理。

四、建立改造资金合理共担机制

（一）加大财政资金支持。省财政安排资金支持城镇老旧小区开展综合整治改造。市县政府对城镇老旧小区改造给予资金支持，可纳入国有住房出售收入存量资金使用范围；符合条件的，可申请发行地方政府专项债券给予支持。统筹涉及住宅小区的各类财政资金用于城镇老旧小区改造，对相关资金开展全过程预算绩效管理，提高资金使用效益。实施拆改结合改造的项目，不纳入中央城镇老旧小区改造有关财政资金支持范围。

（二）引导小区居民出资。实施综合整治改造的，可通过直接出资、申请使用（补建、续筹）住宅专项维修资金、申请使用住房公积金、让渡小区公共收益、投工投劳等方式落实居民出资参与改造。实施拆改结合改造的，居民住宅建设资金原则上由产权人按照原建筑面积比例承担。因拆除重建增加的住宅面积可以出售，出售资金用于充抵建设成本、增配社区公共服务等。

（三）加强金融服务支持。支持城镇老旧小区改造规模化实施运营主体采取市场化方式，运用公司信用类债券、项目收益票据等进行债券融资，但不得承担政府融资职能，杜绝新增地方政府隐性债务。通过项目整合、设计施工一体化、片区化改造等方式，扩大项目规模，积极争取金融机构加大产品和服务创新力度、依法合规对实施城镇老旧小区改造的企业和项目提供信贷支持。

（四）吸引社会力量参与。城镇老旧小区内的公房产权单位应出资参与改造。鼓励原产权单位对已移交地方的原职工住宅小区改造给予资金等支持。实施拆改结合改造的，鼓励原产权单位在改造费用20%额度内出资补助。引导专业经营单位履行社会责任，出资参与改造中相关管线设施设备的改造提升。改造后专营设施设备的产权可依照法定程序移交给专业经营单位，由其负责后续维护管理。通过政府采购、新增设施有偿使用、落实资产权益等方式，吸引各类专业机构投资参与改造设施的设计、改造、运营。支持规范各类企业以政府和社会资本合作模式参与改造。支持以“平台＋创业单元”方式发展养老、托育、家政等社区服务新业态。

（五）落实税费减免政策。实施综合整治改造，专业经营单位参与政府统一组织改造的，对其取得所有权的设施设备等配套资产改造所发生的费用，可作为该设施设备的计税基础，按规定计提折旧并在企业所得税前扣除；所发生的维护管理费用，可按规定计入企业当期费用税前扣除。在城镇老旧小区改造中，为社区提供养老、托育、家政等服务的机构，提供养老、托育、家政服务取得的收入免征增值税，并减按90%计入所得税应纳税所得额；用于提供社区养老、托育、公共医疗服务、家政服务的房产、土地，可按现行规定免征契税、房产税、城镇土地使用税和城市基础设施配套费、不动产登记费等。实施拆改结合改造的，免收（征）城市基础设施配套费、不动产登记费等行政事业性收费和政府性基金，涉及的经营服务性收费一律减半收费，涉及的水电、燃气等管线铺设、表箱拆装移位等工程按成本价一次性收费。

五、完善配套支持政策

（一）优化简化项目审批。对实施综合整治改造的项目，精简审批事项和环节，构建快速审批流程，积极推行网上审批，提高项目审批效率。市县政府授权建设部门牵头组织有关部门联合审查改造方案，认可后由相关部门直接办理立项、用地、规划审批。不涉及土地权属变化的项目，可用已有用地手续等材料作为土地证明文件，无需再办理用地手续。探索将工程规划许可和施工许可合并为一个阶段，简化相关审批手续。不涉及建筑主体结构变动的低风险项目，实行项目建设单位告知承诺制，可不进行施工图审查。项目完工后，可由项目建设单位召集相关部门、参建单位、居民代表等进行联合验收。对实施拆改结合改造的项目，结合工程建设项目审批制度改革要求优化简化审批。

（二）制定适应改造需求的标准规范。建设部门牵头制定城镇老旧小区改造技术规范，明确设施改造、功能配套、服务提升等建设要求，鼓励综合运用物防、技防、人防等措施满足小区应急防控和智能安防需要，合理构建居家生活、公共服务空间。因改造利用公共空间新建、改建各类设施涉及影响日照间距、占用绿化空间的，可在广泛征求居民意见基础上一事一议予以解决。

（三）整合利用存量资源。实施综合整治改造，可通过片区联动改造，整合利用小区及周边空地、荒地、闲置地及闲置房屋等存量资源，为各类配套设施和公共服务设施建设腾挪出空间和资源。涉及利用闲置用房等存量房屋建设各类公共服务设施的，可在宗地使用年期内暂不办理变更用地主体和土地使用性质的手续。增设服务设施需要办理不动产登记的，不动产登记机构应依法积极予以办理。对利用小区内空地、荒地、绿地和拆除违法建筑腾空土地等加装电梯和建设各类设施的，可不增收土地价款。实施拆改结合改造的，市县政府可在妥善考虑居民需求和相邻关系人利益的前提下，科学合理确定容积率、层高、层数、绿化等技术指标。

六、强化组织保障

省城镇老旧小区改造工作领导小组加强组织协调、政策保障和指导督促，每年对各地城镇老旧小区改造工作情况开展绩效评价，评价结果与中央和省级奖补资金挂钩。对工作突出的市县，按有关规定予以褒扬激励。市县政府对实施城镇老旧小区改造承担主体责任，主要负责人要亲自抓，明确各方职责，制定工作规则、责任清单和议事规程，统筹推进城镇老旧小区改造。加强城镇老旧小区改造政策解读，着力引导群众从“要我改”到“我要改”，营造社会各界支持、群众积极参与的浓厚氛围。

浙江省人民政府办公厅

2020年12月1日

附件三：

杭州市城乡建设委员会

杭建村改发〔2019〕246号

关于印发《杭州市老旧小区综合改造提升技术导则（试行）》的通知

各相关单位：

为贯彻落实《国家三部委办公厅关于做好2019年老旧小区改造工作的通知》（建办城函〔2019〕243号）、《2019年杭州市政府工作报告》等文件精神，进一步规范和指导全市老旧小区综合改造提升工作，我委牵头编制了《杭州市老旧小区综合改造提升技术导则（试行）》，并已通过专家评审，现予印发。

特此通知。

杭州市城乡建设委员会

2019年7月24日

杭州市老旧小区综合改造提升
技术导则（试行）

杭州市城乡建设委员会

2019年6月

前　言

杭州市一直高度重视老旧小区改造工作。从2000年起，先后实施了背街小巷整治、庭院改善、危旧房改善、历史街区和历史建筑保护工程、老旧小区“微改造”等更新工程，有效改善了小区的居住环境、配套功能和社区管理。

目前，杭州市老旧小区总体状况较好，水电路气等基础设施基本完善。但由于老旧小区建成时间较早，原建设标准不高，在配套功能、居住环境、长效管理机制等方面仍存在诸多短板，与居民对美好生活的向往有较大的差距，居民要求改造的意愿十分强烈。在此背景下，为进一步规范和指导全市老旧小区综合改造提升工作，特制定本导则。

本导则由杭州市城乡建设委员会委托市保障性安居工程建设管理服务中心和浙江工业大学工程设计集团有限公司进行编制。编制过程中，围绕杭州市老旧小区综合改造提升的实际需求，编制组通过走访、考察学习、座谈交流、意见征询等方式，进行了广泛的调查研究，同时认真总结了杭州市老旧小区改造历史经验，充分借鉴了其他兄弟省市相关成果。

本导则共分8章，主要内容包括：总则、完善基础设施、优化居住环境、提升服务功能、打造小区特色、强化长效管理、用词说明、引用及参考文件名录。

本导则由杭州市城乡建设委员会负责管理，由浙江工业大学工程设计集团有限公司负责具体技术内容的解释。在本导则的实施、应用过程中，如有意见、建议或需要修改、补充的内容及有关资料交浙江工业大学工程设计集团有限公司（地址：杭州市潮王路18号浙江工业大学博文园，邮政编码：310014）。

本导则主编单位：市保障性安居工程建设管理服务中心

浙江工业大学工程设计集团有限公司

本导则主要起草人员：严岗、朱世权、王晓春、何炜达、边志杰、陈美丽、谢霄明、吴俊华、吕亮亮、黄媚、夏冰洁、单玉川、顾国香、邵力、章雪峰、王贵美、王一鸣、吴仲、申屠强

本导则主要审查人员：顾澎、方浩、王静民、吕平、张建栋、吴炯

目　　录

1. 总　　则

1.1 为加快实施民生工程，有效改善老旧小区居民的居住环境，增强其获得感、幸福感和安全感，指导全市老旧小区综合改造提升按照“完善功能、优化环境、提升服务、打造特色、长效管理”的标准有序推进，特制订本技术导则。

1.2 本导则所指老旧小区包括：杭州市域范围内 2000 年（含）以前建成、近 5 年未实施综合改造且今后 5 年未纳入规划征迁改造范围的住宅小区；2000 年（含）以后建成，但小区基础设施和功能明显不足、物业管理不完善、居民改造意愿强烈的保障性安居工程小区。

1.3 指导思想

1.3.1 以完善基础设施为切入点，统筹考虑“水、电、路、气、消、垃”等内容，适度提升公共空间，增加配套设施，营造平安、整洁、舒适、绿色、有序的小区环境，达到“六个有”目标，即有完善的基础设施、有整洁的居住环境、有配套的公共服务、有长效的管理机制、有特色的小区文化、有和谐的邻里关系。市民群众的获得感、幸福感、安全感明显增强。

1.3.2 坚持立足实际，统筹兼顾，分类施策，建立模块化、菜单式的项目选用体系，以标准化、普适性、可实施性为基本导向。

1.3.3 挖掘小区历史文化、自然环境等个性特色资源，在完成基础性改造的前提下，进一步打造内涵丰富、各具特色的小区风貌。

1.4 综合改造提升前应进行现场勘查，对小区及建筑物进行综合调查评估，广泛征询镇街、社区、物业公司和居民的需求与意见，制定因地制宜、安全合理、经济可行的综合改造提升技术方案。调查评估和征询意见结果作为确定综合改造提升范围和内容的依据。

1.5 综合改造提升应按照国土空间规划、控制性详细规划及各类专项规划要求，尽可能实现各项设施布局的合理化。

1.6 综合改造提升应延续城市特色风貌，整体色彩与色调与城市色彩保持协调，应尊重、保护和利用具有历史文化价值的住区街巷文化和特色景观，按照有关规定做好文物、历史建筑和古树名木的保护工作。

1.7 综合改造提升应因地制宜地融入开放社区、未来社区、海绵城市、绿色节能、信息化、智能化等先进理念，遵循施工简便、设置灵活、维护简单、经济高效的原则，积极稳妥采用新技术、新工艺、新材料进行低影响改造提升。

1.8 综合改造提升除应符合本导则规定外，还应符合国家、浙江省和杭州市其他有关标准规定的要求。涉及危房的建筑，应按照《浙江省房屋使用安全管理条例》和《杭州市城市房屋使用安全管理条例》的规定进行治理，对小区内 C、D 级危险房屋，采取“腾、修、拆、控”等方式实施分类处理。

1.9 本导则中，“必须”“应”定义为综合改造提升涉及该部分时，应当完成的内容;“宜”“可”定义为综合改造提升涉及该部分时，可自行选择完成的内容。

2. 完善基础设施

2.1 消防设施

2.1.1 按照居住小区消防规范要求，维护完善消防配套设施，确保小区消防设施完好有效。对室外消火栓进行排查及修缮，消防管网完好率应达到100%。检查评估地下消防管网的渗透情况和爆裂率，对经常性爆裂的地下管道进行更换。在楼道等公共部位和场所应设置应急照明、疏散及楼层指示标志、灭火器等。在电动非机动车充电桩区域，应配置干粉灭火器等消防设施器材。

2.1.2 应依托社区社会服务管理中心增设微型消防站，合理划定最小灭火单元。选址遵循“便于出动、全面覆盖”的原则，采取自建、合建、统建等方式建设，应达到“3分钟到场”的要求。体量较大的小区，应按照“一站多点”模式建站建队，满足快速处置要求。微型消防站应纳入消防救援机构统一调度指挥体系。

2.1.3 加强消防智能化建设。维修和完善楼道智能烟感报警系统及独立式烟感火灾探测报警器，有条件的小区可配备室内（外）消火栓水压监测系统。有自动消防设施的小区，应安装城市消防远程监控系统。建成的智能消防系统应全面接入“智慧消防”创新云平台。空巢老人和行动困难等确有需要的特殊人群住所宜安装烟感探测报警器。

2.1.4 清理疏通小区消防通道，通过调整现状绿化带、人行道，拓宽消防通道，不得设置影响消防车通行的道闸，消防车通道应100%设置明显标识，改善消防车辆操作场地，确保消防车通行和操作。

2.1.5 疏散通道和安全出口应保持畅通，严禁在楼道内堆放物品影响人员疏散。门窗设置防盗网等影响逃生和灭火救援的障碍物的，宜能从内部开启。

2.2 安防设施

2.2.1 根据杭州市智慧安防小区建设（技术）标准相关要求，提升改造小区安防设施。有条件的小区，应预留城市大脑接口。

2.2.2 小区门禁系统。小区原则上应实施封闭管理。主要出入口应设置大门，配设门卫值班室；在不影响城市交通路网布局的前提下，应在小区主要出入口设置车辆出入管理系统。有条件的小区，宜在主要人行出入口安装人脸识别或读卡装置，非主要人行出入口配置门禁读卡装置。

2.2.3 小区监控系统。小区视频监控系统应符合《公共安全视频监控联网系统信息传输、交换、控制技术要求》GB/T 28181—2016规定，应在主控制室配备视频监控系统，满足接入公安系统的要求。小区主要出入口、主要路段、节点均应设置监控探头，有条件的应做到安全监控无死角。监控探头所在位置应视野开阔、无明显障碍物或炫光光源，保证成像清晰，同时应确保居民隐私。对已有智能监控的小区应进行检修，更换老旧破损设备线路。

2.2.4 单元门及门禁系统。缺少单元门或破损严重的，应予以安装或更换，并设置单元门禁系统。单元门应外观简洁大方，安装牢固安全，开启方便顺畅。单元门禁系统应具备对讲报警、遥控开启功能，与原有楼宇对讲系统相协调。门口机宜具备用卡或密码等开锁功能。

2.3 供水设施

2.3.1 小区供水计量应达到一户一表，宜采用智能远程抄表。

2.3.2 供水管道原则上不得铺设在建筑外墙，应设置于建筑物内公共部位。供水管材设备等，应符合《生活饮用水输配水设备及防护材料安全性评价标准》，未达到现行国家标准的，应予以更换。

2.3.3 供水管线设备等应远离垃圾收集站（收集点）等污染源，确保饮用水供水卫生安全。

2.3.4 二次供水技术标准应参照《二次供水设施卫生规范》《二次供水工程技术规范》和《杭州市新建高层住宅二次供水设施技术标准导则》，水质应符合现行国家标准《生活饮用水卫生标准》GB5749 规定。供水设施根据当地水务主管部门要求，一般应独立分开设置，并配有建筑围护结构；供水、储水设备等应具备安全防范措施，有条件的可加装远程监控设备；可根据现场实际情况，选用适宜的供水加压方式；废弃的屋顶水箱应拆除或封闭。

2.4 排水设施

2.4.1 根据《杭州市水污染防治行动计划》和《杭州市"污水零直排区"建设行动方案》要求，应对现有截流式合流制排水系统进行改造，全面取消截流井，全面整治河水倒灌、雨污混接等问题，全面落实截污纳管、雨污分流、生活污水"零直排"。

2.4.2 小区的雨污主管管径和流量应满足使用要求。管网低于市政管网的应采取措施，确保排水畅通。对既有雨污管道及化粪池应全面进行疏通清淤，确保接入城市雨污主管网。对破损淤堵管段进行重点检查，更换或重建局部管道和检查井。

2.4.3 室外排水管材应符合国标及行业标准要求，应选择使用环保耐用、抗渗能力强、重量较小、运输方便的管材。

2.4.4 检查井应符合《检测井盖》GB/T 23858 要求，可采用混凝土、成品塑料等检查井。深度超过 1.2 米的检查井应安装防坠落装置并确保安装质量。检查井盖可采用球墨铸铁井盖、复合材料井盖等。

2.4.5 对阳台类（包括连廊、消防通道等）污废水系统进行改造。阳台污废水应与屋顶落水管实行分离设置，改建后确保做到雨污完全分流。雨污水干（立）管锈蚀严重的应当更换。阳台类排水立管改造时应设置水封和存水弯等防异味装置、排气装置。

2.4.6 对小区内存在的餐饮、副食品、美容美发、住宿、洗浴、洗车等行业，应设立排水预处理设施和水质监测井，构建雨污分流管网系统。

2.4.7 设置雨水管时，应统筹考虑海绵设施的排水系统。

2.5 电力设施

2.5.1 对小区原有电网改造的，应在小区现有用电数据基础上进行，并适当预留远期发展容量。原有变压器容量不能满足改造后需求时，宜与供电部门沟通，确定变压器的配置方案。根据节能环保需求，电气设备应选用节能、环保类设备，电力设施用房应与周边环境相适应并满足防水、通风、消防等要求。有条件的小区，可加装对配用电设备、用电线路等进行监测和动态管理的智能设备，以提高用电的安全性与可靠性。

2.5.2 小区内架空电力线路应有序整理，有条件的实施“上改下”。个人私拉线路应全部拆除处理。

2.5.3 建筑内电表应集中有序设置。表后线设置应有序安全，可采用金属线槽、JDG管、阻燃PVC管敷设，强弱电线应分开设置，整理时应标明各线缆所属专业经营单位。所有电线、电缆应采用铜材质导体。

2.5.4 用电计量应达到一户一表，宜采用智能远程抄表。

2.6 通信设施

2.6.1 为推动既有住宅建筑通信基础设施改造，老旧小区通信网络规划与建设宜满足《关于推进住宅区和住宅建筑通信基础设施共建共享的实施意见》（杭经信联信基〔2014〕243号）要求，并纳入综合改造提升工程。

2.6.2 小区通信网络应能保障现有通信、电视、宽带等网络需求，开放楼顶空间、路灯杆、监控杆等资源，满足小区未来网络改造升级及5G系统的需求。

2.6.3 建筑内、外的通信线路应有序敷设。小区内架空通信线路应有序整理，鼓励实施“上改下”。能实施“上改下”的，原则上应建设统一的通信共同沟和三网分纤箱；不能实施“上改下”的，应由相应的管线权属单位通过多杆合一、共杆分线、多箱合一等方式进行梳理归整，拆除重复杆和多余、废弃传输线缆及设备。

2.7 照明设施

2.7.1 小区路灯应采用LED或金卤灯等节能型路灯，庭院、景观、建筑立面照明灯宜采用LED节能型灯具，有条件的小区可推广使用新能源灯具。小区住宅楼道等公共照明应采用LED节能型灯具，控制方式宜采用自动控制装置。

2.7.2 新增景观、建筑立面照明应满足《城市夜景照明设计规范》JGJ/T 163要求。景观照明的设计宜结合景观改造、建筑立面改造进行，并符合城市夜景照明专项规划的要求。

2.8 燃气设施

2.8.1 排查燃气管线及阀门，腐蚀老化的应拆改。有条件的小区，应将燃气引入口阀门安装在住户外。按照《城镇燃气标志标准》CJJT 153的要求完善燃气管道标志标识。

2.8.2 未通燃气的小区，应一次性增设天然气管道系统。小区内使用燃气的餐饮、副食品等场所，满足油烟排放、产权明晰等条件的，同步增设天然气管道系统。

2.9 环卫设施

2.9.1 根据《杭州市城市市容和环境卫生管理条例》，按标准配设垃圾投放点，设置分类垃圾桶（箱）。原则上所有小区应将原有垃圾房改造为可开启的封闭式集中垃圾收集站，并配备清洗设施，清洗后的污水纳入小区污水管网。

2.9.2 垃圾投放点、收集站、集中收置点及特殊垃圾临时堆放点的设置应符合《杭州市垃圾分类收集设施设置导则》的相关要求。

2.9.3 小区原有规划设置的公共厕所不得挪作他用，应按照《城市公共厕所设置标准》DB3301/T 0235 和《无障碍设计规范》GB 50763 进行建设改造。公共厕所化粪池等污水应纳入小区污水管网。

2.10 停车设施

2.10.1 宜采用新建地面及地下车库、林下停车场、机械车库，优化地面车位布局等多种方式，增加停车位，缓解居民停车需求。有条件的，宜推进建设地下智能式停车库。在征求大部分业主同意的情况下，可通过区域平衡等方式，改造部分绿化用地用于设置停车位。

2.10.2 合理设置（非）机动车停车位和停放区域，规范停车标识，确保车辆停放有序。

2.10.3 新增或改造地面停车位时，在确保基层结构强度的基础上，宜采用透水性铺装，增加雨水自然渗透空间。

2.11 人防设施

2.11.1 根据《浙江省实施〈中华人民共和国人民防空法〉办法》及《杭州市人民防空工程管理规定》的有关要求，有条件的小区，优先结合小区公园、绿地、周边学校操场等公共区域建设地下人防设施；同步考虑平时停车需求，有关出入口在满足战时功能的条件下兼顾平时使用方便。

2.11.2 人防设施建设完成后，应按照有关要求设置人防标识，方便居民识别。

2.12 屋顶修缮

2.12.1 屋顶修缮应遵循“因地制宜、防排结合、合理选材、综合治理”原则，符合《房屋渗漏修缮技术规程》JGJ/T53 的相关要求。除抢修外，不应安排在雨季进行。

2.12.2 屋顶存在渗漏水的，应重做屋面防水层和屋顶隔热保温层，确保屋顶不渗漏，同时考虑与周边建筑屋顶（即“第五立面”）环境协调、美观。设置平改坡屋顶的，宜在原有结构基础上进行修缮。

2.12.3 结合屋顶修缮应对防雷设施进行修复更新，对屋顶原有太阳能热水器做防雷接地处理，确保各防雷设备的可用性和安全性。

2.12.4 有条件的，在设置屋顶雨落管时，宜在建筑周围设置高位花坛作为雨水净化设施来接纳、净化屋面雨水。

3. 优化居住环境

3.1 整治私搭乱建

3.1.1 应做到小区内无新增违章建筑，既有违章建筑得到依法依规处理，对改变房屋使用功能、危及房屋安全的应作安全处理或恢复原状。清理楼宇间乱堆杂物。

3.2 楼道整修

3.2.1 破旧、黑暗、杂乱的楼道应进行修缮整治，达到安全、明亮、整洁的标准。

3.2.2 清理楼道内杂物、小广告，对存在破损、脱落、开裂的楼梯间内墙、顶棚应予以整治，颜色宜以亮色为主。有条件的一层楼道墙面及地面，宜铺贴瓷砖或其他便于清理及防霉的材料，地面瓷砖应具备防滑功能。

3.2.3 楼道护栏及扶手宜重新油漆，对缺失、损坏，影响正常使用的应予以更换维修。

3.2.4 楼梯踏步及休息平台面层损坏严重、影响正常使用、存在安全隐患的，应进行修补或更新。

3.3 地下空间整治

3.3.1 应根据消防规范及人防要求，按照“经济、适用、美观”原则，优化地下空间内部使用功能。

3.3.2 清理疏散通道占道杂物，恢复原有通道宽度，完善消防配套设施。

3.3.3 地下空间的排水管沟、地漏、出入口、窗井、风井等，应统一排查，采取防倒灌措施；部分外露区域的排水沟应采取防冻措施。

3.3.4 地下车库出入口顶棚、坡道及内部地坪破损的，应进行修缮。破损的排水沟、集水井盖板应进行更换。

3.4 建筑外立面整治

3.4.1 建筑外立面整治应遵循“安全、美观、节能、环保”的原则，并符合城市区域风貌控制规划。小区位于城市重要道路或重点区域的，要结合城市设计要求，做到外立面色彩、造型与周边环境相协调。

3.4.2 居民搭建的建筑物外部悬挂物等影响建筑立面的构件应拆除，拆除位置做好技术处理，不应影响原有建筑使用和美观。

3.4.3 根据居民意愿，在完善小区安防设施的情况下，宜争取拆除防盗窗（保笼）；不拆除的，原则上防盗窗（保笼）不突出外立面，并可进行修缮或统一样式、重新涂刷防锈漆等，做到外观整体协调。

3.4.4 空调外机机位宜整齐或设计遮挡装饰，并对原有空调外机支架进行检查，对不满足安全要求的，应采取防护措施。

3.4.5 外立面存在渗漏水或脱落的，应根据受损程度采取局部修补或重做外立面粉刷层、喷涂层进行整治，确保不渗漏、不脱落。

3.4.6 建筑墙脚散水损坏严重的，在不影响原建筑基础安全前提下，宜整体采取景观美化处理。

3.5 道路整治

3.5.1 小区车行道路应满足消防、救护等车辆通行需求，不符合通行及消防规范要求的道路及出入口应进行整改。小区出入口、地下车库出入口宜设置减速带。

3.5.2 完善小区道路系统，小区道路与城市支路应打通，小区道路应实施硬化、修复或重建，优化道路交通标识牌和标线系统等，畅通小区交通“微循环”。

3.5.3 小区车行道路宜整体采用排水型沥青路面；组团路和宅间小路宜采用铺装路面，并结合海绵城市理念优先考虑透水铺装材料。对出现龟裂、坑槽、沉陷等问题的路面，应结合管线排查进行局部修补。

3.5.4 各类井盖应保证与路面平顺，安装稳固，无异响。对井盖缺失或破损、井口下沉或凸起超出误差范围、井口周边路面龟裂破损、井墙损坏、井框变形等情况，应及时进行整治更换。

3.6 架空管线整治

3.6.1 按照“先地下、后地上”的原则，整治供水、供电、供暖、供气管道及通信、网络、有线电视等电气线路。

3.6.2 严禁电力、通信、有线电视等线缆裸露敷设。楼层、单元、楼栋之间不应存在飞线。

3.7 绿化改造提升

3.7.1 整治小区绿地，纠正各类私自侵占绿地行为，拆除占绿毁绿的违章建筑物（构筑物），并恢复绿化功能。

3.7.2 坚持“集中与分散、大小、点线面相结合”的原则，优化绿地布局。对原有绿地位置进行调整的，需先取得大部分业主同意后方可实施。

3.7.3 兼顾场地条件、居民综合需求、易于管理、不易侵占等因素，对小区绿化进行合理改造。应合理选择植物配置、种植形式，注重美化彩化效果；应体现地域植物景观风貌，按照“适地适树”原则，重点选择乡土树种；应注重绿化空间的可进入性和完整性。有条件的小区宜适当增加公共绿地面积，通过采取立体绿化等方式增加绿化覆盖率。

3.7.4 绿地改造中应关注合理利用雨水资源，结合雨落管改造和竖向设计，提供雨水滞留、缓释空间，就地消纳自身雨水径流。

3.8 电梯维护及加装

3.8.1 应委托电梯检验机构或制造单位对老旧电梯进行安全评估，根据评估结论确定对电梯进行修理、改造或更新。

3.8.2 未设电梯的多层住宅，在不影响日照、采光、通风的情况下，可考虑增设电梯。具体参照《杭州市人民政府办公厅关于开展杭州市区既有住宅加装电梯工作的实施意见》等文件实施。增设电梯应结合现有建筑条件，在不改变、不破坏原有建筑结构的原则下进行。增设电梯遇到需要使用共有部位或改变共有部位外形、结构的情况，应本着“业主自愿、公开透明、充分协商”原则，实施改造。

3.8.3 尚未实施电梯加装的小区，可根据现场条件预留增设电梯所需场地、管线接口及电力容量。

3.9 海绵城市

3.9.1 应融入海绵城市理念，通过“渗、滞、蓄、净、用、排”等途径，根据小区实际，采用适合的低影响开发雨水控制与利用措施进行改造，并应符合现行国家标准《建筑与小区雨水利用工程技术规范》GB50400、浙江省《民用建筑雨水控制及利用设计规程》及《杭州市海绵城市建设低影响开发雨水系统技术导则（试行）》的相关要求。

3.9.2 有条件的小区，宜构建分类分级资源循环利用系统，打造海绵社区和节水社区，推进雨水和中水资源化利用。

4. 提升服务功能

4.1 健身活动场地及设施

4.1.1 室外设置健身活动场地及设施，应按照《杭州市城市规划公共服务设施基本配套规定（修订）》的规定，统筹考虑各类使用人群特点，合理集中配置场地及设施，重点保障儿童、青少年、老年人和残疾人的需求。通过绿化等隔离设施，减轻健身活动对附近居民的影响。儿童与老年人的健身活动场地的地面材料宜采用专业环保的户外塑胶等柔性材料。

4.2 无障碍及适老性设施

4.2.1 应按照《无障碍设计规范》GB 50763、《老年人照料设施建筑设计标准》JGJ 450 要求，对无障碍及适老性设施进行提升改造。

4.2.2 小区室外场地宜保持地形平坦，排水通畅，设施增设应遵循“易识别、易到达、无障碍、保安全”原则。

4.2.3 小区主要出入口、公共建筑及住宅楼入口宜增加无障碍坡道，实现从大门进入楼栋零踏步。小区公共建筑走道、住宅公共走廊宜增设扶手。

4.2.4 小区道路应满足无障碍设计要求。小区绿地内的步行道宜为无障碍通道，设平直步行道路，放弃汀步式通道，尽量消除台阶式步行道。

4.2.5 设置休息座椅的休憩场所，宜留有轮椅停留空间。

4.2.6 无法加装电梯的多层住宅，有条件的应在楼板转角处设置可供老年人休息的设施。

4.2.7 有条件的小区，宜结合改造提升，给小区内有远程呼救需求的住户提供相关设备的安装条件。

4.3 社区服务设施

4.3.1 应根据小区规模及实际情况，合理增设居家养老、托幼服务中心、社区食堂、公共文化活动室、室内健身场所、社区卫生服务用房、物业用房等公共配套服务性场所，增强社区服务功能。

4.4 充电设施

4.4.1 对无停放用房的小区，在征求业主同意的情况下，因地制宜设置非机动车集中停放车棚（库），配建电动自行车充电设施。充电装置应具备充电结束后自动断电功能。新建车棚（库）不得影响周边住宅通风采光。

4.4.2 有条件的小区，宜在合理考虑新能源汽车快充、慢充需求的基础上预留电力容量，增设新能源汽车充电桩或设置充电桩预留布线条件及接口。

4.5 信报箱及快递设施

4.5.1 信报箱设置应按照《城市居住区规划设计规范》GB 50180、《住宅信报箱工程技术规范》GB 50631 等相关要求，满足寄递服务投递和寄递渠道安全需求。

4.5.2 小区应设置智能快件柜，方便居民收发快递。有条件的小区可根据《杭州市城市规划公共服务设施基本配套规定（修订）》的相关规定建设邮政快递综合服务场所，提供邮件、快件收寄、投递及其他便民服务，并可安装智能快件箱等自助服务设备，预留电源及网络接口，并纳入社区公共基础设施管理。

5. 打造小区特色

5.1 小区形象打造

5.1.1 小区应增设总平面示意图、社区引导牌、道路引导指示牌等标识，完善小区服务管理的标识系统。小区、楼、单元、门牌等相关标识宜结合小区整体改造，具有一定辨识度、文化特色。

5.1.2 宜采用合适色彩、提示性照明、连贯性导向以及特殊标志标识等措施，增强小区不同建筑的可识别性。

5.1.3 有条件的小区，应在小区主要出入口设置大门并提升大门设计建造品质，增加居民归属感。同时提升小区入口对城市街道立面的整体形象。

5.1.4 结合古树名木和大树的保护工作，通过特色植物景观打造特色形象。

5.2 小区文化挖掘

5.2.1 通过挖掘小区的发展历史、地域特点、特色建筑、文化共识等元素，为公共空间确定文化艺术主题，形成贯穿小区的设计语言，融入小区改造设计，打造独特小区文化，塑造各具特色的社区文化，增进居民对社区的认同感、归属感和自豪感。

5.2.2 在小区主要出入口、集中活动场地等处宜设置文化宣传栏、便民信息发布栏、电子显示屏等设施。

5.2.3 小区内重要活动区域及景观节点周边适度增设文化景观小品等相关设施，并具备夜间景观亮化条件，形成浓厚的社区文化艺术氛围。

5.3 围墙形象提升

5.3.1 小区围墙宜通过改变其造型、色彩及材质与周围环境相结合形成特色景观空间。

5.3.2 围墙宜采用通透式围墙，并结合绿化、照明设计。

5.3.3 围墙不宜采用单一颜色，可通过细部设计提升，适度结合人文及地方文化宣传，体现小区文化和特色。

5.3.4 相邻小区间的围墙宜采用生态绿篱进行替代，以增加小区的空间感受。

6. 强化长效管理

6.1 落实责任

6.1.1 优化镇街、社区党组织领导下的社区居委会、业委会和物业企业三方联动服务体系，强化镇街、社区、业委会、物业企业等各方主体责任，建立后续长效维护及日常改造工作机制，巩固综合改造提升成果。

6.2 强化管理

6.2.1 根据《杭州市物业管理条例》《关于加强新时代城乡社区治理工作的实施意见》《杭州市加强住宅小区物业综合管理三年行动计划（2019—2021年）》等文件精神，加强物业管理。

6.2.2 解决落实日常维修费收缴机制，确保共有部位、共有设施设备的日常维修。

6.3 智慧管理

6.3.1 建立“人、车、物、事”的信息资源库及立体动态的关系数据库，为社区的管理和服务提供信息化支撑。消防和安防系统的改造应充分考虑后续物业服务需要，并预留物业服务信息使用通道。

6.4 辅助管理

6.4.1 倡导节假日志愿者参与维护和管理小区公共设施的机制。

6.4.2 强化新老小区居民邻里观念，增强小区居民对公共空间环境的归属意识。

7. 用 词 说 明

7.1 执行本实施细则条文时，对于要求严格程度的用词说明如下，以便执行中区别对待。

（1）表示很严格，非这样做不可的用词：

正面词采用“必须”；

反面词采用“严禁”。

（2）表示严格，在正常情况下均应这样做的用词：正面词采用“应”；

反面词采用“不应”或“不得”。

（3）表示允许稍有选择，在条件许可时首先应这样做的用词：

正面词采用“宜”或“可”；

反面词采用“不宜”。

7.2 条文中指明应按其他有关标准、规范执行的写法为“应按……执行”或“应符合……要求或规定”。非必须按所指定的标准和规范执行的写法为“可参照”。

8.引用及参考文件名录

8.1 法律法规、技术规范及标准

《城市居住区规划设计规范》GB 50180

《民用建筑设计通则》GB 50352

《建筑给水排水设计规范》GB 50015

《室外排水设计规范》GB 50014

《污水排入城镇下水道水质标准》GB/T 31962

《二次供水工程技术规程》CJJ 140

《生活饮用水卫生标准》GB 5749

《民用建筑电气设计规范》JGJ 16

《低压配电设计规范》GB 50054

《电力工程电缆设计规范》GB 50217

《建筑设计防火规范》GB 50016

《消防给水及消火栓系统技术规范》GB 50974

《建筑灭火器配置设计规范》GB 50140

《安全防范工程技术规范》GB 50348

《入侵报警系统工程设计规范》GB 50394

《公共安全视频监控联网系统信息传输、交换、控制技术要求》GB/T 28181

《住宅建筑电气设计规范》JGJ 242

《屋面工程技术规范》GB 50345

《房屋渗漏修缮技术规程》JGJ/T 53

《建筑防雷设计规范》GB 50057

《城市道路照明设计标准》CJJ 45

《城市夜景照明设计规范》JGJ/T 163

《城市道路照明施工及验收规程》CJJ 89

《城镇燃气设计规范》GB 50028

《城镇燃气标志标准》CJJT 153

《建筑照明设计标准》GB 50034

《老年人居住建筑设计规范》GB 50340

《老年人照料设施建筑设计标准》JGJ 450

《无障碍设计规范》GB 50763

《城市公共厕所设置标准》DB3301/T 0235

《住宅信报箱工程技术规范》GB 50631

《地名标志》GB 17733

《建筑与小区雨水利用工程技术规范》GB 50400

《民用建筑雨水控制及利用设计规程》DB33/T 1167

《城镇道路路面设计规范》CJJ 169

《城镇道路路基设计规范》CJJ 194

《检测井盖》GB/T 23858

8.2 相关文件

《浙江省房屋使用安全管理条例》

《杭州市城市房屋使用安全管理条例》

《杭州市物业管理条例》

《浙江省实施〈中华人民共和国人民防空法〉办法》

《杭州市人民防空工程管理规定》

《杭州市人民政府办公厅关于开展杭州市区既有住宅加装电梯工作的实施意见》

《生活饮用水输配水设备及防护材料安全性评价标准》

《杭州市新建高层住宅二次供水设施技术标准导则》

《杭州市违法建设行为处理实施意见》

《杭州市城市市容和环境卫生管理条例》

《杭州市垃圾分类收集设施设置导则》

《关于推进住宅区和住宅建筑通信基础设施共建共享的实施意见》

《杭州市水污染防治行动计划》

《杭州市“污水零直排区”建设行动方案》

《杭州市海绵城市建设低影响开发雨水系统技术导则（试行）》

《杭州市城市规划公共服务设施基本配套规定（修订）》

《关于加强新时代城乡社区治理工作的实施意见》

《杭州市加强住宅小区物业综合管理三年行动计划（2019—2021年）

杭州市城乡建设委员会办公室　　2019年7月29日印发

附件四：

ZJAC01-2019-0022

杭州市人民政府办公厅文件

杭政办函〔2019〕72号

杭州市人民政府办公厅关于印发杭州市老旧小区综合改造提升工作实施方案的通知

各区、县（市）人民政府，市政府各部门、各直属单位：

《杭州市老旧小区综合改造提升工作实施方案》已经市政府同意，现印发给你们，请认真组织实施。

杭州市人民政府办公厅

2019年8月15日

（此件公开发布）

杭州市老旧小区综合改造提升工作实施方案

为深入贯彻国家和省、市有关决策部署，不断提升老旧小区居住品质，增强市民群众的获得感、幸福感和安全感，根据《住房和城乡建设部办公厅、国家发展改革委办公厅、财政部办公厅关于做好2019年老旧小区改造工作的通知》（建办城函〔2019〕243号）等文件精神，结合我市实际，特制定本实施方案。

一、指导思想

深入贯彻习近平新时代中国特色社会主义思想，践行以人民为中心的发展理念，以提升居民生活品质为出发点和落脚点，把老旧小区综合改造提升作为城市有机更新的重要组成部分，结合未来社区建设和基层社会治理，积极推动老旧小区功能完善、空间挖潜和服务提升，努力打造“六有”（有完善设施、有整洁环境、有配套服务、有长效管理、有特色文化、有和谐关系）宜居小区，使市民群众的获得感、幸福感、安全感明显增强。

二、基本原则

（一）坚持以人为本、居民自愿。充分尊重居民意愿，凝聚居民共识，变“要我改”为“我要改”，由居民决定“改不改”“改什么”“怎么改”“如何管”，从居民关心的事情做起，从居民期盼的事情改起。

（二）坚持因地制宜、突出重点。按照“保基础、促提升、拓空间、增设施”要求，优化小区内部及周边区域的空间资源利用，明确菜单式改造内容和基本要求，强化设计引领，做到“一小区一方案”，确保居住小区的基础功能，努力拓展公共空间和配套服务功能。

（三）坚持各方协调、统筹推进。构建共建共享共治联动机制，落实市级推动、区级负责、街道实施的责任分工，发挥社区的沟通协调作用，激发居民主人翁意识。

（四）坚持创新机制、长效管理。引导多方参与确定长效改造管理方案；相关管养单位提前介入，一揽子解决改造中的相关难题；提高制度化、专业化管理水平，构建“一次改造、长期保持”的管理机制。

三、主要内容

（一）改造范围。

重点改造2000年（含）以前建成、近5年未实施综合改造且未纳入今后5年规划征迁改造范围的住宅小区；2000年（不含）以后建成，但小区基础设施和功能明显不足、物业管理不完善、居民改造意愿强烈的保障性安居工程小区也可纳入改造范围。

（二）改造任务。

2019年年底前，开展项目试点，优化政策保障，建立工作机制。至2022年年底，全市实施改造老旧小区约950个、居民楼1.2万幢、住房43万套，涉及改造面积3300万平方米。

（三）改造内容。

以《杭州市老旧小区综合改造提升技术导则（试行）》为指引，实施“完善基础设施、优化居住环境、提升服务功能、打造小区特色、强化长效管理”等5方面的改造，重点突出综合改造和服务提升。

对影响老旧小区居住安全、居住功能等群众反映迫切的问题，必须列入改造内容，确保实现小区基础功能。

结合小区实际和居民意愿，实施加装电梯、提升绿化、增设停车设施、打造小区文化和特色风貌等改造，落实长效管理，提升小区服务功能。

加大对老旧小区周边碎片化土地的整合利用，可对既有设施实施改建、扩建，对有条件的老旧小区，可通过插花式征迁或收购等方式，努力挖潜空间，增加养老幼托等配套服务设施。

（四）改造程序。

1. 计划申报。各区、县（市）政府、管委会于每年10月底向市建委申报本辖区下一年度老旧小区改造计划。原则上，申报项目需符合物权法规定的“双2/3”条件，且业主对改造方案（内容）的认可率达2/3。

（1）征集改造需求。各区、县（市）政府、管委会对辖区内当年存在改造需求且符合政策要求的老旧小区组织调查摸底，掌握问题，了解改造需求和重点。在此基础上，结合本地区财政承受能力，形成项目清单。

（2）制订初步方案。根据项目清单，由所在街道通过向专业机构购买服务等方式，制订初步改造方案及预算；同步制定居民资金筹集方案以及物业维修资金补建、续筹，物业服务引进等长效管理方案。

（3）申报改造计划。由所在街道在项目范围内对初步改造方案组织广泛公示，公示时间不少于5个工作日。公示结束后，对符合条件的项目，由各区、县（市）政府、管委会集中向市建委申报列入下一年度全市改造计划。

2. 计划确定。按照“实施一批、谋划一批、储备一批”的原则，由市建委会同相关部门对各区、县（市）政府、管委会提出的改造需求组织审查，确定下一年度项目安排和资金预算，编制改造计划，报经市政府同意后，由市建委、市发改委、市财政局联合发文明确。

3. 项目实施。按照年度改造计划，由各区、县（市）政府、管委会牵头落实方案设计与审查、招投标、工程实施和监管等具体工作。

（1）方案设计与审查。项目建设单位委托设计单位开展方案设计，由所在区、县（市）政府、管委会落实具体的职能部门或机构牵头进行联合审查。

（2）招投标。由建设单位向所在区、县（市）招标管理机构提出施工、监理招投标申请。鼓励采用EPC方式，确定设计和施工单位联合体。所在区、县（市）招标管理机构要根据项目特点和实际情况出台相应的招标制度，将老旧小区综合改造提升项目统一纳入当地招标平台公开招标。

（3）工程实施和监管。建设单位要严格按照相关法律法规和规范标准组织实施，相关部门、街道、社区等要全力配合，为施工提供必要条件。所在区、县（市）建设行政主管部门应根据老旧小区综合改造提升工作的特点，对工程全过程进行监管，落实工程质量、安全生产、文明施工等管理要求。

（4）项目验收。项目完工后，由各区、县（市）政府、管委会组织区级相关部门、建设单位、参建单位、街道、社区、居民代表等进行项目联合竣工验收。验收通过后，应及时完成竣工财务决算，做好竣工项目的资料整理、归档和移交工作。

（5）后续管理。巩固老旧小区改造成果，由街道、社区及小区业主委员会按照长效管理方案，落实管理和服务，做到“改造一个、管好一个”。

（五）要素保障。

1. 落实财政资金。对2000年前建成的老旧小区实施改造提升的，由市级财政给予补助，其中，对上城区、下城区、江干区、拱墅区、西湖区补助50%，对滨江区、富阳区、临安区，钱塘新区补助20%，其他区、县（市）补助10%。补助资金基数按核定的竣工财务决算数为准（不包括加装电梯和二次供水等投入），高于400元/平方米的按400元/平方米核定，低于400元/平方米的按实核定。对2000年后建成的保障性安居工程小区实施改造提升的，按照“谁家孩子、谁家抱”的原则，由原责任主体承担改造费用。围绕“六有”的目标，对项目改造成效、满意度、居民出资等情况实施绩效考核，对认定为“样板项目”的，给予一定奖励。具体资金管理办法和考核办法另行制定。

2. 拓宽资金渠道。原则上居民要出资参与本小区改造提升工作，具体通过个人出资或单位捐资、物业维修基金、小区公共收益等渠道落实；探索引入市场化、专业化的社会机构参与老旧小区的改造和后期管理。

3. 加大资源整合。支持对部分零星用地和既有用房实施改（扩）建，可通过置换、转让、腾退、收购等多种方式，增加老旧小区配套服务用房；鼓励行政事业单位、国有企业将老旧小区内或附近的存量房屋，提供给街道、社区用于老旧小区养老托幼、医疗卫生等配套服务。

四、保障措施

（一）加强组织领导。

成立全市老旧小区综合改造提升工作领导小组，由市政府分管领导担任组长，市级相关单位和各区、县（市）政府、管委会主要负责人为成员，负责统筹、协调、督查、考核等工作。领导小组下设办公室（设在市建委）。各区、县（市）政府、管委会成立相应工作机构。

（二）明确职责分工。

1. 市建委：负责领导小组办公室的日常事务，具体负责组织协调、政策拟定、计划编制、督促推进、通报考核等工作；牵头做好全市老旧小区改造项目争取上级补助资金事宜。

2. 各区、县（市）政府、管委会：全面负责辖区老旧小区综合改造提升工作，制定辖区老旧小区综合改造提升计划并组织实施，落实资金保障，及时向领导小组办公室报送工作情况。

3. 市发改委：指导各区、县（市）发改部门做好老旧小区综合改造提升项目的相关审批工作；参与年度改造计划编制；协助争取上级补助资金；指导各区、县（市）创新方式，拓宽筹资渠道。

4. 市财政局：参与年度改造计划编制，负责落实市级财政资金，协助争取中央补助资金。

5. 市住保房管局：负责做好老旧小区综合改造提升涉及危旧房治理改造、加装电梯、物业管理等专项行动的推进；指导各区、县（市）做好老旧小区改造后的长效管理。

6. 市园文局：指导各区、县（市）做好老旧小区综合改造提升所涉绿化提升和维护工作。

7. 市民政局：指导各区、县（市）做好基层社区治理和服务、养老服务、社区配套用房使用等工作。

8. 市公安局、市消防救援支队、市城管局、市卫生健康委员会、市教育局、市体育局、市残联等部门：根据各自职责，指导和支持老旧小区综合改造提升所涉相关专项工作的推进。

9. 市委宣传部、市考评办、市信访局、市规划与自然资源局、市审计局、市文化广电旅游局等部门：根据各自职责，做好相关支持、配合工作。

10. 市城投集团：负责相关管线迁改的协调推进，督促水务、燃气等单位做好水、气等改造工作。

11. 供电、水务、燃气、电信、移动、联通、华数、邮政等企业：支持和配合做好水、电、气、通信、邮政设施（信报箱）等改造工作。

（三）健全推进机制。

构建“市、区、街道、社区、居民”五级联动工作机制，建立工作例会、信息报送、定期通报、巡查督查等制度，及时研究、协调解决有关重大事项和问题；将老旧小区综合改造提升工作纳入年度目标考核；充分利用现代信息技术，建立数据台账。

（四）加大宣传力度。

发挥各类新闻媒体作用，加大对老旧小区综合改造提升工作的宣传引导，强化居民的主人翁意识，为工作推进营造良好的舆论氛围。

（五）加强监督检查。

邀请各级人大代表、政协委员、社会各界市民群众，参与对全市老旧小区综合改造提升工作的监督和检查；对改造项目民意协商、方案编制、改造成效和居民满意度，定期开展绩效评价。

本方案自2019年9月15日起施行，由市建委负责牵头组织实施。

抄送：市委各部门，市纪委，杭州警备区，市各群众团体。
市人大常委会办公厅，市政协办公厅，市法院，市检察院。
市各民主党派。

杭州市人民政府办公厅 2019年8月15日印发

附件五

AGSD01-2019-0005

杭州市拱墅区人民政府办公室文件

拱政办发〔2019〕10号

杭州市拱墅区人民政府办公室
关于印发拱墅区老旧小区综合改造提升工作
实施方案（2019—2021年）的通知

各街道办事处，区政府各部门、各直属单位：

《拱墅区老旧小区综合改造提升工作实施方案（2019—2021年）》经区政府同意，现印发给你们，请认真抓好贯彻落实。

杭州市拱墅区人民政府办公室

2019年8月30日

拱墅区老旧小区综合改造提升工作实施方案（2019—2021年）

为全面贯彻落实国家和省、市关于老旧小区改造工作的决策部署，提升老旧小区居住品质，增强居民群众的获得感、幸福感和安全感，根据《住房和城乡建设部办公厅、国家发展改革委办公厅、财政部办公厅关于做好2019年老旧小区改造工作的通知》（建办城函〔2019〕243号）、《杭州市人民政府办公厅关于印发杭州市老旧小区综合改造提升工作实施方案的通知》（杭政办函〔2019〕72号）等文件精神，结合我区实际，特制定本实施方案。

一、总体要求

深入贯彻习近平新时代中国特色社会主义思想，践行以人民为中心的发展理念，以提升居民生活品质为出发点和落脚点，按照李克强总理视察时提出的"建设宜居城市首先要建设宜居小区"要求，通过实施老旧小区综合改造提升三年行动计划（2019-2021年），着力打造"六有"（有完善实施、有整洁环境、有配套服务、有长效管理、有特色文化、有和谐关系）的全国老旧小区综合改造提升样板示范区，努力实现老旧小区基础设施提升、环境品质提升、服务功能提升，让居民群众享受更多、更直接、更实在的获得感、幸福感和安全感。

二、基本原则

（一）坚持以人为本、居民自愿。以居民对改造需求为导向，充分尊重居民改造意愿，积极落实居民参与改造，由居民决定"改不改、改什么、怎么改、如何管"，原则上，征求意见需满足"三上三下"。

（二）坚持统筹兼顾、系统提升。不搞大拆大建、涂脂抹粉，精细绣花，花小钱办大事。以改设施、改环境、改功能为重点，统筹实施好房屋修缮等建筑本体改造，同步提升加装电梯、垃圾分类、智慧安防等综合功能，确保一揽子解决老旧小区先天不足的问题。

（三）坚持规范改造、分类实施。以杭州市技术导则、拱墅区操作手册为指导，根据80年代及以前、80-90年代、90年后建成等三类时间段，结合各小区实际，按照"必改"、"提升"等菜单式分类实施，做到"一小区一方案"，确保工程技术有章可循、有标可依和工程质量安全可靠，实现"一次改造、长期保持"。

（四）坚持各方协调、全面推进。实行各单位联动机制，强化联审作用，落实区级牵头组织、各街道具体实施、各级监督的责任分工。同时，发挥社区与居民协调机制作用，推广“红茶议事会”等民主协商机制，充分发挥“居民导师”作用，激发居民主人翁意识。

（五）坚持创新机制、长效管理。探索建立多元资金筹措机制，创新拓展社会资本参与老旧小区改造的渠道。坚持改造与管理并行，落实“改造一个、管好一个”的要求。培养居民共建共享共治理念，通过加强居民自主管理、提升“两业”（业委会和物业）服务水准、积极引入专业化物业服务等方式，建立长效管理机制，巩固改造成果。

三、主要任务

（一）总体目标

2019年全面启动，力争通过三年努力，于2021年底前完成改造2000年（含）以前建成、近5年未实施综合改造且未纳入今后5年规划征迁改造范围的老旧小区123个、6.8万套、1488幢、433万平方米，2000年（不含）以后保障性安居小区8个、0.9万套、131幢、95万平方米，共计131个、7.7万套、1619幢、528万平方米，着力打造老旧小区综合改造提升示范和精品工程，确保精品工程达到10%以上。

对于2000年（不含）以后建成，但小区基础设施和功能明显不足、物业管理不完善、居民改造意愿强烈的保障性安居工程小区也可纳入改造范围，由原责任主体负责改造，不列入考核任务，其改造内容参照2000年（含）以前纳入综合改造提升的老旧小区要求执行。

（二）具体要求

按照“保基础、促提升、拓空间、增设施”要求，重点改造提升居民住宅建筑和小区公共区域等两部分要素，涉及必需改造24项、提升改造12项（共计36项），因地制宜、按需实施，明确各小区菜单式改造内容，确保“一小区一方案”，实现老旧小区综合改造提升示范工程24项应改尽改，精品工程36项能改则改。

1. 居民住宅建筑

明确“五不”要求：屋顶不漏、底层不堵、楼道不暗、管线不乱、上楼不难。

必改项包含的要素及设施：

1、屋面修缮；2、建筑外立面渗漏修补；3、建筑悬挂物处理；4、单元楼道整修；5、建筑强弱电设施整治；6、防雷设施；7、消防设施；8、楼道公共区域照明系统；9、建筑雨污管线；10、整治私搭乱建。

提升项包含的要素及设施：1、屋面美化整治；2、多层住宅屋顶平改坡修缮；3、单元防盗门及门禁；4、节能改造；5、房屋结构安全监测设施；6、多层住宅加装电梯。

2. 小区公共区域

必改项包含的要素及设施：1、雨污管网；2、停车设施；3、消防设施；4、垃圾分类收集设施；5、道路整治；6、安防设施；7、架空管线整治；8、绿化改造提升；9、室外照明系统；10、公共区域无障碍设施；11、整治私搭乱建；12、适老性改造；13、居民集中活动场地；14、围墙规范整治。

提升项包含的要素及设施：1、充电设施；2、健身运动设施；3、小区出入口形象提升；4、公共文化设施；5、快递设施；6、公共服务设施。

（三）改造程序

1. 第一次征求意见。各街道对辖区内当年存在改造需求且符合政策要求的老旧小区组织调查摸底，向业主进行第一次征求意见，原则上，改造意愿需符合物权法规定的“双2/3”条件，并收集改造需求和重点，掌握问题，形成项目清单。

2. 制订初步方案。根据项目清单，由所在街道通过向专业机构购买服务等方式，制订初步改造方案及估算；同步制定居民资金筹集方案、物业专项维修资金补建、续筹及物业服务引进等长效管理方案。

3. 第二次征求意见。由所在街道在项目范围内对初步改造方案组织广泛公示（不少于5个工作日），同步开展第二次征求意见，原则上，业主对改造方案（内容）的认可率达“2/3”以上。

4. 明确改造计划。公示结束后并完成意见征求，对符合条件的项目于每年8月底，由街道集中向区住建局申报。汇总梳理后报经区政府同意，由区发改经信局列入或增补年度立项计划。

5. 委托方案设计。项目建设单位委托设计单位编制正式改造方案及项目概算，并委托第三方进行概算审核，提供审核报告。

6. 第三次征求意见。编制完成后的正式方案再次征求居民意见，同步提交区住建局进行方案预审并修改完善。

7. 方案联合审查。修改完善后的方案和概算提交区住建局，由区住建局牵头区城管局、区民政局、区残联、规划资源拱墅分局、区公安分局、区消防审批办、区绿化办、区海绵办等单位进行方案联审后出具联审纪要。

8. 招投标。由建设单位向区住建局提出施工、监理招投标申请。鼓励采用EPC方式，确定设计和施工单位联合体。区住建局对老旧小区综合改造提升采用EPC方式招投标的项目出台相应的招投标制度。

9. 工程实施和监管。建设单位严格按照相关法律法规和规范标准组织实施，相关职能部门、属地街道和社区等根据各自工作职责为施工提供便利条件。施工过程建设单位要加强资金把控，完善跟踪审计机制，原则上，不允许工程变更。区住建局根据老旧小区综合改造提升工作的特点，对工程全过程进行监管，严格落实工程质量、安全生产、文明施工等管理要求。

10. 项目验收。项目完工后，由各建设单位组织区级相关部门、参建单位、街道、社区、居民代表等进行项目联合竣工验收。验收通过后，应及时完成竣工财务决算，做好竣工项目的资料整理、归档和移交工作。

11. 后续管理。巩固老旧小区改造成果，由街道、社区及小区业主委员会按照长效管理方案，落实管理和服务，做到“改造一个、管好一个”。

四、工作举措

（一）加强组织领导，以更高的站位打造全国样板。

成立全区老旧小区综合改造提升工作领导小组，负责统筹、协调、督查、考核等工作。领导小组下设办公室（设在区住建局），从全区抽调专职工作人员成立旧改工作专班，实行实体化运作。在改造过程中各相关职能部门明确两名业务骨干（A、B岗）参加现场踏勘、方案联审、竣工验收等工作，同时，各街道作为第一责任人和建设单位，组织落实专人专职从事旧改工作，形成全区一盘棋的工作合力。

（二）明确职责分工，以更实的担当落实主体责任。

1. 区住建局：负责领导小组办公室的日常事务，具体负责组织协调、政策拟定、计划编制、方案审查、督促推进、工程监管、通报考核等工作；牵头做好全区老旧小区改造项目争取上级补助资金事宜；负责推进老旧小区综合改造提升涉及危旧房治理改造、加装电梯、物业管理等专项行动，建立相关工作咨询专家库；指导各建设单位做好老旧小区综合改造提升涉及的绿化提升、海绵城市建设和维护工作。

2. 各街道（指挥部）：全面负责辖区老旧小区综合改造提升工作，制定并组织实施辖区老旧小区综合改造提升计划；重点做好工程进度、质量、安全、文明施工等工作；建立居民沟通机制，做好居民信访接待处理；定期向领导小组办公室报送工作情况。

3. 区发改经信局：参与年度改造计划编制及下达；协助争取上级补助资金；指导各建设单位创新方式，拓宽筹资渠道。

4. 区财政局：参与年度改造计划编制；负责落实区级财政资金；协助争取中央补助资金。

5. 区城管局：指导各建设单位做好老旧小区改造涉及的垃圾分类、雨污分流、公厕等设施建设及维护工作。

6. 区审计局：指导各建设单位做好工程相关审计工作，建立跟踪审计机制，督促建设单位及审计单位按要求完成各项审计内容。

7. 区民政局：指导各街道做好基层社区治理、养老服务、社区配套用房使用等工作，并指导引入养老、托幼、助餐、助医等第三方便民服务运营机构。

8. 区三方办：指导各街道在老旧小区综合改造过程中发挥三方协同治理作用，做好老旧小区改造后长效管理工作，建立长效管理机制。

9. 区公安分局：指导各建设单位做好老旧小区改造涉及的智慧安防设施建设及维护工作。

10. 规划资源拱墅分局、消防拱墅大队、区卫健局、区教育局、区文广旅体局、区残联等部门：根据各自工作职责，指导老旧小区综合改造提升涉及相关专项工作，参加改造工程现场踏勘、方案联审、竣工验收等。

11. 区委宣传部、区考评办、区信访局等部门：根据各自工作职责，做好相关配合支持工作。

12. 区府办：协助对接市建委、市城投集团等，协调供电、水务、燃气、电信、移动、联通、华数、邮政等企业，支持和配合做好电、水、气、通信、邮政设施（信报箱）等改造工作。

（三）强化要素保障，以更大的力度提供政策支持。

1. 落实财政资金。对2000年（含）以前建成的老旧小区实施改造提升的，由市级财政给予补助50%。补助资金基数按核定的竣工财务决算数为准，高于400元/平方米的按400元/平方米核定，低于400元/平方米的按实核定。

区级财政资金部分由区财政统筹（市、区财政资金不包括加装电梯和二次供水等投入）。

对2000年（不含）以后建成的保障性安居工程小区实施改造提升的，按照“谁家孩子、谁家抱”的原则，由原责任主体承担改造费用，原则上，其改造费用不高于400元/平方米。

具体资金管理办法和考核办法参照市级相关文件另行制定。

2. 拓宽资金渠道。原则上，居民要出资参与本小区改造提升工作，具体通过个人出资或单位捐资、物业专项维修资金、小区公共收益等渠道落实；探索引入市场化、专业化的社会机构参与老旧小区的改造过程和后期管理。

3. 加大资源整合。支持对部分零星用地和既有用房实施改（扩）建，可通过置换、转让、腾退、收购等多种方式，增加老旧小区配套服务用房。鼓励行政事业单位、国有企业将老旧小区内或附近的存量房屋，提供给街道、社区用于老旧小区养老托幼、医疗卫生等配套服务。

（四）提升服务功能，以更新的模式营造宜居环境。

因地制宜引入生态链设计概念，对小区闲置用房、物业用房、社区用房等进行综合改造提升，探索引入第三方运营机构，提供居民养老、家政、助餐、助医、托幼、中医养生等便民服务，通过投资收益等商业模式形成可持续发展，着力破解服务功能弱、空间资源少的问题，打造老旧小区改造提升的新模式。

（五）健全推进机制，以更快的速度加快工作推进。

每年组织开展全区老旧小区综合改造提升“互看互学”大比武活动，保持“比学赶超”良好态势，确保每个街道打造1-2个精品工程。严格落实各街道第一责任人的工作职责，强调责任担当。构建上下互通、横向联动的工作机制，建立完善工作例会制度，强化工作协调，积极破解旧改工作的问题、难题。强化项目考核，将老旧小区综合改造提升工作任务纳入区对街道综合考评，严格奖惩措施，切实引导各责任主体齐心协力加快项目推进。实施进度督查通报机制，定期、不定期深入项目现场，督导推进工作进度，确保三年任务两年完成。

（六）加大宣传监督，以更浓的氛围助推工作落实。

进一步发挥中央、省、市、区等各类主流媒体的作用，加大对老旧小区综合改造提升工作的宣传引导，不断强化居民主人翁意识，鼓励和引导居民群众积极参与老旧小区综合改造提升工作，为工作推进营造良好的舆论氛围。加强内控机制建设，强化廉政风险监督，打造清廉工程。邀请人大代表、政协委员和社会各界代表，监督、检查全区老旧小区综合改造提升工作。建立工程进度定期通报和民间监理员等制度，让居民全程参与和了解工程施工进度、施工质量，最大限度减少施工给居民生活造成的影响，把实事办好、好事办实。

本方案自2019年9月30日起施行，由区住建局负责牵头组织实施。

抄送：　　区委各部门，区纪委，区人武部，区各群众团体。
区人大常委会办公室，区政协办公室，区法院，区检察院，
各市级延伸机构。

杭州市拱墅区人民政府办公室　　2019年8月30日印发

附件六：

拱墅区老旧小区综合改造提升后续长效管理指导意见

根据十九届四中全会精神，为巩固老旧小区综合改造提升成果，增强居民群众的获得感和幸福感，按照《拱墅区老旧小区综合改造提升工作实施方案（2019—2021年）》文件要求，现就我区实施老旧小区综合改造提升后续长效管理提出以下指导意见：

一、总体目标

围绕《杭州市加强住宅小区物业综合管理三年行动计划（2019—2021年）》，以“美好家园”为创建目标，按照“改造一个、管好一个”的原则，持续推进老旧小区综合改造提升长效管理，实现同步改造提升、同步服务提升。在2022年12月底前，完成已改造提升的老旧小区长效管理全覆盖，打造和谐美好生活环境的品质老旧小区。

二、基本原则

（一）坚持“党的领导”与“居民自治”并重的原则。

老旧小区综合改造提升后续长效管理，要充分发挥街道党工委领导、社区党委推动作用，通过强化党建引领，破解老旧小区管理难题，创新工作任务，凝聚正能量，调动积极性，充分唤起居民自治的主人翁意识，推动老旧小区物业服务市场社会化、专业化、规范化建设，提高居民满意度。

（二）坚持“长效管理”与“改造提升”同步的原则。

老旧小区综合改造提升后续长效管理，要按照“改造一个、管好一个”的总体要求，在综合改造启动问卷调查时同步开展，做到统一部署、统一要求、统一指导、统一落实。

（三）坚持“部门指导”与“属地负责”联动的原则。

老旧小区综合改造提升后续长效管理，属地街道为第一责任人，区公安分局、区住建局、区城管局、消防拱墅大队、区民政局、区三方办等相关单位，指导配合，形成合力。

三、工作要求

明确长效管理的核心是落实“两规两员一房”。“两规”，即制定小区《居民自治规约》和《议事规则》两个规章；“两员”，即选定“居民自管委员会人员”和“物业服务人员”；“一房”，即落实“物业管理用房”。

（一）在老旧小区综合改造提升方案征求意见时，原则上由属地社区指导居民同步制定小区《居民自治规约》，并以户为单位投票、过半数通过。《议事规则》可结合实际，在启动自管会选举期间制定和表决。

（二）按照“政府引导扶持、动员群众参与、促进居民自治、鼓励中介组织参与市场化管理服务”的整体思路，在老旧小区综合改造提升时，整合公共管理经费，由街道引入专业物业服务企业提供有偿服务，并按照《关于调整杭州市区普通住房前期物业服务收费标准的通知》（杭价服〔2017〕14号）向居民收取相应费用，确保老旧小区改造提升完成后能提供专业化的物业管理服务。

（三）在2022年12月底前，由属地街道、社区指导居民按照《拱墅区老旧小区居民自管委员会管理办法》成立小区居民自管委员会，发挥自治作用。后续条件成熟、居民意愿强烈的小区，可由属地街道、社区指导成立业主委员会。

（四）在老旧小区综合改造提升方案制订时，充分利用“旧改政策”红利，通过置换、购买、整合辖区单位空置房屋及社会捐赠房产等措施，解决“物业管理用房”问题。用房标准结合实际，因地制宜，条件较好的街道，以小区为单位配备物业管理用房，条件一般的街道，以社区为单位配备物业管理用房。

（五）由社区与物业企业签订物业服务合同，每三年组织居民进行一次满意度调查，并根据全体居民表决结果，决定是否续聘该物业企业。老旧小区物业服务合同备案根据实际情况简化资料、流程。

四、保障措施

（一）加强组织领导。老旧小区长效管理工作作为老旧小区综合改造提升中的一项要求，改造提升工作结束前，由区旧改办牵头，区三方办配合，改造提升工作完成后，由区三方办牵头负责。

（二）明确职责分工。各街道为第一责任人，负责长效管理的具体落实。区三方办负责提供“两规”的示范文本及相关工作指导。区公安分局、区住建局、区城管局、消防拱墅大队、区民政局等相关部门负责业务指导和配合支持。

（三）加强资金保障。老旧小区居民自管委员会工作经费由属地街道保障。老旧小区物业费要应收尽收，同时，按照“优质优价、质价相符”原则，根据物业服务成本变化等因素适时调整老旧小区物业服务收费标准。整合停车收费、广告收入、专项补助等资金资源，保障小区物业管理服务可持续。区财政安排老旧小区物业服务补助资金，对承接的物业服务企业给予财政资金补助，提高老旧小区改造后续物业服务专业化水平。

（四）强化绩效考核。老旧小区综合改造提升后续长效管理，纳入街道老旧小区改造提升、三方协同治理及物业指数等考核体系。

附件：1.《拱墅区老旧小区居民自管委员会管理办法》

2.《拱墅区老旧小区居民自治规约（示范文本）》

附件1

拱墅区老旧小区居民自管委员会管理办法

老旧小区居民自管委员会（下称自管会），是小区内的居民为了加强对本小区内公共事务的管理，发挥自我管理、自我服务、自我教育、自我监督的作用，美化小区环境、维护治安稳定、化解矛盾纠纷、促进邻里和谐、提升生活品质，实现小区共建共治共享，而自愿成立的组织。自管会是通过民主选举产生，在小区管理区域内代表全体居民实施自治管理的组织，并依据本管理办法开展工作。

一、人员组成

自管会由5或7人组成，设主任1人，委员4或6人，候补2人，其中1名委员由社区专职社工兼任，指导监督自管会的日常工作。自管会成员一般为本小区业主、常住居民、辖区单位负责人，注重从社区网格党支部书记、党小组长、党员、楼道长、居民代表、热心居民中挖掘，要有熟悉财务管理和工程建设的人员。存在以下情形的，不宜作为自管会成员：（一）违反国家法律法规，正在被立案侦查，或曾受过刑事处罚未满三年的；（二）违反党纪党规，正在被立案调查，或曾受过留党察看及以上党纪处分未满三年的；（三）参与邪教组织，或非法组织参与集体上访，影响社会稳定的；（四）利用黑恶势力干预小区居民正常工作和生活的；（五）拒缴或无故拖延缴纳物业服务费，或煽动其他居民拒缴物业服务费的；（六）拒不执行法院判决被纳入失信被执行人名单尚未及时撤销的；（七）在小区内存在违法违章搭建、装修等行为被执法管理部门责令整改尚未整改到位的。

二、产生程序

自管会选举工作必须在社区党组织领导下进行，在指定时间内告示全体小区居民参加自管会民主选举，产生的委员须获得小区居民以户为单位半数以上赞同，主任由委员中内部推荐产生，经公示无居民异议并在社区备案后生效。

自管会委员实行任期制，每届任期为三年，可连选连任。届中，自管会委员书面向自管会提出辞职、不再是本小区居民或因疾病等原因丧失履职能力的，可以从候补委员中按照得票数的多少自动递补，并在小区内公告。若缺额人数超过正式委员总人数的百分之五十的，应当重新选举自管会委员。

三、工作职责

1. 服从社区党委、居委会的领导和工作安排，贯彻执行党和政府的各项方针政策，根据小区居民（代表）大会的授权赋权开展工作。

2. 召集和主持小区居民会议。商议小区管理规约和议事规则或讨论（建议）有关共有或共同管理权利的重大事项，会议至少每半年召开一次。

3. 负责对外的联系和对内的协助支持，有效整合社会资源，为小区长效管理争取相关支持。

4. 积极配合社区党委、居委会做好垃圾分类、文明养犬、文明晾晒、禁烟、五水共治、禁止高空抛物等工作，小区有关信息情况及时报社区党委、居委会。

5. 对本小区物业工作进行监督协助。监督小区物业服务企业按照物业合同履行相关职责，并协助物业服务企业收取物业费、垃圾清运费等。

6. 加强自管会与居民之间的沟通，遇事协商，充分听取居民合理化建议，维护居民的合法权益，收集居民意见，并及时上报社区。

7. 在居民中提倡“尊老爱幼、扶困助残、拥军优属、邻里互助”，开展公益志愿活动，崇尚社会公德、家庭美德、个人品德。设光荣榜宣传好人好事，树立先进榜样；设曝光台，对违反小区管理规约的行为和反面典型曝光警示，传递小区正能量，营造人人守信良好氛围。

8. 社区党委、居委会和小区居民（代表）大会赋予的其他职责。

附件2

拱墅区老旧小区居民自治规约

（示范文本）

第一章　总　　则

第一条　为维护本小区区域内全体居民（包括居住、生活、工作在小区内的全体人员及在小区从事生产经营活动的组织或个人）的合法权益，保障房屋的安全、合理使用，创造良好的生活（工作）环境，依据相关基层治理的法律法规，结合本小区区域实际，制定本自治规约。

第二条　本自治规约由社区指导、小区居民代表会议讨论，以户为单位投票、过半数通过并向全体居民公示，对本小区区域内的全体居民均具有约束力，法律法规另有规定，从其规定。

第三条　本小区区域内的全体居民应当在街道、社区党组织的领导及街道办事处、社区居民委员会的指导监督下，遵守房屋使用的相关规定。

第二章　分　　则

第四条　物业费交纳

居民按照规定按时足额交纳物业服务等相关费用。

第五条　消防安全管理

（一）依法依规安全使用和维护小区的消防设施设备，不得损坏消防设施设备；

（二）不得占用、堵塞、封闭消防应急疏散通道、占用消防登高面；

（三）不得在小区公共空间使用明火；

（四）不得在楼道堆放杂物，保持楼道畅通；

（五）不得私拉乱接电线给电瓶车充电。

第六条　车辆停放管理

（一）居民在小区区域内停放机动车、非机动车，应遵守本小区区域的机动车、非机动车停放规则。

（二）按照行车道的方向指示行驶车辆，不得阻塞或占用车道。

第七条　垃圾投放管理

（一）按照相关法律法规和社区（物业服务企业）的具体规定，对产生的生活垃圾进行户内分类并分类投放。

（二）爱护垃圾厢房、垃圾分类收集容器等生活垃圾分类设施设备；

（三）不属于生活垃圾的其他垃圾，按照相关规定处理，不得随便丢弃；装修等产生的建筑或大件垃圾，需承担处置费用；

（四）禁止不按规定堆放垃圾、丢弃垃圾、高空抛物，否则承担由此造成的一切损失和责任。

第八条 违法搭建管理

（一）在房屋使用过程中，不得违法搭建建筑物、构筑物；

（二）不得在楼顶、通道等共有部分安装防盗门、搭建储藏室、阳光房等。

第九条 装饰装修管理

（一）房屋装饰装修应当遵守相关规定以及本管理规约约定，遵守装饰装修的注意事项，不从事破坏房屋承重结构等装饰装修的禁止行为；

（二）居民需要装饰装修房屋的，应当事先告知社区（物业服务企业），不得在未经允许的时间段进行装修（法定休息日、节假日全天，及工作日12时至14时、18时至次日8时），禁止在已竣工交付使用的住宅楼内进行产生噪声的装修等扰民作业。

（三）应在指定地点放置装饰装修材料及装修垃圾，不擅自占用共有部分；

（四）不得改变房屋的基础、承重墙体、梁柱、楼盖、屋顶等房屋原始设计承重构件，以及扩大承重墙上原有的门窗尺寸，拆除连接房屋与阳台的砖、混凝土墙体的行为。不得将房屋内卧室、起居室等部位改为卫生间或厨房间；不得改变卫生间、厨房间的原始设计位置；

（五）空调应当安装在指定位置，无指定位置的，安装位置不得影响周边居民正常生活。噪声超过有关环境噪声标准的，应当停止使用，并采取维修、更新等有效措施，降低噪声污染；

（六）因装饰装修房屋影响小区共有部分、共有设施设备的正常使用以及侵害相邻居民合法权益的，应及时恢复原状并承担相应的赔偿责任。

第十条 宠物饲养管理

（一）遵守杭州市犬类饲养有关规定；

（二）饲养宠物应取得政府有关部门检疫、批准等相关手续；

（三）不得饲养家禽、家畜，不得散放宠物；

（四）饲养动物影响他人正常生活、造成他人人身财产损失的，由动物饲养人及时消除影响并承担赔偿及其他法律责任。

第十一条 房屋租赁管理

房屋出租要规范有序，不与生产经营场所混用，不得群租，分隔搭建居室不租，厨卫或地下室不租，必须备足消防安全“四件套”，房东应及时将租客信息向社区、物业服务企业、流口办等做好居住登记工作。

第十二条　房屋的维修

小区共有部分、共有设施设备的维修和更新、改造，可以由社区（物业服务企业）按规定程序申请使用物业专项维修资金。

第十三条　其他约定

根据本小区实际，居民还应遵守下列规定：

（一）禁止践踏、占用绿化用地等行为；

（二）禁止在外立面乱搭、乱贴、乱挂；

（三）禁止实施危害电梯安全运行的行为；

（四）禁止在屋顶及其他共有部位种菜、私拉晾衣绳、安装任何设施、设备。

第三章　违 约 责 任

第十四条　居民应自觉遵守本自治规约，违反本自治规约的，造成其他居民损害或导致全体居民共同利益受损的，其他居民、社区（物业服务企业）可依法向人民法院提起诉讼。

第十五条　为维护居民的共同利益，全体居民同意授予社区（物业服务企业）以下权利：

（一）制定相关管理细则，并督促居民遵守执行；

（二）以告知、规劝、公示等必要措施制止居民的违规行为，拒不改正的，可以采取下列措施予以制止：

1. 欠费12个月及以上或拒交物业服务相关费用的，在小区区域内显著位置进行公示；

2. 清理在共有部分任意堆放的杂物，排除妨害以恢复原状；

3. 对于占用消防通道、故意堵塞出入口等严重影响居民公共安全和正常生活的特殊情况，采用拖车等强制方式消除危险；

第十六条　承租人违反本管理规约的，房东承担连带责任。

第四章　附　　则

第十七条　本自治规约自小区全体居民以户为单位投票通过之日起生效。

第十八条　本自治规约如有与现行法律、法规、规章相抵触的条款，则该条款无效，但不影响其他条款的效力。

第十九条　本规约为指导性范本，各小区可根据实际情况增减相关条款。

附件七：

拱墅区老旧小区综合改造提升工程实施流程

根据《杭州市老旧小区综合改造提升技术导则（试行）》和《拱墅区老旧小区综合改造提升工作实施方案（2019—2021年）》（拱政办发［2019］10号）文件精神，结合拱墅实际，特研究制定工程实施流程，供参照执行，具体内容如下：

一、第一次征求意见
实施主体：社区居委会
工作要求：同意改造户数达小区总户数的2/3

工作内容：征求居民改造意见
××小区改造居民意见征求书（范本）（附表1）
××小区改造设计方案申请表（范本）（附表2）
备注：居民征求意见参考时间

户数	天数
500	10
501～800	15
801～1000	20
1001～1300	25
1301～1500	30
1501～1800	35
1800以上	40

二、制订初步方案
实施主体：属地街道（指挥部）
工作要求：15天内（以下达设计任务书时间起计算）
现场踏勘，调取小区城建档案资料，出具小区建筑面积测绘报告

工作内容：
1. 制定小区改造初步设计方案及估算
2. 制定居民资金筹集方案、物业专项维修资金补建、续筹及物业服务引进等长效管理方案
××小区居民改造资金筹集、长效管理方案（范本）（附表3）

三、第二次征求意见（公示）
实施主体：属地街道、社区居委会
工作要求：公示（不少于5个工作日），居民同意改造方案户数达小区总户数的2/3

工作内容：
1. 对初步改造方案组织广泛公示
2. 征求居民初步设计方案意见：
××小区改造居民意见公示书（范本）（附表4）
××小区改造方案居民意见签字表（范本）（附表5）

四、明确改造计划
实施主体：属地街道、区住房和城乡建设局、区发改经信局
工作要求：每年8月底

工作内容：
1. 符合条件项目由街道向区住房和城乡建设局申报
2. 经区政府同意，由发改经信局列入或增补年度立项计划
××小区改造项目申请表（范本）（附表6）

五、委托方案设计
实施主体：属地街道（指挥部）
工作要求：累计30天（达到EPC招投标深度）

工作内容：
1. 委托设计单位编制正式改造方案及项目概算
2. 并委托第三方进行概算审核，提供审核报告

六、第三次征求意见（方案预审）
实施主体：属地街道（指挥部）、区住房和城乡建设局
工作要求：此征求意见可由参照“红茶议事会”等模式，留下相关证据。预审及修改完善（7个工作日）

工作内容：
1. 编制完成后的正式方案再次征求居民意见
2. 提交区住房和城乡建设局进行方案预审并修改完善
关于××小区改造设计方案预审的函（范本）（附表7）
关于要求修改方案设计的函（范本）（附表8）
方案预审通过告知单（范本）（附表9）

七、方案联合审查
实施主体：区住房和城乡建设局
工作要求：联审并出具会议纪要（7个工作日）

工作内容：
由区住房和城乡建设局牵头区城管局、区民政局、区残联、规划资源拱墅分局、区公安分局、区消防审批办、区绿化办、区海绵办等单位进行方案联审
关于要求××小区改造设计方案联审的函（范本）（附表10）

八、招投标
实施主体：属地街道（指挥部）、区住房和城乡建设局
工作要求：按照招投标相关工作要求

工作内容：
1. 建设单位提交中标书、EPC合同、监理合同、跟踪审计单位合同等相关资料
2. 区住房和城乡建设局出台相应的招投标制度

九、工程实施和监管
实施主体：属地街道（指挥部）、社区居委会、EPC单位、监理单位、跟踪审计单位、区住房和城乡建设局等
工作要求：区住房和城乡建设局工程监管制度另行制定

工作内容：
1. 提交项目实施进度表至区住房和城乡建设局
2. 全程跟踪审计单位，提供预算审核报告，每月提交进度审计报表至区住房和城乡建设局办
3. 会同区建设开展工程安全监管

十、项目验收
实施主体：属地街道（指挥部）、社区、居民代表、区级部门、参建单位等
工作要求：完工及时组织联合验收

工作内容：
1. 审计单位在竣工后30天内完成审计报告，提交至区住房和城乡建设局
2. 竣工验收后5天内，建设各方主体提交竣工验收表至区住房和城乡建设局
3. 项目竣工验收后提交移交清单至社区居委会

十一、后续管理
实施主体：街道、社区居委会
工作要求：按照长效管理方案，落实管理和服务

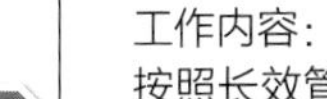

工作内容：
按照长效管理方案，落实管理和服务，做到“改造一个、管好一个”

附表1：

________小区改造居民意见征求书（范本）

（本表适用于居民第一次征求意见）

________小区拟申请进行改造，根据《杭州市老旧小区综合改造提升工作的实施意见》（杭政办函〔2019〕72号）的相关要求，并对改造后小区实施长效管理，现由社区居委会书面征求居民意见：

一、您是否同意对本小区进行改造？

□同意　　　　　□不同意

请将您的意见在以上对应的□中打“√”。

二、您最希望改造本小区哪些项目？

请在以下您认为需要改造的项目后的□中打上“√”；如您认为小区不需要改造，本项可不填写。

1. 居民住宅建筑

基本项	（1）屋面修缮	□	（2）建筑外立面渗漏修补	□
	（3）建筑悬挂物处理	□	（4）单元楼道整修	□
	（5）建筑强弱电设施整治	□	（6）防雷设施	□
	（7）消防设施	□	（8）楼道公共区域照明系统	□
	（9）建筑雨污管线	□	（10）整治私搭乱建	□
提升项	（1）屋面美化整治	□	（2）多层住宅屋顶平改坡修缮	□
	（3）单元防盗门及门禁	□	（4）节能改造	□
	（5）房屋结构安全监测系统	□	（6）多层住宅加装电梯（费用自筹）	□

2. 小区公共区域

基本项	（1）雨污管网	□	（2）停车设施	□
	（3）消防设施	□	（4）垃圾分类收集设施	□
	（5）道路整治	□	（6）安防设施	□
	（7）架空管线整治	□	（8）绿化改造提升	□
	（9）室外照明系统	□	（10）公共区域无障碍设施	□
	（11）整治私搭乱建	□	（12）适老性改造	□
	（13）居民集中活动场地	□	（14）围墙规范整治	□
提升项	（1）充电设施	□	（2）健身运动设施	□
	（3）小区出入口形象提升	□	（4）公共文化设施	□
	（5）快递设施	□	（6）公共服务设施	□

3. 小区长效管理

（1）引入专业化物业服务企业管理 □　　（2）准物业服务 □

4. 其他

（1）物业服务费提价（无电梯住宅甲级1.8元/平方米 □ 乙级1.3元/平方米 □ 丙级0.95元/平方米 □ 丁级0.75元/平方米 □）

（2）小区路面停车收费（100元/月 □ 150元/月 □ 200元/月 □）

（3）物业专项维修资金补交 □

业主（签名）:___________联系电话:___________房号:___________

社区居民委员会（盖章）

________年____月____日

注：完成后请社区填报小区改造意愿征求意见汇总表

________小区改造意愿征求意见汇总表

（本表可复印）

序号	____幢____单元	户数	专有部分总面积（m^2）	同意户数	同意户数专有部分面积（m^2）
总计					
人数比例		同意户数/所有户数			
面积比例		同意面积/所有户数总面积			

其他说明：

注：以楼道为单位填报。

附表2：

____________小区改造设计方案申请表（范本）

申请日期：　　年　　月　　日

小区名称			
区域地址		所在社区	
建成年份		总建筑面积（m^2）	
栋数/梯数/户数		本地居民占比（%）	
居民年龄比例			
60岁以上占比（%）		41～60岁占比（%）	
17～40岁占比（%）		3～16岁占比（%）	
3岁以下占比（%）		—	—
联系人		联系电话	
小区现状简介			
业委会情况			
物业情况			
小区居民一次表决情况	本小区总建筑面积____m^2，总业主户数____户。经____年____月____日至____月____日组织居民表决。同意进行老旧小区改造的业主户数____户，占总业主户数____%。		
居民最希望改造项目			
业委会意见	经征求小区居民意见，本小区有经专有部分占建筑物总面积2/3以上的业主且占总户数2/3以上的业主同意进行老旧小区改造，特此提出初步方案设计申请。 业委会全体成员签字： 年　月　日		
社区居委会意见	社区居民委员会（盖章） 年　月　日		

注：向街道提供小区改造意愿征求意见汇总表。

附表3：

____________小区居民改造资金筹集、长效管理方案（范本）

根据《杭州市老旧小区综合改造提升的实施方案》(杭政办函〔2019〕72号)，____________小区改造资金筹集、长效管理方案如下：

一、本小区申请进行老旧小区改造，依照“共建、共享、共治”理念，居民拟自筹资金________万元，其中个人出资________万元，每户收取________元；单位捐资________万元；申请物业维修资金________万元，小区公共收益资金________万元。

二、改造后小区拟实施________________（业主自我管理/准物业管理/专业化物业管理）模式进行管理，每户每月收取________元/m^2物业管理费。

________街道办事处（盖章）

年　　月　　日

附表4：

____________小区改造居民意见公示书（范本）

____________小区总建筑面积________m^2，总业主户数________户。经征求小区居民意见，同意进行老旧小区改造的业主户数________户，占总业主户数________%，符合有关规定，拟申请办理老旧小区改造手续。根据有关规定，现予公示（含改造初步设计方案及小区改造意向征求意见汇总表，小区改造资金筹集、长效管理方案）。小区业主如有异议，请于公示期内社区居委会联系协调。（联系人：________；联系电话：________）。如协商不成的，请以书面形式向所在街道办事处（地址：________________；联系电话：________）请求调解。逾期提出异议的，将不予受理。

本公示期不少于5个工作日，自____年____月____日起至____年____月____日止。

附件：1. 改造初步设计方案

2. 小区改造意向征求意见汇总表

3. 小区改造资金筹集、长效管理方案

________社区居委会（盖章）

年　　月　　日

附表5：

____________小区改造方案居民意见签字表（范本）

（本表适用于居民第二次征求意见）

经征求小区居民意见，____________小区总户数2/3以上的业主同意进行老旧小区改造。根据《杭州市老旧小区综合改造提升的实施方案》（杭政办函〔2019〕72号），遵照居民多数意愿，社区居委会已向所在街道办事处申请进行了小区改造初步方案设计（具体设计方案附后并已公示），现就改造方案向小区居民征求意见，请详实填写以下意见征集信息，在“改造意见”勾选“同意”或“不同意”，已签字但未注明意见的视为同意多数居民意见。

您是否同意本小区改造初步方案？

□同意　　　　□不同意

请将您的意见在以上对应的□中打“√”。

业主（签名）：__________联系电话：__________房号：__________

________社区居民委员会（盖章）

年　　月　　日

注：完成后请社区填报小区初步改造方案征求意见汇总表

______小区初步改造方案征求意见汇总表

（本表可复印）

序号	____幢____单元	户数	专有部分总面积（m^2）	同意户数	同意户数专有部分面积（m^2）
总计					
人数比例		同意户数/所有户数			
面积比例		同意面积/所有户数总面积			

其他说明：

注：以楼道为单位填报。

附表6：

小区改造项目申请表（范本）

申请日期：　　年　月　日

小区名称		地址	
项目名称	________小区综合改造提升项目（示例）		
街道		社区	
建成年份		总建筑面积（m^2）	
栋数/梯数/户数		流动人口占比（%）	
联系人		联系电话	
小区现状简介	主要包括现物业服务收费标准、收费率、收费面积，物业管理用房、经营用房配置情况，共有部位、共有设施设备经营效益等		
业委会情况			
征求意见情况（含一次表决、二次表决情况）	本小区总建筑面积m^2，总业主____户。经20__年__月__日至__月__日组织居民一次征求意见，同意进行老旧小区改造的业主户数____户，占总业主户数__%。经20__年__月__日至__月__日组织居民二次征求意见，同意初步设计方案的业主户数____户，占总业主户数__%。经公示，小区居民对改造无异议。		
居民自筹资金计划			
后续长效机制计划			
业委会意见	经征求小区居民意见，本小区有经专有部分占建筑物总面积2/3以上的业主且占总户数2/3以上的业主同意进行老旧小区改造，特此提出申请。 业委会全体成员签字： 年　月　日		
社区居委会意见	________社区居民委员会 （盖章） 年　月　日		
街道办事处意见	____________街道办事处 （盖章） 年　月　日		

注：提供小区建筑面积测绘报告、小区改造意愿征求意见汇总表、小区初步改造方案征求

意见汇总表、小区改造资金筹集、长效管理方案。

附表7：

关于要求____________小区改造设计方案预审的函（范本）

区住建局：

根据《杭州市老旧小区综合改造提升的实施方案》（杭政办函〔2019〕72号）的相关要求，项目已完成立项，并已完成方案设计，在广泛征求居民改造意见的前提下，已完成设计方案。现根据流程要求，拟提交区住建局进行设计方案预审。

联系人：　　　　　　　　联系方式：

附：1. 项目立项证明材料

2. 小区改造设计方案文本

________街道办事处（盖章）

年　　月　　日

附表8：

关于要求修改方案设计的函
（范本）

________________（建设单位）：

____年____月____日，区住建局组织召开____________小区改造设计方案预审会。现要求建设实施主体在收到本件后7日内，根据专家预审意见（见附表）修改完毕，并再次提交我办，直至符合联审条件。

联系人：　　　　　　　　　　联系方式：

区住建局

年　　月　　日

附表9：

方案预审通过告知单
（范本）

________________（建设单位）：

____________小区改造设计方案已经过预审专家认同，符合联审条件。初步定于____年____月____日进行方案联审。

区住建局

年　　月　　日

附表10：

关于要求____________小区改造设计方案联审的函（范本）

区住建局：

根据《杭州市老旧小区综合改造提升的实施方案》(杭政办函〔2019〕72号)的相关要求，项目已于____年____月____日进行方案预审，设计单位已按照预审专家的意见对方案进行优化调整，并取得预审专家的一致认可。现根据流程要求，请区住建局牵头各部门对设计方案进行联审。

附：小区改造设计方案文本

________街道办事处（盖章）

年　　月　　日

参考资料

[1] 住房和城乡建设部住房改革与发展司（研究室）. 浙江省杭州市以“六有”宜居社区为目标，扎实推进城镇老旧小区改造［N］. 中央城市工作会议精神落实情况交流，2021-154.

[2] 住房和城乡建设部办公厅. 杭州市盘活国有存量房屋，提升城镇老旧小区公共服务水平［N］. 住房和城乡建设部信息专报，2021-28.

[3] 王贵美. 城镇老旧小区改造中构建完整居住社区的探索［N］. 城乡建设，2021-4.

[4] 王贵美. 构建完整居住社区的实践［N］. 城乡建设，2021-4.

[5] 魏建东. 关于老旧小区改造结合未来社区建设的思考［N］. 建设科技，2020-24.

[6] 夏冰洁. 杭州市老旧小区综合改造提升资金筹措情况及问题分析［N］. 建设科技，2020-24.

[7] 记者：余蕊均，编辑：杨欢.专访全国政协常委、住房和城乡建设部副部长黄艳：城市体检评估机制已初步建立 今年将从八方面全力实施城市更新［EB/OL］.［2021-3-5］. https://www.sohu.com/a/454290823_115362.

[8] 编辑：王志帆.老旧小区改造进行时㉗ |杭州：老旧小区以“心”焕新 老房子“改”出新生活［EB/OL］.［2021-1-6］. https://mp.weixin.qq.com/s/Ax-QS5iYwI9ezn8ElMyicA.

[9] 首席记者：程鹏宇，通讯员：杭建宣，吕亮亮.东风浩荡满目新［N］. 杭州日报，2020-11-25.

[10] 记者：章翌，通讯员：戴雍，王佳佳.老城新貌“焕”幸福［N］. 杭州日报，2020-11-25.

[11] 记者：余敏，通讯员：裘思，向上.老树逢春万象新［N］. 杭州日报，2020-11-25.

[12] 记者：俞倩，章翌，通讯员：蒋叶花.风起城北换新颜［N］. 杭州日报，2020-11-25.

[13] 记者：俞倩，通讯员：夏依聪，谭敏佳.为有新源活水来［N］. 杭州日报，2020-11-25.

[14] 记者：晓路，通讯员：丁春晓，王楚仪.为民共筑新家园［N］. 杭州日报，2020-11-25.

[15] 记者：张向瑜，通讯员：陶伟峰.美好人居次第新［N］. 杭州日报，2020-11-25.

[16] 记者：葛晓路，通讯员：宋坚平，毛江民.乐享新生换民心［N］. 杭州日报，2020-11-25.

[17] 记者：章翌，通讯员：陈予哲.江畔新景入画中［N］. 杭州日报，2020-11-25.

[18] 记者：刘园园，通讯员：江婷，许访月.新风拂过暖民心［N］. 杭州日报，2020-11-25.

[19] 通讯员：尹铮，记者：章翌.诗画明珠新风采［N］. 杭州日报，2020-11-25.

[20] 通讯员：邓文凯，记者：熊艳.构筑舒畅新生活［N］. 杭州日报，2020-11-25.

[21] 通讯员：赵勇永，记者：杨怡微.破旧立新环境优［N］. 杭州日报，2020-11-25.

[22] 记者：黄冰，摄影：廖雄，王戈，池长征，吴军荣，毛志良，编辑：俞柯萍. 8位摄影师，数万张照片！记录拱墅14个老旧小区蜕变轨迹［EB/OL］.［2021-1-2］. https://mp.weixin.qq.com/s/WlPENphxpDIyPwW1wkjNFg.

[23] 记者：吕烨珏，通讯员：李东立，李汝方，编辑：吕烨珏.戴上这个手表，眼睛不方便也可以放心逛！杭州老旧小区试点智慧导盲[EB/OL].[2021-3-4]. https://apiv4.cst123.cn/cst/news/shareDetail?id=552211417617399808.

[24] 编辑：蔡璟瑾. 杭州市拱墅区“四化引领”打造全国旧改样板[EB/OL].[2021-3-10] https://mp.weixin.qq.com/s/J3DO039ClZAO1EEfl4nj6A.